U0216391

● 本书为福建省高等学校科技创新团队“福建海洋经济绿色发展创新团队”（闽教科〔2023〕15 号）、福建省重点智库培育单位“宁德师范学院福建省海洋经济高质量发展研究中心”（闽智办〔2023〕6 号）、福建省社科规划重点项目“新发展格局下福建海洋经济空间拓展的驱动因素及实现路径研究”（FJ2022A008）、福建省新型智库 2023 年重大研究课题“培育壮大海洋新兴产业 助推我省‘海洋强省’建设研究”（23MZKA20）和福建省新型智库 2024 年重大研究课题“数字技术赋能我省海洋产业高质量发展研究”（24MZKA21）的成果。

● 本书获得福建省以马克思主义为指导的哲学社会科学学科基础理论研究基地“闽东特色乡村振兴之路研究中心”财政专项研究资金项目（闽社科规〔2020〕1 号、闽财教指〔2021〕103 号）、福建省高校特色新型智库“精准扶贫与反返贫研究中心”专项资金项目（闽教科〔2018〕50 号）资助。

● 福建省优秀出版项目

基于新发展理念的 福建省海洋经济 高质量发展研究

魏远竹　张　群　林俊杰 ● 著

厦门大学出版社 XIAMEN UNIVERSITY PRESS | 国家一级出版社 全国百佳图书出版单位

图书在版编目（CIP）数据

基于新发展理念的福建省海洋经济高质量发展研究 / 魏远竹，张群，林俊杰著. -- 厦门 ：厦门大学出版社，2024. 12. -- ISBN 978-7-5615-9593-0

Ⅰ. P74

中国国家版本馆 CIP 数据核字第 20249BX957 号

责任编辑　江珏玙
美术编辑　李嘉彬
技术编辑　朱　楷

出版发行　厦门大学出版社
社　　址　厦门市软件园二期望海路 39 号
邮政编码　361008
总　　机　0592-2181111　0592-2181406(传真)
营销中心　0592-2184458　0592-2181365
网　　址　http://www.xmupress.com
邮　　箱　xmup@xmupress.com
印　　刷　厦门集大印刷有限公司

开本　720 mm×1 020 mm　1/16
印张　17.25
插页　3
字数　240 千字
版次　2024 年 12 月第 1 版
印次　2024 年 12 月第 1 次印刷
定价　86.00 元

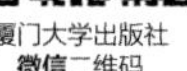

厦门大学出版社
微博二维码

作者简介

魏远竹，管理学博士，博士后，现为宁德师范学院二级教授，兼任福建农林大学博士生导师。享受国务院政府特殊津贴专家，福建省高层次人才，霍英东高校青年教师奖和福建青年五四奖章获得者，国家自然科学基金和教育部等部委项目评审专家。主要从事农林经济管理、资源管理与会计核算、财务管理、海洋经济等领域的研究。主持国家自然科学基金和国家社科基金等各类重点项目近 50 项，主持申报并获批福建省社科研究基地、省高校特色新型智库、省高校科技创新团队和省重点培育智库各 1 个（项）。公开发表学术论文 170 多篇，出版著作（含合著）9 部。参与或主持完成的研究成果获省部级优秀成果奖 9 项，其中一等奖 2 项、二等奖 3 项、三等奖 4 项。主持完成的国家社科基金项目结项获得“优秀”等级。主持省级精品课程 1 门，获高等教育省级教学成果二等奖 2 项。

张　群，管理学博士，宁德师范学院教授，兼任福建农林大学硕士生导师。长期从事海洋经济、农业经济管理等领域的研究工作，主持或主要承担了国家社会科学基金、福建省社会科学基金、福建省科技厅软科学等各类项目，发表学术论文 30 余篇，出版学术著作 1 部。

林俊杰，管理学博士，宁德师范学院副教授，兼任福建农林大学硕士生导师，主要从事农林经济管理、海洋经济方面的研究。先后主持或参与国家社会科学基金、省社会科学基金、省自然科学基金、省科技厅软科学等各类项目。作为核心成员参与完成的研究成果获省部级优秀成果奖二等奖 1 项。已发表学术论文 20 多篇，出版学术著作 1 部。

前　言

作为世界海洋资源大国之一，我国海洋拥有巨大的资源潜力和未来社会经济腾飞的战略空间，海洋经济正日益成为我国国民经济的新增长极。党的十九大关于“高质量发展”和“加快建设海洋强国”的战略部署以及习近平总书记关于海洋强国建设战略的重要论述，是我国海洋经济高质量发展的基本遵循和科学指引。2022年10月，党的二十大报告再次作出了“发展海洋经济，加快建设海洋强国”的重大战略部署。当前，“海洋强国建设”和“海洋经济高质量发展”已成为推动我国国民经济可持续发展新的重要增长极。然而，当前我国海洋经济尚未完全实现从传统增长向高质量发展的全面转型，海洋产业、海洋环境、海洋科技创新、海陆一体化和海洋对外开放等领域的非均衡性发展问题都不同程度地存在着，并已成为制约海洋经济高质量发展的主要因素。

近年来，福建省沿海各地在海洋经济发展、海洋资源开发、海洋空间利用等方面的步伐不断加快。但从总体来看，福建省的海洋经济发展目前仍处于成长阶段，海洋经济的总量还相对有限，海洋经济发展的质量还有待优化，还有巨大的提升空间，海洋经济发展过程中还面临着不少困难与问题。海洋经济高质量发展是一个深度融合“海洋经济—海洋科技—海洋社会—海洋资源—海洋生态”五大系统的复杂过程，其在创新、协调、绿色、开放、共享新发展理念的引领下，追求更加全面、协调、可持续的发展路径。加快海洋经济高质量发展，拓展蓝色经济发展新空间，是党中央、国务院赋予福建省的重大战略使命。当前，福建省为了实现海洋经济的高质量发展，亟须紧紧地把握新常态下海洋经济高质量发展的新特征，坚持以新发展理念为指导，充分发挥海洋资源优势，加快形成以创新为动力的海洋经济体系和海洋经济高质量发展模式。为此，有必要在明确福建省海洋经济发展现状和存在的主要问题的基础上，基于创新、协调、绿色、开放、共享的新发展理念，对福建省海洋经济高质量发展水平进行综合评价，对其主要影响因素进行分析，并学习借鉴国内主要沿海省份和国外主要海洋强国的沿海区域在海洋经济高质量发展方面的经验及启示，有针对性地提出推动福建省海洋经济高质量发展的对策建议。这既是现阶段福建省海洋经济转型升级发展的内在要求，也是为海洋经济高质量发展提供“福建方案”的必然要求。

本书遵循“提出问题—分析问题—解决问题”的逻辑框架和“研究必要性—现状分析—体系构建—影响机理—经验借鉴—对策建议”的研究思路，以经济发展理论、创新驱动理论、协调理论、可持续发展理论和共享空间理论为指导，采用文献分析法、CiteSpace知识图谱分析法、调研访谈法、熵值法、回归分析法和案例分析法等研究方法，对福建省海洋经济高质量发展的现状及问题、评价指标体系构建及主要影响因素、国内外经验借鉴及启示和提升高质量发展的对策建议等相关内容进行了全面系统的分析探讨。同时，依托前期的实地调研和相关课题研究基础，形成了海洋产业发展和海洋保障等方面的专题报告，以期为最终制定推进福建省海洋经济高质量发展的政策规章和发展策略等提供路径指导和必要的参考借鉴。

本书的主要研究结论可归纳如下：

第一，采用文献计量分析和内容分析两种主要方法，通过对海洋经济高质量发展的研究进展及前沿热点进行归纳、整理和分析，呈现了该领域国内外研究现状以及未来研究的发展趋势及主要发展方向。本书认为海洋经济高质量发展正逐渐成为专家学者们的研究重点，相关学术论文的发表数量正呈现不断上升的趋势。但目前的研究文献在运用实证分析方法揭示海洋经济高质量发展的内在机制方面尚显不足，尤其是关于福建省海洋经济高质量发展的相关研究尚处于初步探索阶段，尚未见到基于新发展理念视角开展的深入系统的研究。

第二，紧紧地围绕创新、协调、绿色、开放、共享的新发展理念，系统性地构建了福建省海洋经济高质量发展的理论研究框架。从相关文献资料的归纳总结、主要概念界定及理论基础分析、发展现状及问题分析，到高质量发展评价指标体系构建及影响因素分析、国内外经验借鉴及启示，以及最后关于推动海洋经济高质量发展对策建议的提出，均严格地遵循新发展理念的研究逻辑。其中，创新是推动福建省海洋经济高质量发展的核心引擎，协调是加速福建省海洋经济高质量发展的内在要求，绿色是保障福建省海洋经济高质量发展的必由之路，开放是实现福建省海洋经济高质量发展的战略选择，共享是提升福建省海洋经济高质量发展的本质要求。这一研究框架为基于新发展理念的福建省海洋经济高质量发展提供了坚实的理论基础。

第三，对福建省海洋经济高质量发展的现状与问题进行了归纳总结，认为现阶段福建省海洋经济发展呈现不断上升的趋势，其中，海洋科技支撑能力不断增强、海洋重点产业发展日益加快、海洋生态环境建设持续改进、海洋开放合作新格局逐步形成、海洋经济共享发展不断提升。但发展过程中仍然面临着不少亟待解决的问题，主要包括海洋科技创新带动能力相对不足、海洋产业结构问题亟待优化、海洋资源环境约束更加趋紧、海洋经济合作开放不够充分和海洋经济共享福利仍需推进等一系列相关问题，这为后续的评价指标体系构建及因素分析和相应对策建议的提出提供了基本思路与努力方向。

第四，创新性地构建了基于新发展理念的福建省海洋经济高质量发展评价指标体系，并通过量化分析，科学评估了福建省海洋经济高质量发展的实际能力及水平。研究结果显示，创新与绿色是当前推动福建省海洋经济高质量发展的主要双驱，而协调、开放、共享虽有所贡献，但现阶段的作用尚显不足。同时，通过对各维度时间演变的详细分析，进一步揭示了福建省海洋经济在高质量发展过程中的波动与趋势，有助于后续章节的进一步分析和针对性对策建议的提出。

第五，基于评价指标体系，通过实证分析揭示各影响因素与海洋经济高质量发展之间的内在联系，明确当前影响福建省海洋经济高质量发展的主要因素。实证分析结果显示：经济发展水平、对外开放程度、政府干预程度、创新水平、环境规制、劳动力水平、研发强度、城镇化水平这 8 个方面是影响福建省海洋经济高质量发展的重要因素。其中经济发展水平、创新水平、劳动力水平、研发强度和城镇化水平这 5 个要素具有正向影响，而对外开放程度、政府干预程度和环境规制具有负向影响。在正向影响因素中，创新水平和城镇化水平的影响效果最为突出，说明科技创新和人口聚集与人才汇聚是推动福建省海洋经济高质量发展与发展模式转变的关键因素，为政策制定提供了宝贵的参考依据。

第六，以国内主要沿海省份和国外代表性海洋强国的沿海区域为主要对象进行比较分析和研究，从中提炼出可资借鉴的推进海洋经济高质量发展方面的经验。同时，基于新发展理念，结合福建省独特的海洋资源禀赋、经济发展基础及政策制度环境，归纳出对福建省海洋经济高质量发展的有益启示，主要包括：立足全球海洋视野，构筑福建省海洋发展蓝图；汲取全球创新精髓，引领海洋产业跨越发展；深耕海洋绿色经济，共筑全省生态福祉；不断深化开放发展，共筑蓝色经济新高地；等等。

第七，提出推动福建省海洋经济高质量发展的对策建议。本书针对当前福建省海洋经济高质量发展的现实需求和所面临的挑战，结合前文的评价结果和因素分析，基于新发展理念提出了一系列切实可行的对策建议，主要包括：坚持创新发展，增强海洋经济高质量发展的科技支撑；促进协调发展，凝聚海洋经济高质量发展的合力；推动绿色发展，绘就海洋经济高质量发展的底色；加快合作开放，拓展海洋经济高质量发展的空间；推进共享发展，努力实现海洋经济高质量发展的目标；等等。

第八，提出加快推进福建省现代海洋产业高质量发展体系建设的策略。当前，福建省海洋产业正面临转型升级的关键时期，结合新发展理念，本书提出了要加快推进福建省现代海洋产业体系建设，从而推动海洋经济高质量发展的相关策略。主要内容包括：构建“蓝色牧场”，推动福建省海洋种业提质增效；耕牧“海上粮仓”，保障福建省海洋食品高效供给；着力“科技兴海”，加快福建省海洋高新产业发展壮大；深耕“蓝海装备”，提升福建省海洋工程装备产业竞争力；打造“智慧海洋”，加快福建省海洋通信产业优化发展；建设“蓝色药库”，加快福建省海洋生物医药产业转型升级；做活“蓝色文旅”，加快福建省海洋文旅产业创新发展；开发“蓝色文化”，促进福建省海洋文化品牌培育提升；等等。

第九，提出加快推进福建省海洋经济高质量发展保障体系建设方面的系列举措。在前文深入剖析当前福建省海洋经济发展所面临的新形势、新挑战的基础上，从加快港口基础设施建设、推动科技创新高地建设、加强专业化人才培养、推进海洋污染防治、强化财政政策支持、完善海洋金融工具等方面提出了具体的保障举措，以期全力推动福建省海洋经济迈向高质量发展的新阶段。

与现有研究相比，本书可能存在的创新或特色之处主要包括以下几点：

第一，从新发展理念的角度拓宽了福建省海洋经济高质量发展的研究视角。“高质量”作为研究课题相对较新，当前理论界关于海洋经济高质量发展的探索仍处于初步阶段，对于海洋经济高质量发展的具体内涵还没有形成统一的权威界定，相应的评价指标体系也仍处于摸索构建阶段，尚未形成共识。相对于为数不少的单一指标评价，本书基于新发展理念，尝试从创新、协调、绿色、开放、共享五个维度，创新性地构建福建省海洋经济高质量发展的评价指标体系，在力求评价指标科学、精准、全面的同时尽可能地体现出高质量海洋经济发展的特征，并据此对福建省海洋经济发展状况进行综合评价分析。这样的研究评价不仅更加全面、客观、科学和可行，而且所得出的评价结果也更加精准，具有更高的认可度。

第二，创新性地探索推动福建省海洋经济高质量发展的动力因素。鉴于当前对海洋经济高质量发展影响因素的研究探讨缺乏全面性和系统性，结合福建省海洋经济发展的现实情况，本书综合选取了经济发展水平、对外开放程度、政府干预程度、创新水平、环境规制、劳动力水平、研发强度以及城镇化水平等一系列变量，厘清了影响福建省海洋经济高质量发展的多元动力，并在揭示各影响因素与海洋经济高质量发展之间内在联系的同时，明确了当前影响福建省海洋经济高质量发展的主要因素。这为更有效地推动福建省海洋经济高质量发展进程提供了科学、精准、详尽的说明，也为政府部门制定更具针对性的海洋经济政策规章和实务部门采取更加科学精准解决问题的举措提供了坚实的决策参考依据。本书在这方面展现了显著的创新性、独特的学术特色以及较高的应用价值。

第三，创新融合了文献资料与案例研究。结合海洋经济的特征定义，本书科学融入了新发展理念，并借助 CiteSpace 可视化知识图谱，系统梳理了海洋经济高质量发展的研究现状，追踪了研究热点与脉络，为福建省海洋经济高质量发展研究提供了前瞻性的指引。同时，选取国内主要沿海省份和国外代表性海洋强国的沿海区域作为典型案例开展分析，并对这些典型案例区域的发展经验进行归纳以与新发展理念形成呼应，从而发现海洋经济高质量发展研究中本质的、核心的理论方向和实践经验，进一步深化了本书的研究立意。

第四，以充分的调研资料助力全面地描绘福建省海洋经济高质量发展的现实图景。本书通过深入福建省具有代表性的沿海地区进行实地考察，以及长时间的跟踪调研，积累了丰富的第一手素材。在此基础上，微观审视省内沿海区域新兴与传统海洋产业发展新态势、海洋生态资源建设新情况、海洋开放合作新格局及海洋经济协作共享新成效等方面的现实情况，还原福建省海洋经济发展路径及理论探索的真实情况，并以大量经验事实全面地描绘了福建省海洋经济高质量发展过程中海洋产业体系建设和保障体系建设的情况。

第五，从新发展理念出发，创新性地提出了一系列适合福建省海洋经济高质量发展的对策建议。本书基于科学客观的理论分析，对福建省海洋经济高质量发展的内在逻辑与外在特征进行了全面深入的剖析。同时，结合规范分析与实证检验，明确了在新发展理念指引下促进福建省海洋经济高质量发展的具体路径，可为海洋科技的持续创新、海洋产业的加速转型升级、海洋生态环境保护与建设的不断加强、海洋开放合作的持续深化拓展和海洋经济发展成果的共用共享等提供重要的参考和借鉴。

著作者

2024 年 7 月

目　录

上篇　主体研究

下篇 专题研究

上篇

主体研究

1 基于新发展理念的福建省海洋经济高质量发展研究背景及总体设计

1.1 研究背景和问题的提出

党的十八大以来，为科学指引和推动我国经济社会可持续发展，以习近平同志为核心的党中央提出了一系列重大的理论和理念，新发展理念是其中之一。新发展理念是一个系统的理论体系，其回答了关于新时期我国发展的目标、动力、方式、路径等一系列重大理论与实践问题，阐明了我们党关于发展的政治立场、价值导向、发展模式、发展道路等重大问题，是全党和全国各族人民都必须全面、完整、准确地贯彻落实的发展理念。新发展理念立足当代中国社会经济发展的迫切需求，是马克思主义中国化的重要成果之一，不仅深刻汲取了马克思主义政治经济学的理论精髓，也是马克思主义在政治经济学领域的重大创新。党的十八大以来的实践充分证明，新发展理念具有管方向、管全局、管根本、管长远的重大作用，其既是发展观，也是方法论；既是理论纲领，也是行动指南；既是全局战略，也是具体部署；既坚持了问题导向，也明确了目标任务；既提出了解决我国发展问题的根本遵循，也提供了推动全球繁荣发展和解决人类发展问题的中国方案。新时期新发展阶段，我们必须全面、系统、准确地贯彻新发展理念，并将这一理念贯穿于我国经济社会发展的全过程和各领域。

早在2015年10月召开的党的十八届五中全会上，在全会审议通过的《中共中央关于制定国民经济和社会发展第十三个五年规划的建议》（简称《建议》）和习近平总书记就《建议（讨论稿）》向全会所作的说明中，明确提出了创新、协调、绿色、开放、共享的新发展理念，认为要实现“十三五”规划的各项发展目标，就必须不断地破解发展新难题、厚植发展新优势，必须牢固树立并坚决贯彻新发展理念。这是一场关系我国经济社会发展全局的深刻变革，创新、协调、绿色、开放、共享的新发展理念不仅相互交织、互为支撑，共同构筑了中国特色社会主义发展的宏伟蓝图，而且深刻地揭示了通往更高质量、更高效率、更加公平、更可持续发展的必由之路。

在当前全球陆地资源加速开发利用的背景下，海洋正日益成为人类拓展经济发展新空间和新版图的关键领域。作为世界海洋资源大国之一，海洋承载着我国巨大的资源潜力与未来社会经济腾飞的战略空间，海洋经济正日益成为我国国民经济的新增长极。党的十八大报告明确提出我国要“发展海洋经济，建设海洋强国”。党的十八大以来，习近平总书记多次强调我国建设“海洋强国”的极端重要性，明确指出“经济强国必定是海洋强国、航运强国”。2017年10月，党的十九大报告进一步作出了“坚持陆海统筹，加快建设海洋强国”的战略部署。2018年3月，面对经济转型升级的新常态，习近平总书记进一步提出了“海洋是经济高质量发展的战略高地”这一重大论断，深刻阐明了“海洋经济高质量发展”在实现海洋强国战略和驱动国民经济全面升级中的核心地位。党的十九大关于“高质量发展”和“加快建设海洋强国”的战略部署以及习近平总书记关于“海洋是高质量发展战略要地”的重要论述，是我国海洋经济高质量发展的基本遵循和科学指引。2022年10月，党的二十大报告再次作出了“发展海洋经济，加快建设海洋强国”的重大部署。当前，海洋强国建设和海洋经济高质量发展已成为推动我国国民经济可持续发展新的重要增长极。

随着我国海洋经济步入高速发展轨道，海洋产业布局与结构不均衡性问题愈发凸显，海洋资源过度开采与海洋生态环境退化等挑战接踵而至。鉴于我国海洋经济当前正处于转型发展的关键节点，面对资源约束和环境保护等现实问题的挑战，如何尽快解决这些问题以促进海洋经济快速步入高质量发展轨道，就显得尤为迫切。首先，从现实的海洋经济发展数据来看，单一的资源依赖型海洋经济发展模式已难以支撑我国经济现代化与可持续健康发展的需求，海洋经济转型的迫切性不言而喻。其次，城市经济发展的成功经验表明，海洋经济的稳健增长离不开可持续发展路径的探索与高质量增长模式的构建。然而，当前我国海洋经济尚未完全实现从传统增长向高质量发展的全面转型，海洋产业、海洋环境、海洋科技创新、海陆一体化及海洋对外开放等领域的非均衡性发展问题均不同程度地存在着，并已成为制约高质量发展的主要因素。

海洋经济高质量发展是一个深度融合“海洋经济—海洋资源—海洋环境—海洋科技—海洋社会”五大系统的复杂过程，它在创新、协调、绿色、开放、共享的新发展理念的引领下，追求更加全面、协调、可持续的发展路径。当前，中国海洋经济的转型正处于攻坚克难的关键时期，深入探究海洋经济高质量发展过程中所面临的主要问题与挑战，并有针对性地提出今后的发展路径与策略，不仅是对海洋科学研究领域的丰富与拓展，更是对中国海洋经济未来发展方向的积极引领与有力推动。因此，当前深入践行新发展理念，推动海洋经济高质量发展，是我国国民经济可持续发展的重要组成部分，是时代赋予我们的历史使命。

福建省地处我国东南沿海，全省共有 13.6 万平方公里的海域面积、3752 公里的海岸线、125 个天然深水港湾、2214 个海岛，[①]拥有“港、渔、景、

① 数据来源：福建省人民政府网站。

涂、能”五大优势资源，是名副其实的海洋资源大省，海洋始终是福建省高质量发展的战略要地。加快海洋经济高质量发展，拓展蓝色经济发展新空间，是党中央、国务院赋予福建省的重大战略使命。当前，福建省为了实现海洋经济的高质量发展，需要把握新常态下海洋经济高质量发展的新特征，以新发展理念为指导，充分发挥海洋资源优势，加快形成以创新为核心动力的海洋经济体系和海洋经济高质量发展模式。

福建省委、省政府历来高度重视海洋经济发展，特别是2012年国务院批准《福建海峡蓝色经济试验区发展规划》以来，福建省先后出台了《中共福建省委、福建省人民政府关于加快海洋经济发展的若干意见》《中共福建省委、福建省人民政府关于进一步加快建设海洋强省的意见》《加快建设“海上福建”推进海洋经济高质量发展三年行动方案(2021—2023年)》《福建省“十四五”海洋强省建设专项规划》等一系列相关的政策文件，为海洋经济高质量发展提供规章制度和体制机制方面的保障。

2021年3月，习近平总书记来闽考察时明确指出要不断发展壮大海洋新兴产业并强化海洋生态环境保护。为了深入贯彻落实总书记的讲话精神，2021年7月，福建省召开了“推进海洋经济高质量发展会议”，时任省委书记尹力同志在该次会议上明确指出：海洋是福建省高质量发展的战略要地，也是福建省的突出优势，福建省全方位推进高质量发展，重要动能在海洋，重要空间在海洋，重要潜力也在海洋，全省各级各部门要深入学习贯彻习近平总书记关于海洋强国建设的重要论述和来闽考察重要讲话精神，充分认识推进海洋经济高质量发展的重大意义，要开足马力、扬帆起航，劈波斩浪、乘势而上。各级党委政府要把海洋工作摆上重要位置，强化推动海洋经济高质量发展的组织保障、科技保障、人才保障和其他相关要素保障，全力形成大抓海洋建设的良好氛围，奋力开创海洋强省建设的新局面，为谱写全面建设社会主义现代化国家的福建篇章注入强劲“蓝色动能”。2021年11月，福建省第十一次党代会报告进一步明确提出，福建省要顺应经济发展规律、发挥自身优势特色，重点做大、做强、做优包括海洋经济、数字经济、绿色经济、文旅经济在内的“四大经济”，以切实保障和促进福建省经济高质量发展。2022年1月，福建省人民政府工作报告中明确提出，要着力拓展海洋经济新空间，深入实施《加快建设“海上福建”推进海洋经济高质量发展三年行动方案(2021—2023年)》，为福建省进一步发挥“海”的优势、做好“海”的文章，提供了难得的发展机遇。2024年7月，福建省再次召开“推进海洋经济高质量发展会议”，省委书记周祖翼强调要深入学习贯彻习近平总书记关于海洋强国建设的重要论述，抢抓机遇、乘势而上、扬帆远航，全省各级各部门要进一步关心海洋、认识海洋和经略海洋，要勇于“向海求新”、善于“依海图兴”、切实“耕海谋强”，在新时期新征程上不断地加快建设“海上福建”，奋力谱写“向海图强”的新篇章，全力推动福建从“海洋大省”蝶变成为“海洋强省”，为新福建建设注入强有力的“蓝色动能”。

近年来，福建省沿海各地在海洋经济发展、海洋资源开发、海洋空间利用等方面的步伐不断加快。“十三五”期间福建省海洋经济综合实力已位居全国前列，进入“十四五”之后，这种趋势得以进一步稳固。统计数据显示，2023年福建省海洋产业生产总值达1.2万亿元，连续9年保持全国第三位，占全省地区生产总值的21.7%(林鹭航，2024)。

但从总体来看，福建海洋经济目前仍处于成长阶段，海洋经济总量还相对有限，海洋经济发展仍面临着不少困难与问题，还有巨大的提升空间。当前，福建省海洋经济高质量发展存在以下四个主要问题：一是海洋科技创新的支撑和带动能力相对不足；二是海洋产业结构不合理；三是海洋资源环境约束不断趋紧；四是海洋经济合作开放程度不够。立足于当前的新发展阶段，迫切需要推进福建省海洋经济高质量发展，以真正实现海洋经济创新发展、协调发展、绿色发展、开放发展和共享发展这五个维度深度融合的协调发展的目标。为此，有必要在明确福建省海洋经济发展现状和存在的主要问题的基础上，对福建省海洋经济高质量发展水平进行综合评价分析，并借鉴国内外主要沿海地区海洋经济高质量发展的经验，提出有针对性的对策建议。这既是福建省经济转型升级的内在要求，也是为海洋经济高质量发展提供“福建方案”的必然要求。

1.2 研究目的和研究意义

1.2.1 研究目的

本书基于创新、协调、绿色、开放、共享的新发展理念，以福建省海洋经济高质量发展为研究对象，结合海洋经济的基本特征，系统构建福建省海洋经济高质量发展能力综合评价指标体系，并利用熵权法对福建省海洋经济高质量发展的能力和水平进行评价，从而精准识别影响其发展的关键要素与核心驱动力。在此基础上，本书系统考察了国内沿海海洋强省和国外海洋强国的沿海地区在海洋经济高质量发展方面的经验做法，通过对比分析，系统辨析了这些比较对象在推动海洋经济高质量发展过程中的共性与差异，为福建省量身定制了既符合自身特点又与今后发展需求相契合的发展路径，也为政府相关职能部门的政策制定与贯彻落实提供了科学依据与有益启示。具体的研究目的有以下六个方面：

(1)系统收集、梳理和分析创新、协调、绿色、开放、共享的新发展理念与海洋经济发展尤其是海洋经济高质量发展等方面相关的文献资料，明确当前的研究进展及存在的不足之处，为本书的进一步研究奠定必要的理论基础。

(2)基于实地调查研究和相关的文献资料分析，明确当前福建省海洋经济发展的现状及存在的主要问题，为后续研究奠定现实基础。

(3)构建福建省海洋经济高质量发展的评价指标体系,并据以测算福建省海洋经济高质量发展所处的发展阶段及相应的发展水平。

(4)深入揭示影响福建省海洋经济高质量发展的关键因素,通过回归分析厘清不同维度对海洋经济高质量发展的影响机理,为后续的实现路径和对策建议提供必要的支撑。

(5)根据前述定性和定量分析结果,明确福建省海洋经济高质量发展的实现路径,为政府相关职能部门制定有针对性的对策建议提供参考依据。

(6)立足于福建省当前的实际,从产业发展的视角明确当前加快推进福建省现代海洋产业高质量发展体系建设的相关举措,并探讨如何制定并实施一系列具体且有效的推进海洋经济高质量发展的保障措施,以期全方位地推动福建省海洋经济向高质量发展阶段稳步迈进。

1.2.2 研究意义

本书立足于当前的新时期、新发展阶段,基于创新、协调、绿色、开放、共享的新发展理念,结合福建省海洋经济发展中面临的新机遇、新挑战,构建海洋经济高质量发展能力综合评价指标体系并据以进行综合评价,在此基础上提出相应的解决策略及实现路径,这对于现阶段新发展理念的贯彻落实、福建省海洋经济高质量发展和海洋强省建设目标的实现等都具有重大的理论与现实意义,具体体现在以下四个方面。

(1)有助于完善我国海洋经济高质量发展的研究框架。本研究紧扣新发展理念,从创新、协调、绿色、开放、共享五大维度系统地构建福建省海洋经济高质量发展的评价指标体系,并深入分析海洋科技创新、海洋产业结构优化、海洋生态环境保护、海洋经济开放合作以及海洋经济共享发展等关键领域的内在逻辑与互动机制,是新发展理念与海洋经济高质量发展深入融合的产物,为深入剖析福建省海洋经济发展中的现实问题提供了新颖的分析框架与工具，从而有助于制定更加符合福建省实际、更具前瞻性的发展策略。比如，清晰界定并充分利用海洋科技创新的必要条件，融合涉海政策工具箱与海洋科技创新的协同作用，深化海陆协同发展，加强海洋经济合作发展等。

（2）有助于进一步丰富海洋经济发展的理论体系。针对我国海洋经济高质量发展的内在需求，寻找当前研究领域中尚存的理论薄弱点。本书以新发展理念、海洋经济高质量发展为理论指导，结合权威机构的指标体系，构建了一套适用于福建省海洋经济高质量发展的评价指标体系。该评价指标体系不仅能够为福建省乃至我国沿海各地政府在不同地区海洋经济协调发展及战略规划制定方面提供坚实的理论支撑，还有效地填补了海洋经济评价领域的薄弱点，拓宽了学术研究视野。

（3）有助于推动福建省海洋经济向高质量发展阶段迈进。海洋经济具有区域性显著、资源依赖和环境约束性强、开发利用及保护难度大、面临的各种风险相对较高等特点。当前，福建省正处于全方位推动海洋经济高质量发展超越的重要阶段，本书依照新发展理念，准确地把握福建省海洋经济高质量发展规律，并深入探究影响福建省海洋经济高质量发展的关键因素。这不仅可以为沿海各区域树立可供参照的标杆，也可以为发展相对滞后的沿海区域提供自我审视、查找差距的契机。通过本研究，相关政府部门能够更加精准地掌控福建省海洋经济发展的效率与质量，有助于进一步推动海洋强省战略的深入实施，从而加速全省海洋经济向高质量发展阶段跨越。

（4）有助于为有关部门制定相应的政策建议提供参考或借鉴。在当前的中国特色社会主义新时代背景下，海洋经济高质量发展被赋予了新的时代意义。实现海洋经济高质量发展，需要更加科学、更加规范和更有针对性的对策建议来加以保障。本研究紧密结合新发展理念和新时代发展需求，基于福建省海洋经济发展现状及面临的主要困境，依据评价结果及影响因素分析，提出了系列具有较强科学性、针对性和创新性的推动海洋经济高质量发展的对策建议。这些建议为福建省海洋经济高质量发展战略的制定与实施提供了重要的依据，也为福建省乃至全国沿海地区的海洋经济发展转型升级路径探索提供了必要的参考与借鉴。

1.3　主要研究内容

本书具体的研究内容简要概括如下：

(1)基于新发展理念的福建省海洋经济高质量发展研究背景及总体设计。本章重点分析本书的研究背景和总体研究设计情况，主要包括研究背景和问题的提出、研究目的和研究意义、主要研究内容、研究方法和研究思路、研究创新与特色等方面。本章的主要目的，在于明确研究背景的基础上引出本书所研究的核心问题，并明确本书的研究目的、意义、内容、方法、思路和创新点等总体研究设计范畴，从而为后续章节的研究奠定必要的基础。

(2)海洋经济高质量发展的研究进展及前沿热点分析。本章对与本书相关的已有文献资料进行收集、整理、归纳和分析，主要采用文献计量分析和内容分析两种方法，利用知识图谱，选取 CiteSpace 6.2.R6 作为可视化分析软件，对国内外海洋经济高质量发展及相关领域的文献资料进行系统的分析研究，重点归纳总结现有文献资料的主要内容及核心观点，并明确现有文献资料存在的不足之处，从而为本书的后续研究奠定基础，也明确了现有研究与本书主要内容之间的逻辑关系。

(3)相关概念界定及理论基础分析。本章对本书所涉及的新发展理念、海洋经济、海洋经济高质量发展等相关重点概念进行界定，并阐述了本研究的理论基础，主要包括经济发展理论、创新驱动理论、协调理论、可持续发展理论和共享空间理论，在此基础上探究构建基于新发展理念的福建省海洋经济高质量发展研究的理论分析框架，从而为本书的后续研究奠定必要的理论基础。

(4)福建省海洋经济发展的现状与问题。立足当前福建省海洋经济发展现状,通过广泛收集数据与资料,本章致力于深入剖析福建省海洋经济的多个核心维度,力求全方位、多角度地展现当前福建省海洋经济发展的真实面貌。在此过程中,本章细致挖掘福建省海洋经济发展的内在优势与潜在劣势,明确福建省海洋经济高质量发展的现实需求与关键瓶颈。本章的主要作用是探究并明确当前福建省海洋经济发展所面临的主要问题,为下文完善福建省海洋经济高质量发展策略提供必要的参考依据。

(5)基于新发展理念的福建省海洋经济高质量发展评价指标体系构建。依据创新、协调、绿色、开放、共享的新发展理念,本章通过选取能准确反映海洋经济发展情况的指标,尝试打造一套既符合新发展理念要求又独具福建海洋经济特色的高质量发展评价指标体系,不仅具有全面覆盖海洋经济发展的多维度特征,还可以通过时间序列数据的分析,深入剖析福建省海洋经济高质量发展能力及水平的历史演变趋势。本章的主要作用是通过建立科学规范的海洋经济高质量发展评价指标体系,为下文探讨其背后的影响因素和作用机制作铺垫。

(6)新发展理念下福建省海洋经济高质量发展的影响因素分析。基于前文构建的评价指标体系,本章聚焦于新发展理念框架下福建省海洋经济高质量发展的核心内涵,识别并明确影响海洋经济高质量发展的关键因素,通过实证分析,揭示各影响因素与海洋经济高质量发展之间的内在联系,并进行必要的稳健性检验,以验证分析结果的可靠性。本章的主要作用是深入揭示福建省海洋经济高质量发展的主要驱动力与制约因素,同时为后续章节制定针对性强、效果显著的海洋经济发展策略提供科学依据。

(7)国内外主要沿海地区海洋经济高质量发展的经验及启示。本章选取国内山东省、广东省和浙江省,以及国外日本、美国和挪威等海洋大国的沿海区域,重点分析推动海洋经济高质量发展方面的主要做法与成功经验。

本章的主要作用是为福建省海洋经济高质量发展以及战略优化提供有益的经验和启示。

(8)推动福建省海洋经济高质量发展的对策建议。本章基于创新、协调、绿色、开放、共享的新发展理念,重点从坚持创新发展、促进协调发展、推动绿色发展、加快开放发展以及推进共享发展五个方面提出推动福建省海洋经济高质量发展的对策建议,以期推动福建省海洋经济的持续稳定发展。

(9)加快推进福建省现代海洋产业高质量发展体系建设。本章从福建省海洋经济传统产业和新兴产业等方面进行分析,主要涉及海洋种业、海洋渔业、海洋高新产业、海洋工程装备产业、海洋通信产业、海洋生物医药产业、海洋文旅产业以及海洋文化品牌培育等。

(10)加快推进福建省海洋经济高质量发展保障体系建设。本章主要从港口基础设施建设、海洋科技创新与人才培养、海洋环境保护与污染防治,以及海洋经济发展的财政政策和金融工具应用等方面进行分析和论证,以更好地支撑和保障福建省海洋经济高质量发展。

1.4 研究方法和研究思路

1.4.1 研究方法

(1)文献分析法。通过广泛检索与本研究相关的文献资料,并利用各级各类的统计年鉴、技术与行业期刊信息,以及来自福建省统计局、福建省海洋与渔业局、福建省科技厅和福建省农业农村厅等相关厅局的数据库和信息资料库,重点获取福建省海洋经济方面相关的各种分析数据和文献资料。调研组采用描述性统计方法分析当前福建省海洋经济的发展现状及存在的主要问题，以全面了解福建省海洋经济发展现状。

（2）CiteSpace 知识图谱分析法。CiteSpace 软件通过作者、主题、关键词、期刊源以及共现等数据分析，分析某一研究领域不同研究成果之间的交叉关系，以此掌握该研究领域的研究热点与前沿问题。首先，主要通过文献之间的网络关系来判断该研究领域的中心度和重要程度；其次，通过时间轴来观察论文的发表时间并形成演化路径；最后，通过关键词的共现、聚类和突现来确定研究热点，推断今后的研究趋势。海洋经济高质量发展是建设海洋强省的战略制高点，运用 CiteSpace 可视化分析软件，对搜集到的与主题紧密相关的文献进行了全面剖析，包括对文献总量的统计、历年变化趋势的描绘、国家分布的概览、关键词共现与关键词聚类的深入分析。其中，关键词共现与聚类分析揭示了海洋经济高质量发展研究领域的热点内容，关键词时区图深入剖析了海洋经济高质量发展研究的演进历程。这不仅有助于本研究理解当前学术界和实践界关注的焦点，更有助于全面把握海洋经济高质量发展研究的总体发展趋势。

（3）调研访谈法。根据研究计划和实际需要，本书的研究团队对福建省海洋与渔业局、福建省农业农村厅、福建省发展和改革委员会、福建省财政厅、福建省科技厅、福建省教育厅，以及宁德市海洋与渔业局、宁德市科技局和宁德市财政局等相关的政府职能部门进行调研和访谈，旨在搜集、了解相关的课题研究信息和文献资料，重点收集福建省沿海区域海洋经济发展和涉海企业运营基本情况、社会网络、海洋科技创新及其科技成果转化等方面的数据资料，并对相关的专家和学者进行访谈和咨询，以征求其对本书相关研究内容的意见或建议。同时，运用观察、访谈等方法考察山东、广东、浙江和福建等重点省份的沿海地区海洋经济发展和海洋产业发展的功能及地位，总结出案例点在海洋产业发展、海洋科技创新等方面的变化趋势，从而为最终凝练科学精准的结论与政策建议奠定必要的基础。

(4)熵值法。通过采用实地调研和相关的统计年鉴所获得的信息和数据,按照新发展理念的要求,构建福建省海洋经济高质量发展水平评价指标体系,并采用熵值法对2010—2021年福建省海洋经济高质量发展指数进行测度,从而力求找准福建省海洋经济高质量发展的方向并提出针对性的对策建议。

(5)回归分析法。回归分析法是一种基于数理统计原理的数据处理手段,即通过数理统计的方法,对收集到的大量数据进行处理,旨在揭示因变量与可能影响因变量的变量之间的内在联系。本书以海洋经济高质量发展的影响因素为切入点,准确筛选了影响海洋经济高质量发展能力的多维度因素,并运用回归模型系统地探讨2010—2021年推动或制约福建省海洋经济高质量发展的关键因素,为相关政策规章和战略规划的制定提供科学依据。

(6)案例分析法。案例分析法作为一种科学而精细的研究方法,其通过全方位、细致入微的考察,旨在从个别中提炼共性,确保对客观事实的直接、全面且真实的反映,从而极大地增强研究结论的实证效力与说服力。因此,本书挑选了国内外一系列标志性案例,包括但不限于国内山东、广东、浙江等海洋经济强省的新兴与传统海洋产业布局、海洋资源开发利用状况等,以及日本、美国和挪威等海洋大国的沿海区域在推动海洋经济高质量发展方面的主要做法,旨在进行跨地域、多维度的比较分析。这一过程不仅丰富了本书的研究内容,更是通过横向与纵向的对比剖析,揭示了不同地区海洋经济发展的共性规律与差异性特征,为福建省乃至更广泛区域的海洋经济高质量发展提供宝贵的借鉴与启示。

1.4.2 研究思路

海洋经济高质量发展水平是衡量海洋开发、利用、保护能力的重要指标,是实现海洋强省建设的必然要求。本书按照"研究必要性—现状分析—

体系构建—影响机理—经验借鉴—对策建议”的研究思路，基于创新、协调、绿色、开放、共享的新发展理念，以福建省海洋经济高质量发展为研究对象，旨在解决在当前可获得的反映各地市海洋经济发展情况相关数据的基础上，构建全面合理的海洋经济高质量发展评价指标体系，并运用科学的综合评价方法，准确地评估福建省海洋经济高质量发展水平，在此基础上进一步分析影响海洋经济高质量发展的主要影响因素，从而为最终制定推进海洋经济高质量发展的对策建议提供理论依据和路径指导。具体的研究步骤如下：

(1)问题提出。基于对当前我国海洋经济尤其是福建省海洋经济发展的背景和现状的分析，明确如何实现高质量发展一直是福建省海洋经济发展过程中需要重点思考的核心问题。当前掌握福建省海洋经济高质量发展的内在规律成为寻找问题解决思路与对策的重要途径。通过国内外相关文献资料的搜集整理与分析，本书系统地探讨了福建省海洋经济高质量发展的内涵及其作用机制，为福建省海洋经济的转型升级与高质量发展提供理论指引与实践参考。

(2)海洋经济高质量发展水平评价指标体系构建及发展水平评价。基于现有海洋经济评价相关文献研究和理论分析，解读海洋经济高质量发展的内涵及其本质要求。以权威机构公开资料中的高频指标为重点，结合指标体系构建原则和海洋经济高质量发展的特征，遴选确定最终的评价指标，构建科学的评价指标体系，并据以对福建省沿海各个城市的海洋经济高质量发展水平进行评价分析。

(3)系统研究影响福建省海洋经济高质量发展的关键因素。在前文发展水平评价的基础上，运用回归分析模型对影响福建省海洋经济高质量发展的核心因素进行系统的分析和研究，并进行稳健性检验，从而验证本研究的科学性和实用性。

(4)提出推动福建省海洋经济高质量发展的对策建议。在前文研究的基础上，结合国内外相关的经验借鉴及启示，并基于新发展理念的视角，探索实现福建省海洋经济高质量发展的具体路径和相应的对策建议，以期更好地推动福建海洋经济持续健康有序发展。

本书具体的技术路线如图 1-1 所示。

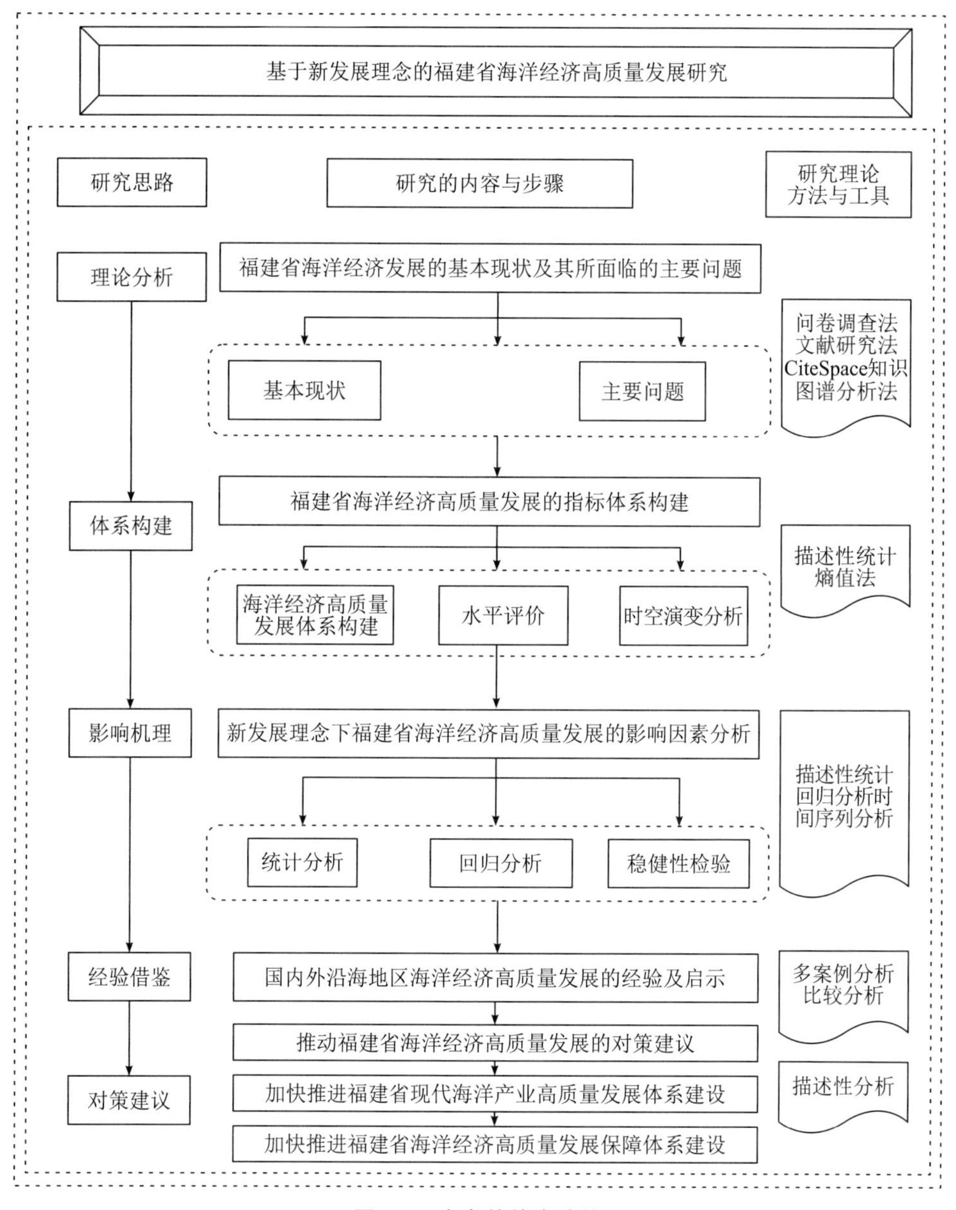

图 1-1　本书的技术路线

1.5 研究创新与特色

第一,从新发展理念的角度拓宽了福建省海洋经济发展的研究视角。"高质量"作为研究课题相对较新,当前理论界关于海洋经济高质量发展的探索仍处于初步阶段。同时,对于海洋经济高质量发展的具体内涵还没有形成统一的权威界定,相应的评价指标体系也仍处于摸索构建阶段,尚未形成共识。相对于为数不少的单一指标评价,本书基于新发展理念,尝试从创新、协调、绿色、开放、共享五个维度,创新性地构建福建省海洋经济高质量发展的评价指标体系,在力求评价指标科学、精准、全面的同时尽可能地体现出高质量海洋经济发展的特征,并据以对福建省海洋经济发展状况进行综合评价分析。这样的研究评价不仅更加全面、客观、科学和可行,而且所得出的评价结果也更加精准和具有更高的认可度。这是本书的主要创新或特色之一。

第二,创新性地探索推动福建省海洋经济高质量发展的动力因素。鉴于当前对海洋经济高质量发展影响因素的研究探讨缺乏全面性和系统性,结合福建省海洋经济发展的现实情况,本书综合选取了经济发展水平、对外开放程度、政府干预程度、创新水平、环境规制、劳动力水平、研发强度以及城镇化水平等一系列变量,厘清了影响福建省海洋经济高质量发展的多元动力,并在揭示各影响因素与海洋经济高质量发展之间内在联系的同时,明确了当前影响福建省海洋经济高质量发展的主要因素。这为如何有效地推动福建省海洋经济高质量发展进程提供了科学、精准、详尽的说明,也为政府部门制定更具针对性的海洋经济政策规章和实务部门采取更加科学精准解决问题的举措提供了坚实的决策参考依据。本研究在这方面展现了显著的创新性、独特的学术特色以及较高的应用价值。

第三，创新融合了文献资料与案例研究。结合海洋经济的特征定义，本书科学融入了新发展理念，并借助 CiteSpace 可视化知识图谱，系统性地梳理了海洋经济高质量发展的研究现状，追踪了研究热点与脉络，为福建省海洋经济高质量发展领域的研究方向提供了前瞻性的指引。同时，通过选取国内主要沿海省份和国外代表性海洋强国的沿海区域作为典型案例开展分析，并促使这些典型案例区域的发展经验与新发展理念形成呼应，从诸多的资料分析中发现海洋经济高质量发展研究中具有本质的、核心的理论方向和实践经验，从而进一步升华了本书的研究立意。

第四，以充分的调研资料助力全面地描绘福建省海洋经济高质量发展的现实图景。本书通过深入福建省具有代表性的沿海地区进行实地考察，并基于长时间的跟踪调研，积累了丰富的第一手素材。在此基础上，微观审视省内沿海区域新兴与传统海洋产业发展新态势、海洋生态资源建设新情况、海洋开放合作新格局以及海洋经济协作共享新成效等方面的情况，还原了福建省海洋经济发展路径及其理论探索的真实情况。在此基础上，从加快推进福建省现代海洋产业高质量发展体系建设和加快推进福建省海洋经济高质量发展保障体系建设两个方面，以大量经验事实全面地描绘了福建省海洋经济高质量发展过程中海洋产业体系建设和保障体系建设的重要作用。这有别于以往的研究，具有较为突出的创新与特色。

第五，从新发展理念出发，创新性地提出了一系列适合福建省海洋经济高质量发展的对策建议。基于科学客观的理论分析，本书对福建省海洋经济高质量发展的内在逻辑与外在特征进行了全面深入的剖析。同时，结合规范分析与实证检验，本书明确了在新发展理念指引下促进福建省海洋经济高质量发展的具体路径，可为海洋科技的持续创新、海洋产业的加速转型升级、海洋生态环境保护与建设的不断加强、海洋开放合作的持续深化拓展和海洋经济发展成果的共用共享等提供重要的参考与借鉴。这是本书的又一主要创新或特色所在。

2　海洋经济高质量发展的研究进展及前沿热点分析

有关海洋经济、海洋经济发展和海洋经济可持续发展方面的研究起步较早，且相关的文献资料已较为丰富，而关于海洋经济高质量发展的研究则主要集中在最近几年，通过系统梳理已有的文献，可以全面地了解海洋经济发展、海洋经济可持续发展和海洋经济高质量发展的历史沿革、当前研究状态、主要成果以及存在的问题。这有助于我们明确本书的研究在整个知识体系中的位置，从而更准确地定位研究问题和研究目标。

2.1　数据来源

近年来，运用可视化技术进行文献分析已成为把握各个研究领域发展态势的重要工具之一。当前，不少学者认为 CiteSpace 已经是科学和技术知识领域可视化分析中的重要软件之一(赵蓉英 等，2014)。因此，本书利用知识图谱，选取 CiteSpace 6.2.R6 作为可视化分析软件，对国内外海洋经济高质量发展领域的文献进行分析研究。Web of Science 核心合集数据库是国际上被大多数专家学者所认可的权威数据库，其中涵盖的学术期刊数量超过 12000 本，涉及的研究学科十分广泛(谢伶 等，2019)。本书选用 Web of Science Core Collection 数据库作为文献数据来源，在高级检索中以“Topic”作为检索途径，除了使用“Topic =（High-quality development of the Marine economy）”进行直接检索外，考虑到国外相关领域研究中可能对于“海洋经济高质量发展”提法的熟知程度不高，还以“Topic =（Sustainable development of the Marine economy）Or Topic =（marine economy and marine environment）”进行辅助检索，文献跨越时间为 2002 年 1 月至 2023 年 12 月。通过上述步骤筛选出海洋经济高质量发展研究领域的文献 1721 条。经过对所有文献的筛选，对与研究领域无关的文献进行人工剔除，以 Article 或 Review 为文献类型，最终获得 1556 篇文献用于本书的研究分析。

除 Web of Science 核心合集数据库外，本文还选择中国知网作为中文文献来源。CNKI 网络数据库文献检索系统因其信息覆盖全面、检索功能强大等特点，已逐渐成为检索中文文献的主要途径（涂佳琪 等，2019）。另外，海洋经济高质量发展的内涵是促进人类与海洋长期和谐共处，实现海洋经济全面、协调、可持续发展（倪冉 等，2023）。可见，海洋经济可持续发展是高质量发展的重要内核。因此，本书在高级检索中设置主题为“海洋经济高质量发展”或“海洋经济可持续发展”，类别设置为“学术期刊”，检索时间为 1997 年 1 月至 2023 年 12 月，经过初步筛选，共得到 642 篇文献，用于中文文献数据库的建立。

2.2 海洋经济高质量发展的研究进展

2.2.1 文献时间序列分布

在特定时间段内的文献发表数量是用于分析某一研究领域发展走势或预测未来研究热点的重要参考指标。具体而言，主要通过时间轴上发文量的变化来直观地显示该领域研究热度的变化（邱均平 等，2019）。在 Web of Science 数据库中，本书对检索到的 1556 篇文献按发表年份进行统计，得到在2002年1月至2023年12月期间,国际上相关专家学者针对海洋经济高质量发展研究文献的发表量分布情况。各年发文量统计结果如图2-1所示。

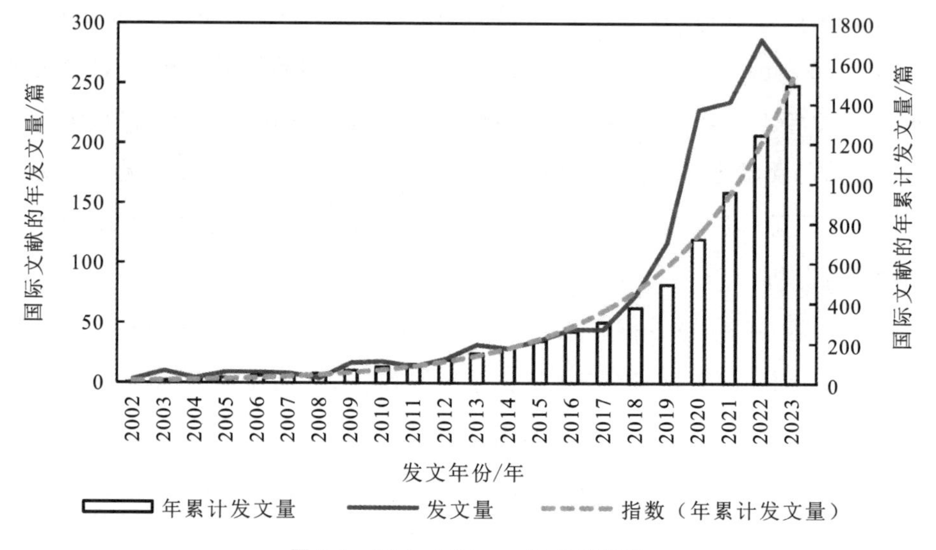

图2-1 Web of Science发文量变化

由图2-1可以看出,2002—2008年为初始探索阶段,主要以协调海洋经济、海洋资源以及海洋环境为主要研究方向。这个阶段对于海洋经济高质量发展这一概念还没有清晰的界定,但已经有与其研究内涵相近的文章出现。这一阶段,每年发文量约在3～10篇,其中2003年发文量最多(10篇)。2009—2017年为发展阶段,这一阶段海洋经济可持续发展的相关研究文献增长至每年17～45篇,较上一阶段的发文量有一定程度的增长。2018—2023年,由于全球对于可持续发展的不断重视,海洋经济可持续发展也被各国学者不断关注,此时的相关发文量已经达到73～287篇,其中2022年成为发文量的高峰。截至2023年12月15日,2023年海洋经济可持续发展的研究文献量为251篇,这意味着2023年的发文量与2022年的发文量相近。综上所述,在全球接受并提倡可持续发展的大背景下,世界各国学者对于可持续发展领域的研究日益增加。当然,海洋经济可持续发展作为其中一个重要组成部分也得到了各国专家学者的重视,学者们的研究热情也逐渐高涨。

在中国知网中,本书对在中国知网中检索到的642篇文献按发表年份进行统计,得到 1997 年 1 月至 2023 年 12 月期间我国学者以海洋经济发展为研究核心的文献发表量分布情况。各年发文量统计结果如图 2-2 所示。

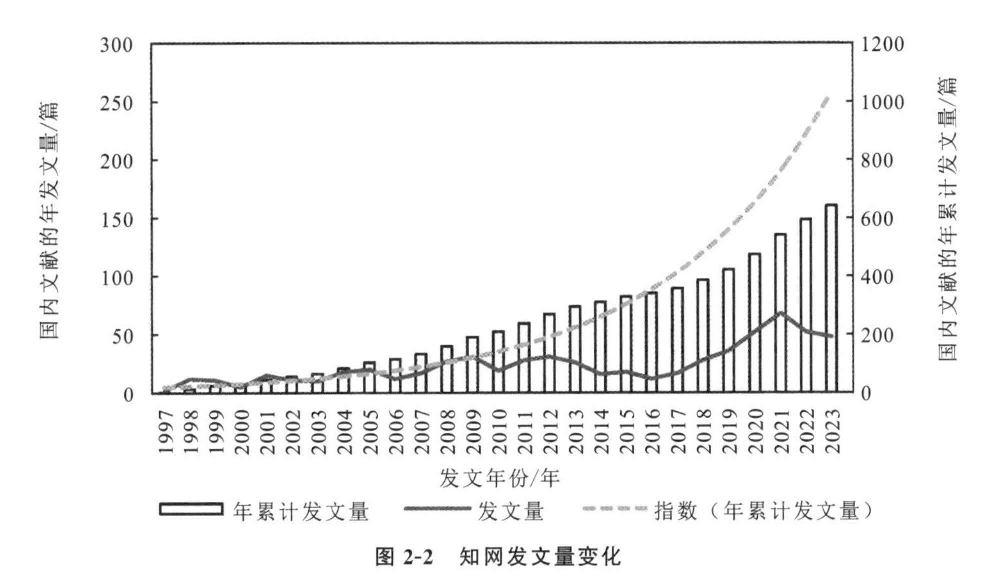

图 2-2 知网发文量变化

从知网发文量整体趋势来看,我国学者对海洋经济的重视程度不断上升,累计发表文献数量呈指数增长。在 2021 年,该领域发文量达到高峰,这可能是因为在 2021 年,我国进入"十四五"规划开局之年,经国务院批复同意印发《"十四五"海洋经济发展规划》,明确走依海富国、以海强国、人海和谐、合作共赢的发展道路,积极推进海洋经济可持续发展,建设中国特色海洋强国。这使得海洋经济可持续发展得到广泛关注。在 2017 年之前,我国已有不少学者将目光投向海洋经济,认为海洋经济是我国国民经济的重要组成部分,也是我国经济发展新的增长点(倪冉 等,2023)。虽然在这个时间段海洋经济高质量发展这一概念还鲜有人涉及,但整体文献研究的内涵已经初见高质量发展的雏形,为随后相关学者的研究打下了坚实的基础。因此,这一阶段为研究的初始阶段。2017 年后,关于海洋经济可持续或高质量发展的研究进入发展阶段。随着党中央、国务院关于"高质量发展"与"建设海洋强国"等相关战略的提出,社会各界开始逐步关注海洋经济高质量发展,该领域的文献数量也逐渐增加。在该阶段的文献研究中,随着国家战略的转变和高质量发展理念的提出,学者们将"高质量发展"这一更具概括性的概念作为研究主题逐步替代了“可持续发展”这一关键词。

2.2.2 来源期刊分布情况

分析来源期刊分布情况能够为前期知识积累提供基础和方向(胡春阳等,2017)。因此,本书对在中国知网中检索到的642篇文献进行总结分析,总结发文量前十的期刊并绘制成表,具体结果见表2-1。

表2-1 知网来源期刊前十分布情况

来源期刊	频数/篇	首篇年份/年
《海洋开发与管理》	93	1998
《海洋经济》	35	2011
《海洋信息技术与应用》	13	1998
《海洋环境科学》	10	2004
《中国海洋大学学报(社会科学版)》	10	1998
《中国渔业经济》	9	1998
《中国国土资源经济》	8	2016
《大陆桥视野》	8	2019
《经济师》	7	2002
《生态经济》	7	2009

发文量前十的期刊包括《海洋开发与管理》《海洋经济》《海洋信息技术与应用》《海洋环境科学》《中国海洋大学学报(社会科学版)》《中国渔业经济》《中国国土资源经济》《大陆桥视野》《经济师》《生态经济》。其中,《海洋开发与管理》总发文量位列第一,发文量为93篇。《海洋开发与管理》创刊于1984年,是自然资源部主管、海洋出版社有限公司主办的我国海洋领域的综合性学术期刊。该期刊总体定位为建设我国海洋综合管理和海洋工程领域有影响、有特色、有品位的高层次、高水平、高质量的综合性学术期刊和高端学术交流平台;主要读者对象为国内外从事海洋学及相关学科研究的科研人员、高等院校师生,以及从事相关学科研究的科技工作者和管理人员。《海洋经济》总发文量位列第二,发文量为35篇。《海洋经济》是由国家

海洋局主管，国家海洋信息中心主办，中国太平洋学会太平洋区域海洋经济分会、中山大学、上海海洋大学协办的综合性学术期刊。《海洋经济》的办刊宗旨是始终坚持以科学发展观为统领，宣传国家发展海洋经济的方针政策，报道国内外海洋经济发展成就，关注海洋经济发展的热点和难点问题，广泛交流海洋经济研究成果。《海洋信息技术与应用》总发文量位列第三，发文量为 13 篇。《海洋信息技术与应用》是由自然资源部主管、国家海洋信息中心主办的科技期刊，主要报道海洋领域计算机科学与技术、控制科学与工程、通信与信息系统、电子科学与技术等基础与应用研究方面的原创性成果。不难看出，在发文量前十的期刊中，大多数期刊以海洋研究为主。另外，在 642 篇文献中，有 125 篇文献来自北大核心期刊，75 篇来自 CSSCI 期刊，25 篇来自 AMI 期刊，其中，文献所包含的学科包括海洋学、经济制度改革、宏观经济管理与可持续发展、农业经济与资源科学、金融、数学与旅游等。这说明海洋经济发展除了是经济学领域的研究重点之外，也是资源与环境等其他基础科学研究领域的重点。

2.2.3 国家分布情况

本书以 Web of Science 数据库中检索到的 1494 篇文献为基础，总结分析了海洋经济发展、海洋经济可持续发展（或高质量发展）领域的国家分布情况，具体内容见表 2-2。

表 2-2 Web of Science 研究国家分布情况

国家	频数/篇	首篇年份/年
中国（China）	506	2003
美国（USA）	220	2002
英国（England）	174	2003
澳大利亚（Australia）	144	2005
西班牙（Spain）	106	2012
意大利（Italy）	101	2005
加拿大（Canada）	94	2003

续表

国家	频数/篇	首篇年份/年
德国(Germany)	74	2003
印度(India)	70	2003
法国(France)	67	2006

注:在 Cite Space 软件中,研究国家分布分析的是一篇文章中所有作者的分布来源,故表中频数加总大于 Web of Science 检索文献数 1494。

第一,中国在该领域的研究具有深度。结合本书在文献时间序列分布中的分析可知,中国学者对于海洋经济发展、海洋经济可持续发展和海洋经济高质量发展领域的研究热情不断高涨,这在国家分布情况分析中也得到了进一步的验证。在关于海洋经济发展领域的研究中,中国在国际期刊中发表相关文献的数量最多,总共发文量高达 506 篇。当然,有部分原因是国外虽有“可持续发展”的提法,却没有采用“高质量发展”的提法,即更多提的是“海洋资源可持续利用”或“海洋经济可持续发展”等概念,这就导致中国学者在该领域的研究文献相对较多且更具深度与广度。

第二,各国在该领域的研究中初始探索年份相近。除了中国,美国、英国、澳大利亚、西班牙、意大利、加拿大、德国、印度以及法国在该领域发布的论文数量排名居于前十。在大部分发文量排名居于前十的国家中,首篇文献发表年份均为 2003 年前后,这说明各国对于该领域的初始探索年份相近,海洋经济可持续发展对于各国来说都是十分重要的研究议题。

第三,在该领域的研究中,各国之间存在着紧密的联系。本书除了总结研究国家分布表,还绘制了该研究领域国家的知识图谱,从图 2-3 中可以看出,各国在该研究领域中的联系相对紧密,呈现网络状。在该领域研究国家的知识图谱中,被重点标出的国家是中介中心性较强的国家,这些国家起到链接各点的枢纽作用。

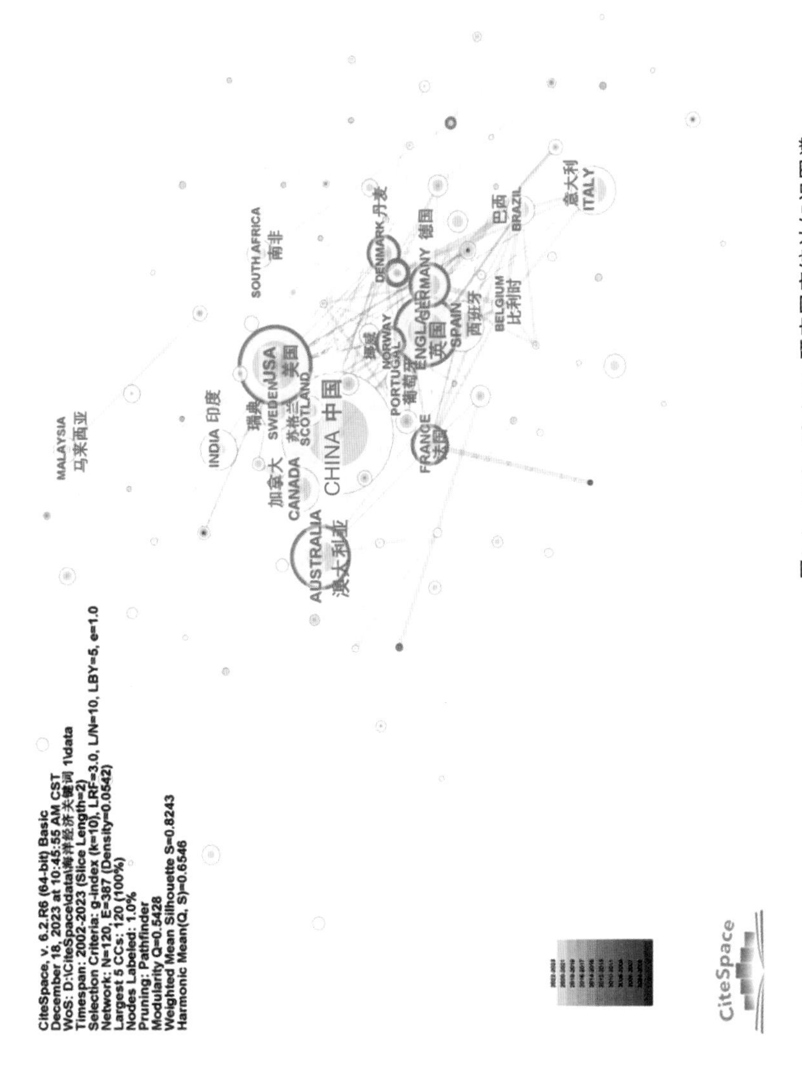

图2-3 Web of Science研究国家统计知识图谱

2.2.4 作者合作网络分析

本书分别基于 Web of Science 数据库中的 1494 篇文献和中国知网数据库中的 642 篇文献分析作者合作网络关系，并绘制出图 2-4 与图 2-5 的作者合作网络知识图谱。研究发现，不论是在国际期刊还是在国内期刊，作者合作网络均呈现“大分散，小聚集”的分布态势。在知网数据库中，发文量前五的作者如表 2-3 所示，分别为狄乾斌(17 篇)、刘明(11 篇)、韩增林(10 篇)、李博(7 篇)、孙志才(5 篇)，其中形成了以狄乾斌、韩增林、李博、孙才志为主的合作网络。在此合作网络中，发文量最多的是狄乾斌，其次为韩增林和李博。除了这个合作网络，还有两个分别以张文亮、孔昊为主的小合作网络。从总体来看，该领域尚未形成广泛的学术共识，各学者之间的合作并不密切。因此，应促进学者之间的学术交流，加强沟通，鼓励学者间协作开展课题研究。

在 Web of Science 数据库中，虽然形成的作者合作网络数量比以知网数据库为基础生成的合作网络数量多，但总体而言还是独立作者数量较多。由于国外可能不存在或是界定不清“海洋经济高质量发展”这一概念，因此本书重点以中国作者合作网络关系作为分析的重点。在知网数据库的 642 篇文献的基础上，本书汇总了发文量位列前五的作者的详细情况，具体见表 2-3。在这 5 位作者中，1 位作者来自国家海洋局海洋发展战略研究所，4 位作者来自辽宁师范大学且均在一个合作网络之中，可见这 4 位作者在该领域中的合作紧密，且辽宁师范大学对于海洋经济高质量发展的研究相对重视。从这 5 位作者的研究内容来看，海洋经济高质量发展评价以及高质量发展路径是他们所关注的研究方向。

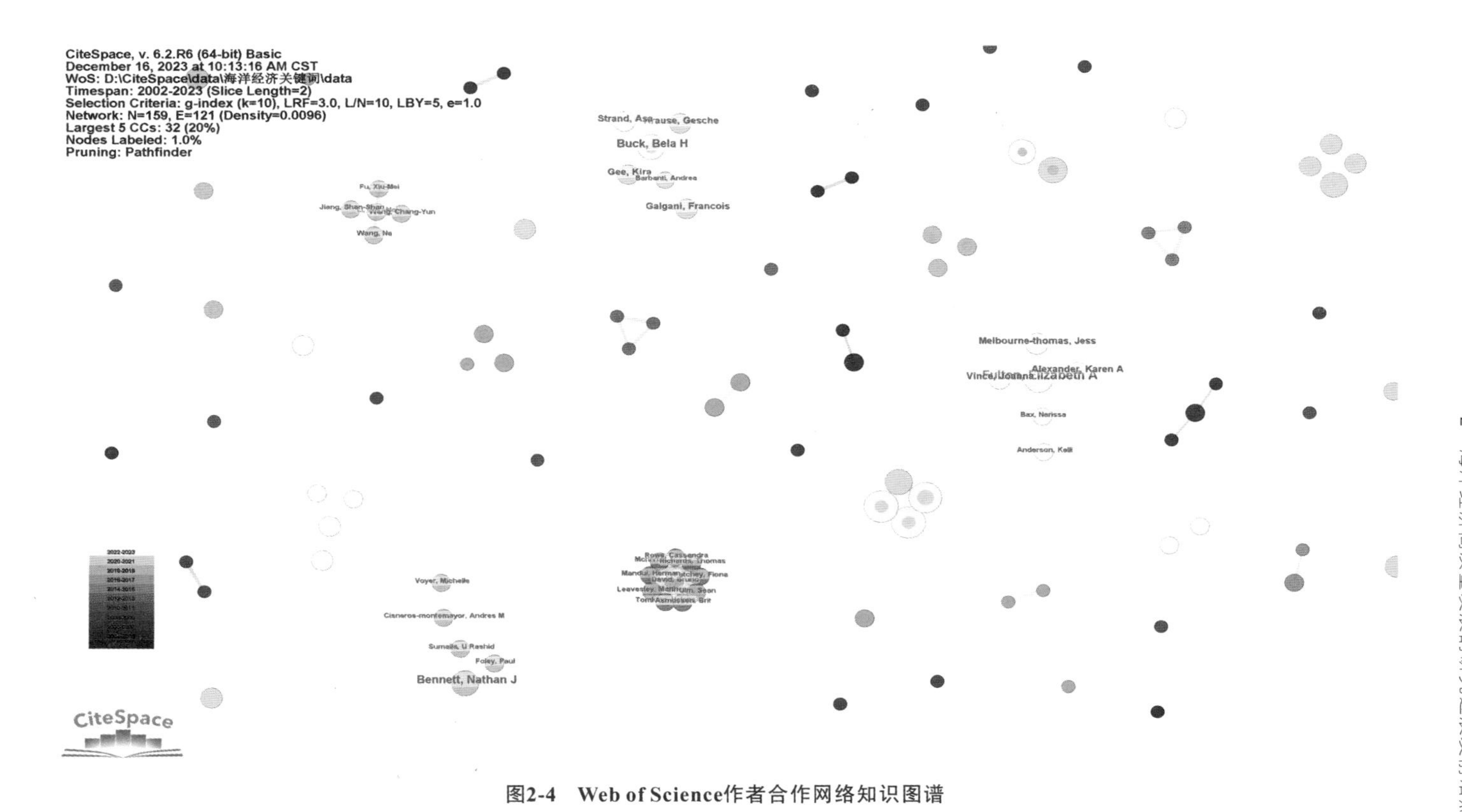

图2-4 Web of Science作者合作网络知识图谱

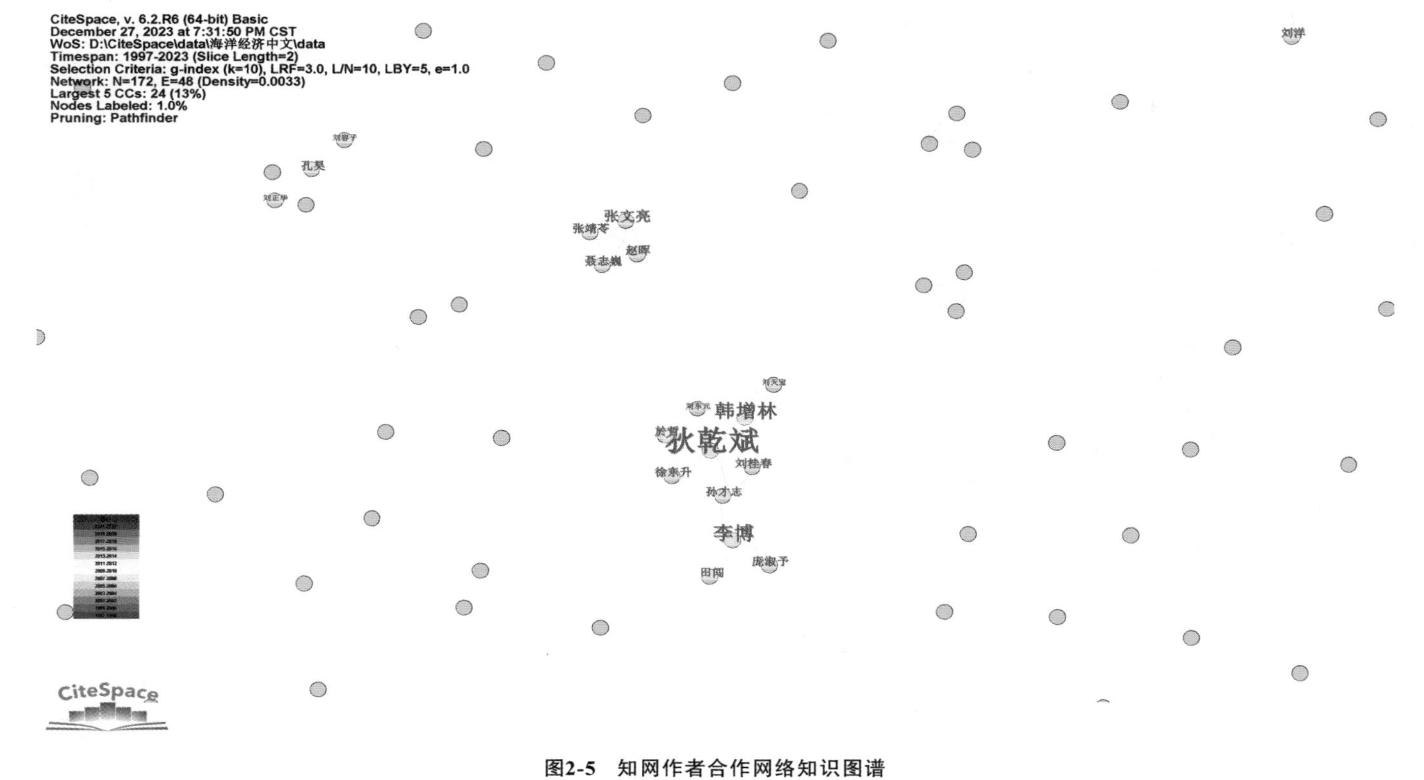

图2-5 知网作者合作网络知识图谱

表 2-3 知网发文量前五作者详细情况

作者名称	发文量/篇	作者单位	主要研究内容
狄乾斌	17	辽宁师范大学	中国海洋经济发展和高质量发展研究
刘明	11	国家海洋局海洋发展战略研究所	海洋资源经济与海洋战略、海洋经济可持续发展能力评价指标体系构建
韩增林	10	辽宁师范大学	我国海洋经济发展和高质量发展问题及调控路径探析
李博	7	辽宁师范大学	我国海洋经济发展和高质量发展问题及调控路径探析
孙才志	5	辽宁师范大学	全要素生产视域下中国海洋经济增长动力机制研究

2.2.5 研究机构共现分析

通过发文机构的贡献分析可以看出不同机构对海洋经济发展、海洋经济可持续发展和海洋经济高质量发展领域的研究现状，从而可以探究各机构对该领域的研究强度。在 Web of Science 数据库中，全球共有 187 个不同机构对该研究领域进行研究，通过系统分析，本书将发文作者所在单位进行归类，可以得出海洋经济发展研究领域核心机构贡献图谱如图 2-6 所示。在该领域中，各研究机构间存在着较强的共现关系。这说明各机构间的联系较为紧密，该领域的学术研究交流也足够紧密。表 2-4 为 Web of Science 数据库中研究机构统计表。

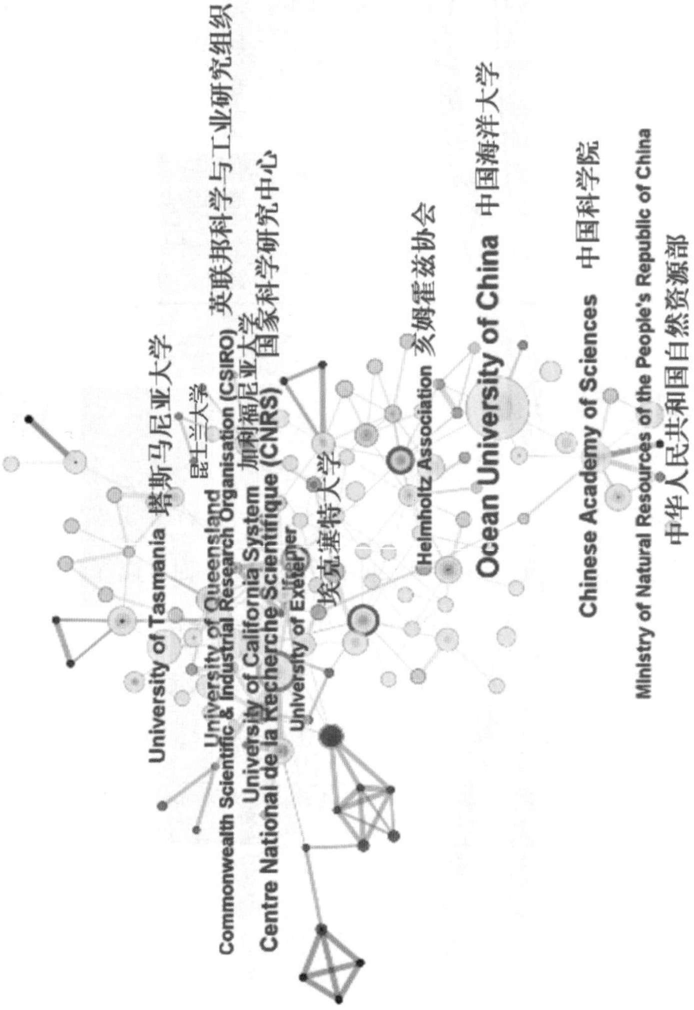

图2-6 Web of Science数据库中研究机构贡献图谱

表 2-4　Web of Science 数据库中研究机构统计

机构名称	频数/篇	首篇年份/年
中国海洋大学(Ocean University of China)	81	2017
中国科学院(Chinese Academy of Sciences)	31	2008
法国国家科学研究中心(Centre National de la Recherche Scientifique)	29	2010
加利福尼亚大学系统(University of California System)	28	2015
塔斯马尼亚大学(University of Tasmania)	27	2020
昆士兰大学(University of Queensland)	24	2011
亥姆霍兹协会(Helmholtz Association)	20	2018
英联邦科学与工业研究组织(Commonwealth Scientific & Industrial Research Organisation)	19	2020
中华人民共和国自然资源部(Ministry of Natural Resources of the People's Republic of China)	18	2020
埃克塞特大学(University of Exeter)	18	2018

其中,该领域发文数量位列前十的机构分别为中国海洋大学、中国科学院、法国国家科学研究中心、加利福尼亚大学、塔斯马尼亚大学、昆士兰大学、亥姆霍兹协会、英联邦科学与工业研究组织、中华人民共和国自然资源部以及埃克塞特大学。该领域核心机构发文数量排名第一的是中国海洋大学,共发文 81 篇。中国海洋大学是一所海洋和水产学科特色显著、学科门类齐全的教育部直属重点综合性大学,具备海洋生态环境实验室、海洋生物工程实验室等山东省高校重点实验室,并且于 2020 年累计获得国家自然科学基金资助各类项目 155 项,具备较强的海洋研究领域团队和科研能力。中国科学院在该领域的发文量排名第二,共发文 31 篇。中国科学院是我国自然科学领域最高学术机构、科学技术最高咨询机构、自然科学与高技术综合研究发展中心,设有海洋研究所,是新中国第一个专门从事海洋科学研究的机构、我国海洋科学的发源地,在我国海洋基础研究领域做了许多奠基性和开创性的工作,引领了我国海洋科学的发展,目前仍然是我国规模最大、综合实力最强的综合海洋研究机构之一。法国一直是传统的

海洋大国和强国，作为西欧领土面积最大的国家，法国本土三面临海，北部临北海、英吉利海峡，西部面对大西洋，南部朝向地中海，拥有丰富的海洋资源和优越的海洋环境，再加上分布在太平洋、印度洋等多地的海外领地，法国的海洋专属经济区面积位居世界前列。在国家海洋资源禀赋优越的背景下，法国国家科学研究中心发布该领域文章 29 篇，排名机构前三。法国国家科学研究中心是法国最大的政府研究机构，也是欧洲最大的基础科学研究机构，同时也是世界顶尖的科学研究机构之一，具有较强的科研能力。

在中国知网数据库中，中国共有 152 个不同机构对海洋经济发展、海洋经济可持续发展和海洋经济高质量发展进行研究。本书通过对该领域相关文献发文机构进行分析，绘制得出知网数据库中发文量排名前十的机构信息与研究机构贡献图谱。

从表 2-5 知网数据库中研究机构统计表可知，研究机构主要集中分布于辽宁师范大学和中国海洋大学，其中辽宁师范大学海洋经济与可持续发展研究中心发文量最多，达到 25 篇，且于 2007 年开始关注该领域。辽宁师范大学海洋经济与可持续发展研究中心是教育部人文社会科学重点研究基地。该中心的前身是海洋资源研究所，是 2000 年 1 月在吸纳校内外该领域高水准科研人员的基础上组建而成的一个独立的实体性研究机构，2002 年被确定为教育部人文社会科学重点研究基地，也是全国第一家海洋经济及其可持续发展的研究机构。同年，辽宁师范大学的海洋经济地理被辽宁省教育厅确定为辽宁省重点学科，标志着其整体研究水平已经居于全国前列。除了该研究中心，中国海洋大学经济学院、国家海洋信息中心以及上海海洋大学经济管理学院等机构的发文量次之，这些机构也都是海洋经济发展研究领域的核心力量。

表 2-5 知网数据库中研究机构统计

机构名称	频数/篇	首篇年份/年
辽宁师范大学海洋经济与可持续发展研究中心	25	2007
中国海洋大学经济学院	23	2009
国家海洋信息中心	12	1998
上海海洋大学经济管理学院	11	2009
中国海洋大学海洋发展研究院	11	2007
辽宁师范大学城市与环境学院	9	2007
中国海洋大学管理学院	8	2003
江苏海洋大学商学院	7	2020
国家海洋局海洋发展战略研究所	7	2002
中国海洋大学	5	2005

从图 2-7 知网数据库中研究机构贡献图谱可知，这几个研究机构之间分别形成了小范围的合作团队，这有利于促进机构之间的沟通交流、资源共享以及优势互补，有助于形成严谨、科学、全面的研究成果。该研究领域小范围的合作团队共有五个：一是以中国海洋大学、辽宁师范大学以及中国石油大学等为主的研究团队；二是以辽宁社会科学院、吉林大学经济学院以及吉林大学马克思主义博士后流动站为主的研究团队；三是以中共广东省委党校经济学教研部、暨南大学经济学院以及国家海洋南海规划与环境研究院为主的研究团队；四是以华东师范大学长江流域发展研究院、华东师范大学城市与区域经济系以及华东师范大学河口与海岸研究院为主的研究团队；五是以 APEC 海岸可持续发展中心、国家海洋局第三研究所、福建省海岛与海岸带管理技术研究重点实验室以及厦门大学环境科学研究中心为主的研究团队。

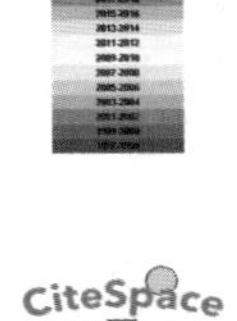

图2-7 知网数据库中研究机构贡献图谱

2.3 海洋经济高质量发展的研究热点分析

2.3.1 关键词共现分析

文献的关键词不仅是对文章研究方法以及研究内容的精简总结与提炼，其出现的频数还代表着研究领域的发展趋势与热点导向。除此之外，在CiteSpace分析中，中介中心性还可以体现各个关键词之间的内在关联(汪坚强 等,2022)。因此，我们借助CiteSpace软件分析Web of Science数据库中的相关文献，探究国际学术界对海洋经济发展、海洋经济可持续发展和海洋经济高质量发展领域的研究情况。本书将这些文献中排名前20的关键词频次及中心性进行排序汇总，具体结果见表2-6。其中，在关键词频数方面，除“海洋经济”“海洋环境”“环境”“污染”等热点的关键词外，出现频数较高的“生态系统服务、可循环经济、渔业、治理、蓝色经济、可持续发展”等也反映了海洋经济发展领域的研究范畴。在高频词中，中心性排序前列的关键词为“海洋经济高质量领域的成长性、可持续性及其影响、海洋环境、蓝色经济、可循环经济”。在中心性的排序分析中，反映出这些关键词与其他内容之间存在较强的共现关系。本书对数据库中相关文献进行可视化分析，生成关键词共现图谱(见图2-8)，发现“蓝色经济、海洋治理、可循环经济”是主要的网络节点，代表着该领域的热点与导向。在CiteSpace软件中，可使用紫色圈标记文献关键词的重要性，因此具有重要转折点的关键词在知识图谱中以紫色圈的形式体现，这些关键词有“气候变化、海洋、影响因素”等。这些关键词是链接海洋经济发展、海洋经济可持续发展和海洋经济高质量发展研究领域的重要词汇，起到研究桥梁的作用。

表 2-6　Web of Science 数据库文献中排名前 20 关键词频数及中心性

序号	频数/篇	中心性	关键词	序号	频数/篇	中心性	关键词
1	163	0.07	治理 (management)	11	58	0.04	保护 (conservation)
2	126	0.08	蓝色经济 (blue economy)	12	57	0.06	渔业 (fishery)
3	103	0.05	可持续性发展 (sustainable development)	13	56	0.06	生态系统服务 (ecosystem services)
4	102	0.08	可循环经济 (circular economy)	14	52	0.1	环境 (environment)
5	96	0.22	影响 (impacts)	15	50	0.03	污染 (pollution)
6	94	0.02	海洋经济 (marine economy)	16	49	0.02	海 (sea)
7	87	0.11	成长性 (growth)	17	46	0.05	海洋 (ocean)
8	74	0.03	海洋 (marine)	18	45	0.04	塑料微粒 (microplastics)
9	64	0.18	海洋环境 (marine environment)	19	42	0.08	可持续性的 (sustainability)
10	62	0.06	海岸的 (coastal)	20	41	0.03	框架 (framework)

除了分析 Web of Science 数据库中的相关文献，本书还基于知网数据库对海洋经济发展、海洋经济可持续发展和海洋经济高质量发展领域的研究情况进行分析。通过对海洋经济发展、海洋经济可持续发展和海洋经济高质量发展等关键词进行分析，得到表 2-7 的知网数据库文献中排名前 20 关键词统计表和图 2-9 的知网数据库中文献关键词的知识图谱。图 2-9 中的节点大小代表关键词出现的频数，节点间的连线粗细代表关键词之间的共现强度。从图中可知，现有的文献主要围绕海洋经济、海洋资源、海洋产业、海洋强国以及科技创新等领域协同展开，几乎所有的高频关键词之间都存在着紧密联系，均是研究的基础与核心。图中的各个关键词几乎均在一处进行聚集，说明该领域的研究相对聚焦。其中，由表 2-7 可知，“海洋经济”的中介中心性为 1.25，是连接各个关键词的重要桥梁，也是出现频数最多的关

图2-8　Web of Science数据库中文献关键词的知识图谱

键词。另外,海洋经济高质量发展研究主要围绕着海洋产业结构、指标体系建设、海洋科技创新以及海洋协调发展等方面开展,而熵值法是该领域最常用的方法之一,这几个研究方向与方法是我国海洋经济发展、海洋经济可持续发展和海洋经济高质量发展研究领域的热点。

表 2-7 知网数据库文献中排名前 20 关键词频数及其中心性

序号	频数/篇	中心性	关键词	序号	频数/篇	中心性	关键词
1	347	1.25	海洋经济	11	7	0.00	发展
2	24	0.12	海洋资源	12	7	0.02	熵值法
3	20	0.05	海洋产业	13	7	0.04	蓝色经济
4	19	0.06	指标体系	14	6	0.00	海洋科技
5	16	0.04	对策	15	6	0.03	协调发展
6	12	0.13	海洋强国	16	6	0.11	陆海统筹
7	10	0.02	科技创新	17	5	0.03	高质量
8	9	0.02	循环经济	18	5	0.03	向海经济
9	8	0.02	产业结构	19	5	0.00	区域经济
10	7	0.00	上海	20	4	0.02	数字经济

2.3.2 关键词聚类分析

本书利用 CiteSpace 软件绘制关键词的聚类演进时区图谱对热点和演进路径进行研究。基于知网数据库与 Web of Science 数据库所检索到的文献,本文主要研究步骤为,在 Web of Science 数据库中,将参数时间设定在 2002 年 1 月至 2023 年 12 月。在知网数据库中,将参数时间设定在 1997 年 1 月至 2023 年 12 月,时间切片为 2。在两个数据库的分析中,节点类型均选择“keyword”,以此结合时间演化对海洋经济发展、海洋经济可持续发展和海洋经济高质量发展领域的主体进行聚类分析,研究不同阶段的热点,得到热点演进趋势。

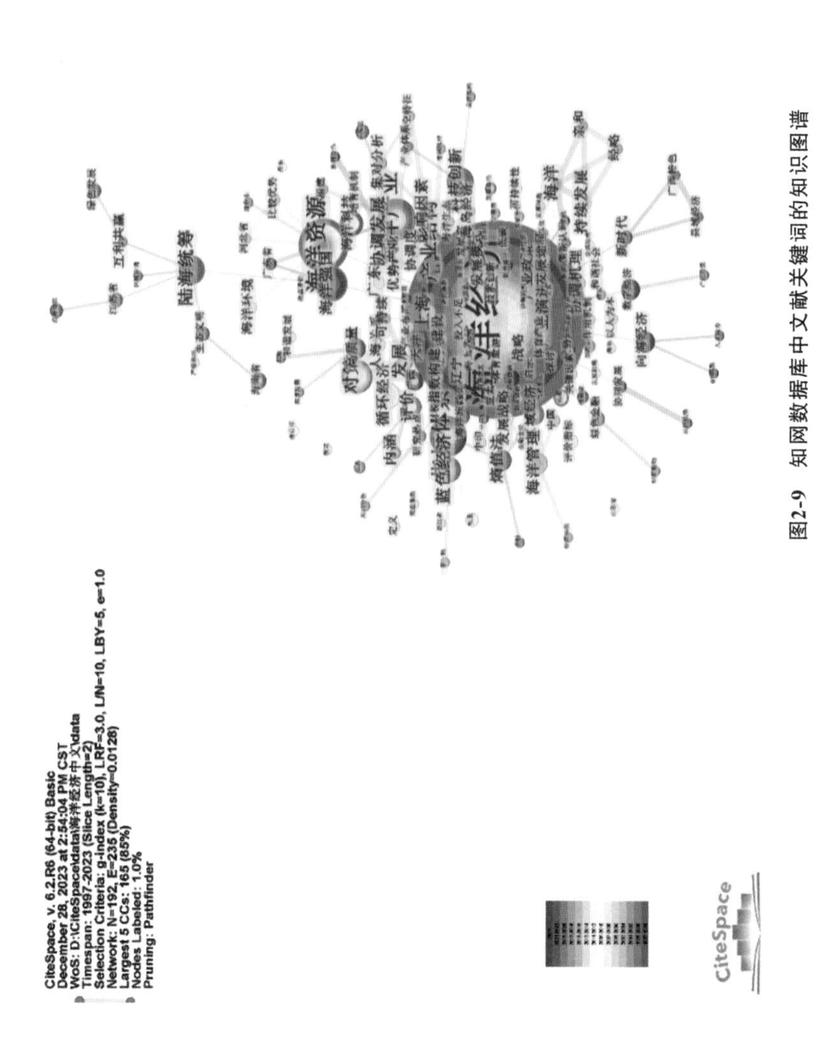

图2-9 知网数据库中文献关键词的知识图谱

在Web of Science数据库中，利用通过关键词聚类得出的表2-8，可以得到9个聚类，即“蓝色经济”“循环经济”“环境规制”“海洋经济”“财政支持”“地中海”“模式”“高质量发展”“环境冲击”。本文列举前8个聚类节点数、平均年份和标签词，其中编号越小的聚类所覆盖的文献数量越多，这也能够体现出该领域的研究热点。从表2-8中可以看出，“蓝色经济”是涵盖最多文献的关键词，说明以蓝色经济为核心的研究是海洋经济高质量发展领域的热点之一。

表2-8　Web of Science数据库文献研究领域关键词聚类统计

聚类编号	节点数	平均年份/年	关键词聚类	标签词（选前五个）
0	37	2013	蓝色经济（blue economy）	治理（management）、可持续发展（sustainable development）、气候变化（climate change）、海岸的（coastal）、渔业（fishery）
1	37	2018	循环经济（circular economy）	环境（environment）、海洋环境（marine environment）、污染（pollution）、塑料微粒（microplastics）、生命周期评估（life cycle assessment）
2	22	2018	环境规制（environmental regulation）	成长性（growth）、影响（impact）、表现（performance）、政策（policy）、创新（innovation）
3	20	2012	海洋经济（marine economy）	影响因素（impacts）、保护（conservation）、海（sea）、水产养殖（aquaculture）、生物多样性（biodiversity）、生态系统（ecosystem）
4	19	2014	财政支持（financial support）	海洋（marine）、海洋空间规划（marine spatial planning）、海洋产业（marine industry）、运输（transport）、淡水（fresh water）
5	19	2018	地中海（mediterranean sea）	鱼类（fish）、水源（water）、删除（removal）、摄入（ingestion）、海洋水产养殖（marine aquaculture）
6	17	2020	模式（patterns）	可再生能源（renewable energy）、城市（city）、适应（adaptation）、粒子（particles）、温度（temperature）

续表

聚类编号	节点数	平均年份/年	关键词聚类	标签词(选前五个)
7	14	2017	高质量发展 (high-quality development)	海洋经济(marine economy)、可持续性(sustainability)、系统(system)、效率(efficiency)、中国(China)
8	10	2015	环境冲击 (environmental impacts)	大海(ocean)、碳(carbon)、动力学(dynamics)、支付意愿(willingness to pay)、多样性(diversity)

除此之外,结合表 2-8 和图 2-10 可以清晰地看出国际海洋经济高质量发展的时间演进趋势及热点分布。在图 2-10♯0 至♯8 聚类时间趋势中,虚线代表没有研究文献的年份,实线代表具有研究文献的年份,客观反映出海洋经济高质量发展研究领域热点趋势。图 2-10 中的点代表该聚类下关键词首次出现的年份,关键词出现频数越大点也就越大。

在以"蓝色经济"为关键词的聚类中,首次出现的文献发表于 2005 年,"气候变化"为此时的主要热点关键词,热度持续至 2015 年。近年来,主要以"海洋治理""海洋保护""海洋区域保护"为热点关键词,可见海洋可持续发展、海洋高质量发展领域研究已成为国际关注热点,并且主要以治理、保护为主要研究角度。在以"循环经济"为关键词的聚类中,文献研究时间主要分布在 2013—2023 年,其中主要关键词为"塑料碎片""重金属污染""塑料污染""生命周期评估",可见海洋污染成为阻碍海洋循环经济的重要原因,生命周期评估成为研究的重要方式。总之,治理海洋环境污染已然成为发展海洋经济高质量发展的相关重点之一。

在以"环境规制"为关键词的聚类中,研究时段在 2011—2023 年,核心关键词为"影响""政策""技术""创新"。可见,国际上的相关专家学者在研究海洋经济可持续发展和海洋经济高质量发展过程中多将海洋环境治理视为重点,希望通过环境政策规制促进海洋技术创新,以达到环境治理的目标。在以"海洋经济"为核心关键词的聚类中,文献包含时间段从 2002 年至

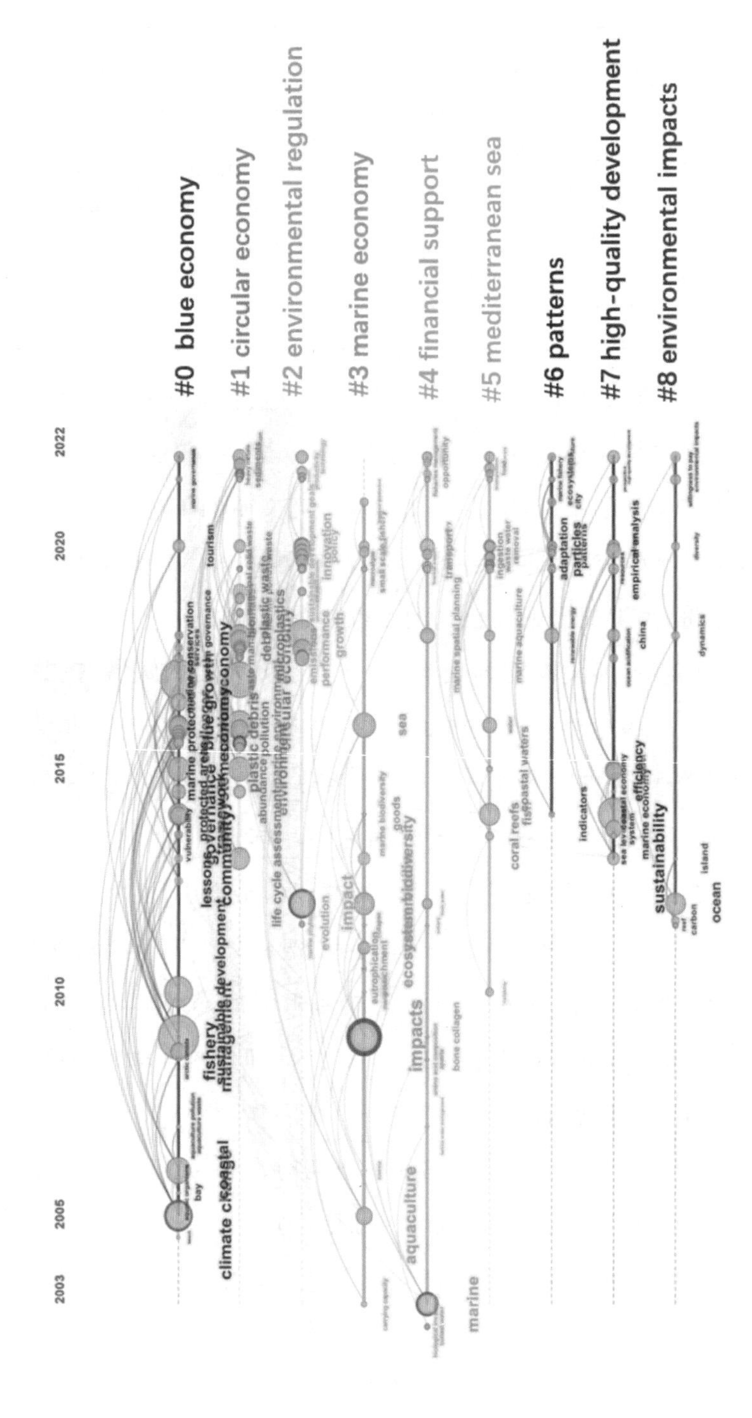

图2-10 Web of Science数据库中研究领域时间趋势网络图谱

2021年，从中可以明显看出海洋经济研究要早于海洋环境治理，但近年来海洋环境治理得到了更多的关注。在该聚类中，主要以“小规模渔业”“生物柴油生产”“海洋商品多样性”为核心关键词，体现海洋经济生产来源。

在以“财政支持”为关键词的聚类中，2002—2023年的文献研究中，主要以“海洋空间规划”“渔业管理”“交通运输”等为核心关键词，表明财政资金主要投资于渔业、海洋空间管理以及海洋运输等领域。

本书重点对2013—2023年的“模式”“高质量发展”“环境冲击”这三类聚类进行分析，虽然这三类聚类不是涵盖文献最多的分类，但却是与海洋经济高质量发展研究领域最为相关的研究方向。在以“模式”为关键词的聚类中，海洋经济高质量发展模式研究主要关注“指标建设”“再生能源”“生态系统”等核心词。在以“高质量发展”为关键词的聚类中，“效率”“可持续性”“资源”“中国”“实证分析”是主要关键词。这说明“海洋经济高质量发展”这一概念具有中国特色，学者大多使用实证分析方法进行分析，对提升海洋资源的使用效率、促使海洋经济可持续发展提出了建设性意见。

最后，在以“环境冲击”为关键词的聚类中，以“碳”以及“支付意愿”等为重要关键词，这切合海洋碳汇交易这一研究热点。

通过对知网数据库进行关键词聚类得出表2-9，可以得出10个聚类：“海洋经济”“海洋产业”“指标体系”“产业结构”“陆海统筹”“海洋环境”“对策”“蓝色经济”“亲和”“发展战略”。本书列举这10个聚类节点数、平均年份和标签词。从整体来看，大部分聚类中均包含省份关键词，可见海洋经济高质量发展领域研究多聚焦于省域层面，省份包括福建省、广东省、海南省以及辽宁省等。以下将从各关键词聚类角度进行分析。

表 2-9 知网数据库文献研究领域关键词聚类统计

聚类编号	节点数	平均年份/年	关键词聚类	标签词(选前五个)
0	50	2012	海洋经济	南通、耦合发展、福建省、制约因素、提升路径
1	19	2007	海洋产业	海洋资源、海洋强国、海洋科技、广东省、优势产业
2	13	2011	指标体系	熵值法、上海、区域经济、评价体系、权重
3	12	2014	产业结构	科技创新、协调合作、影响因素、集对分析、时空特征
4	9	2019	陆海统筹	海南省、沿海地区、绿色发展、生态文明、江苏省
5	7	2006	海洋环境	循环经济、和谐发展、人海关系、财税关系、模式
6	7	2006	对策	发展对策、广西壮族自治区、舟山市、可持续、辽宁省
7	6	2015	蓝色经济	天津市、内涵、海洋旅游、定义、“一带一路”
8	5	1998	亲和	海洋经济持续发展、海洋、战略、重新认识
9	5	2003	发展战略	海洋管理、发展战略启示、海洋管理、中国

由图 2-11 的时间趋势网络图谱可见,“海洋经济”的文献首次出现在 1997 年,并且“海洋经济”这一关键词的中介中心性较强,起到连接其他关键词的作用,与该聚类下 2020—2023 年频繁出现的“评价体系”“提升路径”“耦合发展”紧密相连,可见海洋经济高质量发展的评价体系及其提升路径为近期主要研究角度。

在以“海洋产业”和“产业结构”为关键词的聚类中,文献研究时间分布分别为 1997—2023 年与 2001—2023 年,其中主要关键词为“海洋资源”“科技创新”“海洋强国”“协同合作”“影响因素”,可见海洋产业在推进海洋强国战略中起到重要作用,且海洋产业中比较强调海洋科技的发展,而海洋产业结构的影响因素探析是研究的热点方向。

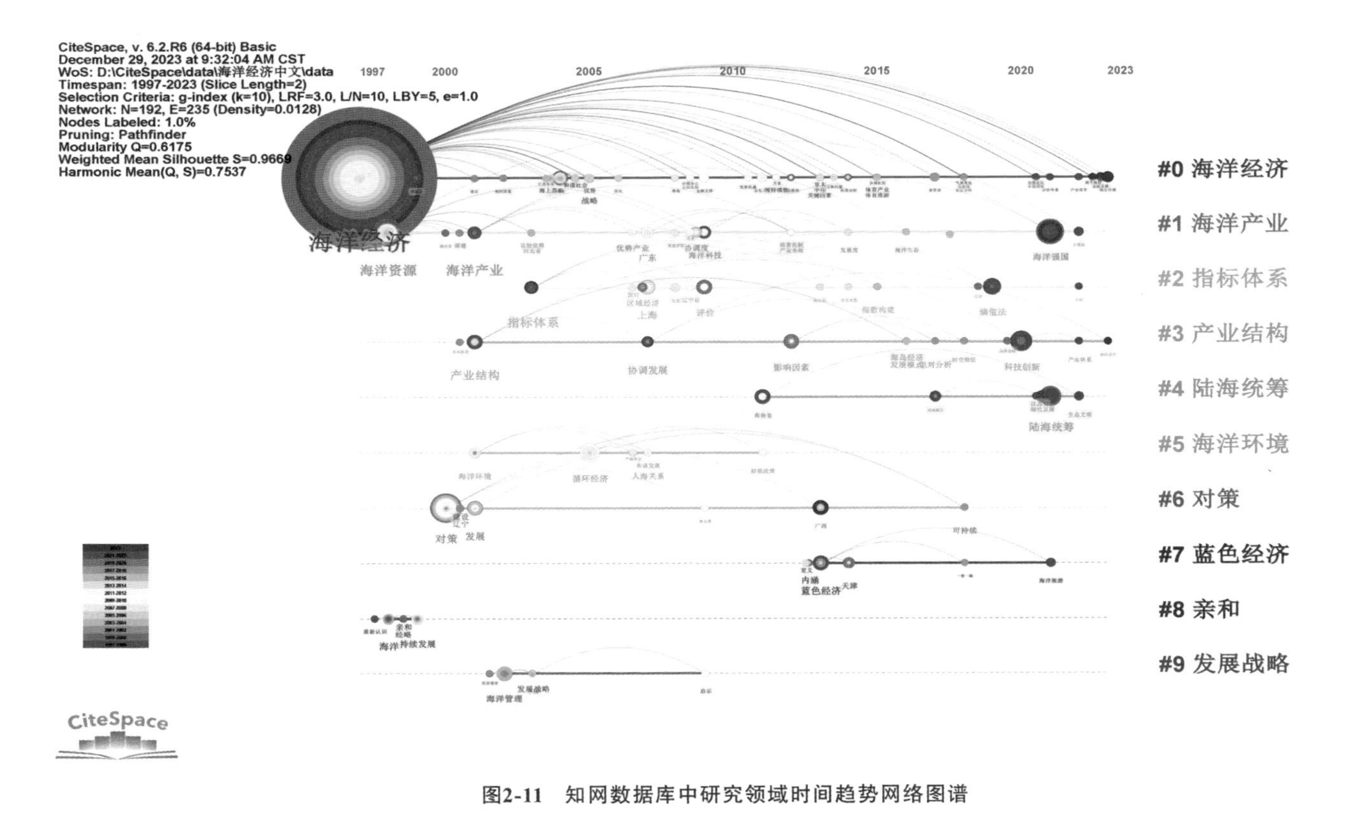

图2-11 知网数据库中研究领域时间趋势网络图谱

在以“指标体系”为关键词的聚类中，研究时段在2002—2022年，核心关键词为“区域经济”“评价体系”“熵值法”，可见我国学者在海洋经济发展的指标体系研究中常使用熵值法，希望通过指标体系分析对我国海洋经济高质量发展进行评价。

在以“陆海统筹”和“海洋环境”为关键词的聚类中，文献包含时间段分别为2011—2023年和2001—2011年。以“海洋环境”为关键词的相关文献至2011年起就逐渐减少，可能是因为我国学者开始更加关注经济与环境的协调发展，不再单一研究经济或是环境。在该聚类中，主要以“绿色发展”“生态文明”“循环经济”为核心关键词，体现海洋经济与环境协调发展的重要性。

在以“对策”和“发展战略”为关键词的聚类中，2001—2017年以及2001—2009年的文献研究以“发展对策”“发展战略启示”等作为核心关键词，表明在海洋经济发展、海洋经济可持续发展和海洋经济高质量发展领域的研究中，对策研究和研究启示的相关文献较多。

在以“亲和”为关键词的聚类中，相关文献仅出现在1997—2000年这一发展初期的阶段中，显示海洋经济可持续发展的研究中主要关注“重新认识”以及“海洋持续发展”等核心词。

在以“蓝色经济”为关键词的聚类中，以“一带一路”“海洋旅游”为关键词，说明海洋旅游或许能够成为海洋经济高质量发展研究领域中的一大热点。

2.4 海洋经济高质量发展的研究前沿分析

2.4.1 关于海洋经济高质量发展领域的研究

(1)对于海洋经济发展质量的相关内涵研究。2012年，党的十八大提出“建设海洋强国”的战略目标，这一目标使得海洋经济成为我国社会经济发展的重要组成部分，这也是本学科领域相关专家学者研究海洋经济发展的动力所在。各国对于海洋经济的认知具有差异，因此想要做到概念统一难度较大（傅梦孜 等，2022）。在我国，按照国家标准《海洋及相关产业分类》（GB/T 20794—2006）中的概念界定，海洋经济是指开发、利用和保护海洋的各类产业活动，以及与之相关联的一系列产业活动形成的总和。近年来，随着经济向高质量发展转变，海洋经济的概念也逐渐演化，蓝色经济孕育而生。目前，蓝色经济的内涵并未有明确的统一，较有说服力的定义为"可持续利用海洋资源促进经济增长、改善生计和就业，同时保护海洋生态系统的健康"（郑英琴 等，2023）。当然，各学者对于海洋经济高质量发展的内涵界定也有所不同。李博等（2017）认为海洋经济高质量发展是"经济—社会—资源环境"达到动态平衡状态。刘俐娜（2019）将海洋经济发展内涵定义为海洋资源开发、利用过程中对于海洋以及人类的优劣影响。盖美等（2022）则把海洋经济发展质量内涵分为"海洋科技创新、海洋对外开放、海洋生态环境、海洋社会民生、海洋经济活力"这五部分。由此看来，当前理论界对于"海洋经济"和"海洋经济高质量发展"内涵的界定并未统一。

（2）对于海洋经济高质量发展评价的研究。最初学者更关注社会经济与生态环境这两个角度，并以此切入对海洋经济可持续发展进行评价（Bennett et al.，2014；李博 等，2018）。随着"生态—经济—社会"复合生态系统概念的提出，有学者通过建立生态、经济、社会三个子系统并据以对海洋经济进行评价（狄乾斌 等，2019）。当然，除了海洋经济可持续发展评价外，海洋经济包容性和发展公平性评价也同样受到学者们的关注。孙才志等（2023）对我国各区域海洋经济包容性与发展效率进行评价，得出海洋经济在具包容性的发展模式下能更有效率的相关结论。以上研究为海洋经济高质量发展评价研究奠定了基础，但部分学者研究发现，仅从单一维度对海洋经济高质量发展进行评价不够全面，仍然存在指标选取缺乏全面性等方面的不足（王春娟 等，2022；许永兵 等，2019）。在此基础上，近年来开始有学者尝试从多维度对海洋经济高质量发展进行评价，如有学者提出将新发展理念作为理论基础，并据以丰富评价体系的维度（鲁亚运 等，2019；狄乾斌等 2022；仇荣山 等，2023）。可见，基于新发展理念对海洋经济高质量发展进行评价是一个新的尝试，具有科学性和时效性的优势。基于此，本书也尝试从新发展理念出发构建评价指标体系，以丰富该领域的研究。此外，现有的研究缺乏从多个角度分析海洋经济发展水平的时空差异演化，本书也将对该部分研究内容予以丰富和补充。

同时，学者们对海洋经济发展质量的评价方法也各不相同。在充分了解研究区域海洋经济发展现状的前提下，可通过熵值法确定评价指标权重，再结合灰色关联分析法对海洋经济发展质量进行评价（Liu et al.，2019）。也有学者在指标权重分配中使用改进的 CRITIC 赋权法替代普通熵值法，这种方法能够在反映各个指标变异程度的同时，反映各指标之间的影响程度，该方法旨在对被评价指标进行科学合理赋权（狄乾斌 等，2022）。当然，还有学者将熵值法与其他方法结合使用，采用主观分析法与客观分析法相结合来确定评价指标体系各指标的权重，即层次分析法与熵值法的结合，多维度决定权重（李博 等，2021）。此外，还有王银银（2021）等运用 SEM 和物元模型，在确定海洋经济高质量发展形成因素的同时进行权重分配。从中可以看出，熵值法仍然是学者们在海洋经济发展质量评价研究中的重要方法。

（3）对于海洋经济发展、海洋经济可持续发展和海洋经济高质量发展的影响因素研究。习近平总书记曾明确提出“海洋是高质量发展战略要地”的重要论断。因此，在我国经济发展模式由快速发展向高质量发展转变的背景下，如何促进海洋经济可持续发展或高质量发展就成为学者们研究的重要领域，对于该领域的深度研究仍然是各学者需要挖掘的重要主题。现有的研究认为：第一，科技创新是提升国家竞争力的重要基础，也是促进海洋经济可持续发展或高质量发展的动力源泉。秦琳贵等（2020）基于科技创新对海洋经济绿色全要素生产率影响的实证分析，得出科技创新能够促进中国海洋经济的高质量发展。第二，环境规制能否促进经济增长这一问题已经被很多学者讨论过，杜军等(2022)以此为切入点，从海洋经济发展角度出发，基于2006—2016年我国沿海11个省份的面板数据，运用空间计量模型进行实证分析，得出加强海洋环境规制能够促进海洋经济高质量发展的相关结论。第三，在数字科技不断发展的时代背景下，数字经济对海洋经济高质量发展有着至关重要的作用。伏开宝等(2022)通过对我国沿海省份的面板数据进行实证分析，得出数字经济能够通过推动海洋产业结构升级和海洋劳动生产率提升等途径，促进海洋经济高质量发展。此外，还有其他研究通过实证分析，研究自然影响因素、经济影响因素、社会影响因素等不同因素对海洋经济高质量发展的影响(盖美 等，2022)。相关因素包括海洋经济发展效率、海洋经济市场环境、海洋资源利用率、政府官员政绩考核竞争等(程钰 等，2020；吴淑娟 等，2023；Adams et al.，2004；严圣明 等，2013)。可见，在海洋经济高质量发展影响因素的研究中，大部分学者关注科技以及环境规制等因素的影响，对于影响因素的分析仍然不够全面。通过对现有文献的归纳还可以发现，此前的相关研究中大部分学者还是以海洋经济发展作为研究对象，并重点探究海洋经济发展的影响因素(黄丽惠，2013)，而以海洋经济高质量发展影响因素作为研究对象的文献还是比较少见的。

2.4.2 关于福建海洋经济高质量发展领域的研究

从基于中国知网数据库的检索文献分析中可知，对于福建省海洋经济的研究可以追溯至1996年，但海洋经济高质量发展的相关文章撰写时间则主要从2021年开始。当前，理论界对于福建海洋经济高质量发展的研究尚处于初始探索阶段，对于福建海洋经济高质量发展领域的研究主要包括以下三个方面。

(1)关于福建省海洋经济高质量发展的评价指标构建的研究。在福建省海洋经济高质量发展研究领域,有部分学者开始关注发展指标的评测,而将福建省海洋经济高质量发展作为主要研究对象展开系统研究的极少,现有研究多以我国海洋经济整体作为研究对象,而福建省仅为沿海省份之一。如程曼曼等(2022)得出福建省的海洋经济发展质量略有变动,但持续高于河北、广西、海南的结论;李艺全(2023)的研究则更为具象,其以福建省海洋经济发展为研究对象,对其发展水平进行测度,经分析得出福建省在区域协调、污染治理、旅游发展、城市建设等方面存在不足,并对此提出相应的建议;罗昕等(2022)在测度福建海洋经济高质量发展的基础上,将福建省海洋经济发展水平与全国海洋经济高质量发展水平进行对比,得出福建省海洋经济发展水平处于稳步提升阶段,但近几年总体发展速度略低于全国平均水平的结论。

(2)关于福建省海洋经济发展影响因素的研究。通过对现有文献的整理分析可知,目前针对福建省海洋经济发展影响因素的研究较多,而以海洋经济高质量发展为核心的影响因素探讨较少,仅有个别专家对福建省海洋经济高质量发展影响因素的研究在发展评价指标中有所涉及(孔昊 等,2021;罗昕 等,2022)。此外,对于福建省海洋经济发展驱动机制的研究,主要包括 CO_2 减排、金融支持与海洋产业结构优化、海洋文化产业发展等(刘祎 等,2019;郑翀 等,2016)。还有学者研究福建海洋经济对于整体区域经济的影响,即对于福建海洋经济发展效应的研究等(刘劭春 等,2019;丁黎黎 等,2021)。

(3)关于福建省海洋经济高质量发展的对策研究。现有文献中关于福建省海洋经济高质量发展的研究缺少实证分析,大多以定性分析为主。龙冬艳(2021)在借鉴相关学者对于福建海洋新兴产业的发展对策后,从构建"制度供给体系、现代产业体系、科技创新体系、服务保障体系、开放合作体系"五个方面进行分析并提出对策建议。陈婷婷(2022)选取服务保障体系中的蓝色金融服务作为分析重点,从政府、金融机构、金融产品、海内外投资体系等方面提出优化对策，从而促进福建省海洋经济高质量发展。还有部分学者选择福建沿海特定区域（如县、市）作为分析对象，分析区域海洋经济现状，提出相关意见。如徐方（2023）以福建省宁德市作为研究对象进行分析，提出宁德市海洋经济发展存在顶层设计需要完善、体制机制需要提升、海洋产业结构规划需要合理调整等建议。郑丽庄（2020）选取福建宁德市作为分析区域，基于政府行为视角分析海洋经济中海洋环境治理的作用，得出地方政府需要加大对海洋环境治理的立法、执法力度，并需要充分考虑渔民切身利益。黄一丹等（2020）选择福建省漳州市东山县作为分析区域，从理论和实证两方面探讨海洋经济发展与海洋生态保护的协调性，提出建立海洋生态补偿机制、加大科学技术创新投入等相关建议。其他学者从海洋经济结构分布（许建伟 等，2019）、东盟海洋经济合作（卢文雯，2019）、海洋新兴产业发展（刘名远 等，2018）、"一带一路"海上合作（陈颖 等，2018）、国资公司资金支持（福建省国资学会、福建省国资公司海洋经济课题组 等，2016）等角度对促进福建海洋经济发展提出对策建议。

2.4.3 福建海洋经济高质量发展研究述评

一是对于海洋经济、海洋经济高质量发展等核心概念的界定，学术界还无法形成共识。当前，各国的专家学者对海洋生态文明日益关注，"蓝色经济"这一概念的产生也足以证明这一趋势的存在，它作为海洋经济概念的外延被大众所熟知，主要强调可持续利用海洋资源促进经济增长、改善居民生计和扩大社会就业，同时保护海洋生态系统的健康。可见，各界在关注海洋经济的同时也关注着海洋生态保护，强调具有创新、协调、绿色特征的高质量发展。因此，结合这些发展趋势，本书对海洋经济和海洋经济高质量发展等主要概念进行探讨和界定。

二是基于新发展理念的研究还相对稀缺。在现有关于海洋经济高质量发展的研究文献中，以创新、协调、绿色、开放、共享的新发展理念为理论基础的研究还相对缺乏，尤其是直接依据新发展理念来构建评价指标体系并进行深入探讨的文献更为稀缺。而基于新发展理念的评价指标体系构建，具有指标设立更加综合、指标涉及维度更加多样、指标运用更加合理、体系构建更符合新发展阶段等方面的优点，因而成为本研究力求要完成的主要任务和力争达到的主要目标。此外，在评价方法的选择方面，本书将基于新发展理念，采用熵值法对海洋经济高质量发展水平进行分析和研究。

三是直接针对海洋经济高质量发展的研究相对较少。现有文献资料中，关于海洋经济、海洋经济发展、海洋经济可持续发展等方面的文献相对较多，但直接针对海洋经济高质量发展的研究较少，尤其是基于新发展理念的海洋经济高质量发展方面的实证研究更少。此外，在影响因素分析方面，现有研究主要分析科技创新、环境规制、数字经济、产业结构等因素的影响。基于此，本书依据新发展理念，通过构建评价指标体系，对海洋经济高质量发展进行实证分析，并从经济发展水平、对外开放程度、创新能力、劳动力素质、研发投入强度及城镇化水平等方面，系统分析海洋经济高质量发展的影响因素。

四是关于福建省海洋经济高质量发展的相关研究还比较缺乏，对于该领域的研究尚处于初步探索阶段。目前，大多数研究海洋经济高质量发展的文献，多以中国沿海具备发展海洋经济条件的城市作为研究对象，专门针对某一特定省份的研究较少。近年来，虽有部分文献专门针对福建省海洋经济发展开展研究，但基于新发展理念的视角且采用实证分析方法对全省海洋经济高质量发展展开系统研究的文献尚未见到。因此，从新发展理念的视角深入研究福建省海洋经济高质量发展问题具有突出的理论意义和实践价值，不仅显得十分必要而且切实可行。

3　海洋经济高质量发展的相关概念界定及理论基础分析

本章聚焦于海洋经济高质量发展的核心概念界定与理论基础分析，并通过系统梳理为福建省海洋经济高质量发展构建一套科学、规范的理论研究框架。

3.1　海洋经济高质量发展的相关概念界定

3.1.1　新发展理念

2015年10月，党的十八届五中全会确立了以创新、协调、绿色、开放、共享的新发展理念，该理念立足当代中国社会经济发展的迫切需求，是马克思主义中国化的重要成果之一，不仅深刻汲取了马克思主义政治经济学的理论精髓，也是马克思主义在政治经济学领域的重大创新。新发展理念是一个系统的理论体系，其回答了关于新时期我国发展的目标、动力、方式、路径等一系列重大理论与实践问题，是全党和全国各族人民都必须全面、完整、准确地贯彻落实的发展理念。习近平总书记强调，在新时代的浪潮中，必须将新发展理念置于核心地位，并以其引领高质量发展，从而精准对接并充分满足人民日益增长的美好生活需要，最终使高质量发展成为践行新发展理念的生动实践。

在新发展理念的蓝图中，创新被赋予了引领发展的首要驱动力角色，它致力于解决发展的根本动力问题，为经济发展持续注入鲜活的能量。习近平总书记深刻指出："把创新摆在第一位，是因为创新是引领发展的第一动力。发展动力决定发展速度、效能、可持续性。"福建省正是以创新为翼，通过科技创新与制度创新的双轮驱动，不断提升全省海洋经济的核心竞争力。比如，构建全球领先的海洋微生物菌种库、研发尖端深海科考装备等，这些创新成果奠定了海洋经济高质量发展的基础。

协调发展是经济持续健康发展的内在基石，重点聚焦于解决区域间、领域间的发展不平衡问题，旨在促进更加和谐均衡的发展格局，缩小发展差距，最终增进社会公平正义。习近平总书记强调："协调既是发展手段又是发展目标，同时还是评价发展的标准和尺度。"对此，福建省在推进海洋经济发展的过程中，始终坚持陆海统筹、区域协同发展的战略导向，通过制定并实施《加快建设"海上福建" 推进海洋经济高质量发展三年行动方案》，重点强化对沿海地区的统筹规划与协调推进，有力推动了海洋经济在区域间的均衡发展与深度融合。

绿色发展是对人与自然和谐共生理念的深刻践行，它要求人们在资源开发中注重经济效率与生态环境的双重考量，摒弃传统的高污染、高能耗发展模式。习近平总书记所倡导的绿色发展观深刻指出："保护生态环境就是保护生产力，改善生态环境就是发展生产力，这是朴素的真理。"对此，福建省在海洋经济的绿色发展道路上，坚定不移地守护着蓝色家园，通过实施海洋生态保护修复项目、强化海洋环境监测与执法等手段，有效地维护了海洋生态环境的健康稳定。同时，积极推动海洋经济的绿色转型，培育低碳环保的海洋产业与技术，为海洋经济可持续发展奠定了坚实基础。

开放发展是新时代中国对外开放战略的深化与拓展，其倡导以更加开放的姿态融入全球经济体系，通过深化国际合作与竞争，共同构建开放型的经济新体制。习近平总书记强调："对外开放是我国的基本国策，任何时候都不能动摇。"对此，福建省在海洋经济的国际舞台上，积极展现开放合作的姿态，通过加强与周边国家和地区之间的经贸往来、推动海洋产业的国际化布局等措施，不断地提升海洋经济的国际竞争力和影响力。同时，福建省积极参与国际海洋治理合作，为构建人类命运共同体贡献了中国智慧与力量。

共享发展是社会主义本质要求的集中体现，它强调发展成果应由全体人民共同享有，致力于实现全体人民的共同富裕。习近平总书记指出："我们追求的发展是造福人民的发展，我们追求的富裕是全体人民共同富裕。改革发展搞得成功不成功，最终的判断标准是人民是不是共同享受到了改革发展成果。"对此，福建省在海洋经济的发展过程中，始终将人民利益放在首位，通过发展海洋旅游业、促进渔民转产转业等举措，切实提高了沿海地区居民的收入水平和生活质量。同时，注重海洋文化的传承与弘扬，让人民群众在享受海洋经济发展成果的同时，也能深刻地感受到海洋文化的独特魅力与深厚底蕴。

综上所述，新发展理念以其深邃的理论洞察力和强大的实践指导力，为福建省乃至全国的海洋经济发展指明了方向，提供了遵循。在这一理念的引领下，福建省海洋经济正稳步迈向高质量发展的新征程、新阶段，为实现海洋强省目标奠定坚实的基础。

3.1.2 海洋经济

自20世纪60年代海洋经济概念被正式提出以来，相关学者将其界定为那些要素投入直接或间接源自海洋的经济活动（Charles，2017），这一界定深刻揭示了海洋经济在地理与产业维度的独特属性。海洋经济不仅涵盖了为探索与利用海洋资源及空间而展开的生产实践，还广泛涉及与这些活动紧密相关的各类产业与服务链。进入21世纪,国务院于2003年5月颁布了《全国海洋经济发展规划纲要》,为海洋经济赋予了更为全面而精准的定义:它是集海洋资源开发、空间利用及相关经济活动于一体的综合体系,既包含了直接面向海洋资源的采掘与空间拓展,也涵盖了为这些核心活动提供支撑与服务的广泛行业范畴。这一概念界定深刻体现了海洋经济作为多元化、跨领域经济形态的本质特征。

当前,海洋经济正逐步成为全球瞩目的焦点与未来趋势。中国加入世界贸易组织后,经济战略重心适时调整,海洋经济被明确纳入国家发展战略框架,特别是山东半岛等沿海区域,更是被置于国家总体经济布局的战略高地,预示着海洋经济已成为推动我国经济发展的新引擎。在全球经济面临诸多不确定性的当前,发展海洋经济是应对挑战、破局而出的宝贵机遇。我国需深入剖析海洋经济发展的现实障碍与应对策略,紧扣时代脉搏,将海洋经济的潜力转化为国家发展的强劲动力。我国坐拥广袤的海域与丰富的海洋资源,通过科学规划、平衡发展,有助于实现陆地与海洋经济的深度融合与相互促进,不仅能够为国家经济繁荣注入新的活力,还能显著地提升人民生活水平,增进社会福祉。

因此,大力发展海洋经济,对于增强国家经济实力、提升综合国力具有不可估量的战略价值。这不仅是创造就业机会、改善民生的重要途径,更是推动产业结构优化升级、加速科技创新的关键力量,有助于为世界经济的多元化与可持续发展贡献中国智慧与力量。

3.1.3 海洋经济高质量发展

"经济高质量发展"在党的十九大报告中首次被明确提出,这标志着中国经济正式迈入了一个由高速扩张向质量提升转型的新纪元。该概念的核心要义是通过坚定不移地以供给侧结构性改革为主线,精准把握经济发展的阶段性特征,实施经济结构的深度调整与优化。供给侧结构性改革的重点在于更好地回应并满足人民日益增长的美好生活需要，其核心策略聚焦于提升供给体系的质量与效率，以高质量供给引领和创造新需求，从而实现供需两侧的动态平衡与良性互动。

作为支撑未来高质量发展的战略空间，海洋是我国经济社会发展的重要支柱和手段。目前海洋经济已成为国民经济的重要增长点和拉动区域经济发展的重要引擎（刘波 等，2020），其发展水平直接决定了我国海洋事业的好坏（钟鸣，2021）。海洋经济高质量发展旨在通过全方位、深层次的转型与升级，满足人民日益增长的美好生活需要，从而构建一种高效、绿色、可持续的海洋经济体系。这一过程深刻融合了创新、协调、绿色、开放、共享的新发展理念，不仅是对传统海洋经济发展模式的全面革新，更是新时代背景下对海洋资源价值深度挖掘与高效利用的战略抉择。具体表现如下：

第一，创新不仅是引领海洋经济高质量发展的第一动力，而且是建设现代化经济体系的战略支撑。海洋创新是国家创新的核心组成部分，也是新型国家创新体系中具备前瞻性和战略性的重要领域（王春娟 等，2020）。近年来，虽然我国在海洋科技创新方面取得了一定的成就，但与世界海洋强国相比还存在不小的差距（马苹 等，2014）。科技创新不足一直是制约我国海洋经济高质量发展的主要因素，尤其是海洋产业关键技术自给率低、产学研结合的创新体系远未建立等问题的存在，一直制约着全国海洋经济的高质量发展。为此，应加快实施创新驱动发展战略，大力发展具有知识技术密集、物质资源消耗少、综合效益好等特征的海洋战略性新兴产业，这也是提升我国海洋产业和产品竞争力的迫切需要。

第二，协调发展是海洋经济高质量发展的基本前提。协调发展是一种强调整体性和综合性的多元发展，海洋经济协调发展包括陆海经济、海洋产业结构、区域经济、城乡经济等各方面相协调的发展（鲁亚运 等，2019）。当前，我国海洋产业集聚和融合的趋势日益明显，港口联盟、自贸区、保税区、海上丝绸之路等建设促使区域海洋经济融合发展水平不断提高。只有协调好海陆经济系统之间的关系，解决二者在发展过程中的不平衡问题，在海陆以及区域一体化发展过程中才能实现海洋经济高质量发展（王银银，2021）。

第三，推动海洋经济绿色发展是海洋经济高质量发展的必经路径。绿色发展是在传统发展基础上的一种模式创新，是建立在生态环境容量和资源承载力的约束条件下，将环境保护作为实现可持续发展重要支柱的一种新型发展模式。在过去的几十年时间里，我国海洋经济在高速发展的同时，也给海洋生态环境带来了严重的破坏，由此带来的生态灾害和经济损失已严重地危及海洋经济的可持续发展，给人民的生活带来了严重的负面影响。因此，要实现海洋经济的高质量发展，必须按照海洋生态文明建设的要求，尊重自然、顺应自然、保护自然，把改善生态、保护环境作为海洋开发与产业发展的重要内容（盛朝迅 等，2021），将绿色发展理念贯穿于发展的全过程各方面，全力保护海洋生物多样性，努力实现海洋资源有序开发利用，只有这样才能促进人与自然和谐共生，有助于实现高质量发展。

第四，高质量的对外开放是海洋经济高质量发展的重要推动力。新增长理论认为，开放可以通过全球技术交流和资源配置来提升国内技术水平和提高要素生产率，从而最终促进经济可持续发展（王银银，2021）。经过四十多年的改革开放，我国经济日益顺应全球化潮流，开放型特征日益突出，“21世纪海上丝绸之路”“中欧蓝色年”等国际合作日益增多，同时国内与国际企业“走出去”和“引进来”等措施也在持续推进，开放对世界各个国家和地区的经济增长均具有显著的积极影响，有效地促进了海洋经济的高质量发展。

第五，海洋经济高质量发展的主要目的之一在于通过高质量发展产生更大的社会福利，其成果由全体人民共享，使人民在发展中获得更多的满足感，从而不断地满足人民对美好生活的需要（许永兵 等，2019）。共享理念的实质就是坚持以人民为中心的发展思想，体现的是逐步实现共同富裕的目标。为此，福建省不仅要进一步强化省内不同区域和国内不同省份之间的合作，还要重点加强国际战略合作，尤其要通过“海上丝绸之路”与东南亚国家共享海洋经济发展的成果，以期更好地促进世界海洋经济发展水平的快速增长（王银银，2021）。当前，我国海洋渔业、海洋旅游业等涉海产业的发展为沿海人民的脱贫致富作出了突出贡献，各项涉海基础设施和服务体系的不断完善，海洋经济体系的不断发展壮大，都为不断满足人民对美好生活的需求和社会经济的发展需要奠定了坚实的基础（鲁亚运 等，2019）。

综上所述，本书所界定的海洋经济高质量发展，是在新发展理念的引领下，推动海洋经济实现全面、均衡、高效、绿色、可持续的发展。这一概念涵盖了海洋科技的创新引领、海洋产业的优化升级、海洋资源的高效利用、海洋生态的协调保护以及海洋经济成果的广泛共享等多个方面，共同构成了海洋经济高质量发展的丰富内涵。

3.2 海洋经济高质量发展的理论基础分析

3.2.1 经济发展理论

经济发展理论是对经济发展的规律和机制进行系统研究和总结并据以指导和推动经济发展的理论，其致力于探索经济体系在时间维度上的增长与演变规律。它不仅触及宏观经济层面的扩张脉络，更深刻地剖析了经济结构转型、社会制度革新、技术进步浪潮和资源配置优化等多维度变迁的内在机理。其理论脉络横跨古典、新古典、内生增长、制度经济学等多元流派，每一流派均以其独特的视角为经济增长的奥秘提供深刻洞见。其中，以亚当·斯密和大卫·李嘉图等巨擘为代表的古典经济增长理论，深刻揭示了劳动分工的精细化如何促进生产效率的飞跃，以及资本积累的累积效应如何为生产规模的扩张铺设基石。这一理论框架强调市场机制作为“无形之手”在资源配置中的决定性作用，为理解海洋经济高质量发展提供了坚实的理论基石。

新古典经济增长理论则以索洛模型为里程碑，创新性地将技术进步纳入经济增长的核心要素之中，揭示了技术进步作为长期增长引擎的非凡潜力。该理论细致描绘了资本、劳动力和技术进步之间的动态替代关系，以及市场机制在高效配置资源方面的关键作用，为海洋经济如何通过技术创新实现转型升级提供了宝贵的理论指引。

作为新增长理论的代表，内生增长理论更是将知识与技术视为经济增长的内生动力源泉。它强调通过持续的学习、研发与创新活动，不断地积累知识与技术存量，进而驱动经济实现自我增强的持续增长。同时，该理论还凸显了政府政策在塑造有利于经济增长的环境、加速知识溢出与技术扩散方面的不可或缺的作用，这为海洋经济高质量发展中的政策制定提供了重要参考。

制度经济学派则以道格拉斯·诺斯为代表。他们将制度变迁视为经济增长的关键驱动力，有效的制度安排能够显著地降低交易成本、强化产权保护、激发创新活力，从而为经济增长奠定坚实的制度基础。这一视角对于理解海洋经济高质量发展中的制度创新需求、优化海洋经济治理体系具有重要意义。

综上所述，经济发展理论以其丰富的理论体系和深刻的洞察力，为海洋经济高质量发展提供了全方位的理论支撑与实践指导。它引领海洋经济向高端化、智能化、绿色化方向迈进，有助于提升海洋产业的附加值与国际竞争力。同时，海洋经济作为经济发展理论在海洋领域的生动实践与创新拓展，不仅丰富了经济发展理论的内涵与外延，更展现了其强大的生命力与适应力。

3.2.2 创新驱动理论

实施创新驱动发展战略，对我国形成国际竞争新优势、增强发展的长期动力具有战略意义。从党的十一届三中全会到党的十八大，我国经济快速发展主要源于发挥了劳动力和资源环境的低成本优势。进入新发展阶段，我国在国际上的要素低成本优势逐渐消失。而与低成本优势相比，技术创新具有不易模仿、附加值高等方面的突出特点，由此建立的创新优势往往具有持续时间长、竞争力强等特点。因而，实施创新驱动发展战略，加快实现由低成本优势向创新优势的转换，可以为我国经济高质量发展提供持续的强大动力。这一转换象征着国家经济发展战略的深刻蜕变与经济增长模式的根本重构。

20世纪90年代，迈克尔·波特的钻石理论及其国家经济发展四阶段模型，明确指出在经济发展的高级阶段，科技创新是引领前行的核心要义。在这一阶段，国家摆脱了对初级生产要素与投资规模的单一依赖，转而拥抱技术创新、知识密集与高附加值产业的浪潮，以切实增强全球竞争力。其中，作为创新驱动的源头活水与不竭动力，科技创新涉及新理论、新方法、新发现、新产品乃至新服务等多个维度。它既是原创性研究的成果，也是对外来技术消化吸收之后的再创新与飞跃。创新驱动的过程，实质上是一场全社会范围内知识浪潮的涌动与技术生态的构建过程，需携手社会各界，共促新技术、新理念的广泛传播与应用。从产业视角而言，创新驱动旨在塑造新型产业格局，以科技创新为基石，搭建起坚实的技术创新体系，通过技术创新推动产品革新并开辟技术市场，从而激活经济增长的新引擎。此外，制度创新作为护航者，致力于营造更加开放、包容、激励创新的制度环境；而战略创新如同织网者，编织起跨领域、跨主体的协同创新网络，有助于促进资源共享与智慧碰撞。

在福建省海洋经济高质量发展的征途上，要素驱动模式的局限性日益显现，特别是面对“生产要素报酬递减”与“资源稀缺瓶颈”的双重挑战，尽快转向创新驱动模式已成为时代发展的必然。当前，福建省海洋经济正处于转型发展的十字路口，市场化改革的红利逐渐释放殆尽，各种传统要素的成本不断攀升，传统增长模式已难以为继。在此背景下，创新驱动不仅是激发内需潜力和催生海洋现代服务业与战略性新兴产业繁荣的强劲动力，更是依托科技进步、人力资本增值及管理创新推动海洋经济高质量发展的核心战略。然而，我们也应警惕封闭创新可能带来的“硅谷悖论”与“创新困境”，应强调开放合作的重要性，勇于跨越企业壁垒与国际界限，广泛汲取并整合全球创新资源。

因此，在福建省海洋经济高质量发展的蓝图中，创新驱动理论被赋予了前所未有的重要性。它倡导技术创新、管理创新、制度创新等多层次、多维度创新活动的深度融合，形成协同共进的强大合力，为提升海洋经济综合实力、优化产业结构、加速科技创新的驱动作用提供坚实的理论支撑与实践路径。可见，创新驱动理论的应用与实践将为福建省海洋经济高质量发展注入强劲动力，引领其迈向更加辉煌、更加可持续的未来篇章。

3.2.3 协同理论

协同理论由德国杰出学者哈肯教授于 20 世纪 60 年代提出，是一项深刻剖析跨学科本质特征的系统科学理论。它聚焦于开放系统，在远离平衡态且与外界持续进行物质与能量交换的情境下，探究系统如何通过内部协同机制，自发地在时间、空间及功能上构建有序结构。协同理论的核心概念——协同效应、伺服原理与自组织原理，共同揭示了系统动态平衡与自组织演化的奥秘。具体而言，伺服原理阐述了系统内部稳定与不稳定因素之间的微妙平衡及其自组织机制，区分了他组织（依赖外部指令）与自组织（依据内在规则自发形成有序）的不同。协同效应则强调了复杂系统中，各子系统协同作业所激发的整体效应，远超个体之和，能够触发系统状态质的飞跃，如从混沌无序迈向有序组织。在协同理论视角下，在系统与外界环境进行物质能量交换的过程中，多种影响因素共存竞争，导致系统初期呈现无序状态。然而，当某一客观条件接近临界点时，系统会经历一次质变，外部环境影响因素减少并趋于一致，子系统运动方式趋同，系统由此进入有序演进阶段。在这一过程中，起主导作用的因素被称为序参量，决定了系统宏观状态的发展方向。

在海洋经济高质量发展的背景下，协调理论的应用主要体现在四个方面：

第一，海洋经济是一个复合的系统，涉及多个产业、多个部门和多个区域。协调理论可以运用于分析海洋经济系统中各组成部分之间的相互作用和依赖关系，进而制定整体协调发展的策略。

第二，海洋经济高质量发展要求实现生态环境效益与社会经济效益的协同发展。协调理论可以指导人们在海洋经济发展中尽可能地处理好人类活动与海洋资源及环境保护的关系，确保生态系统和经济系统的良性循环。通过制定和实施多目标融合的海洋生态化转型制度、多规合一与动态调整制度等，有助于推动海洋经济在保护生态环境的同时实现经济效益的最大化。

第三，海洋产业是海洋经济高质量发展的根本载体。协调理论可以应用于推动海洋产业的转型升级，实现海洋产业从“初级化”向“高级化”转变。通过适应性管理制度和海洋适应性管理的法制化建设，可以引导海洋产业向高技术、高附加值方向发展，从而促进区域海洋经济的协调发展。

第四，海洋经济管理涉及多个主体，包括海洋行政主管部门、涉海行业部门、科研机构、涉海企业和社会公众等。协调理论可以指导这些主体在海洋经济管理中协同一致地开展工作，以实现综合管理与协调管理。通过构建海洋经济综合管理与协调机制，可以明确各主体的职责和角色，从而促进信息共享和部门联动，最终有助于提高海洋经济管理的效率。

由此可见，协同理论不仅深刻阐释了复杂系统的自组织演进过程，还为理解并推动海洋经济高质量发展提供了独特的视角。在新发展理念的引领下，海洋经济正面临转型升级的关键期。协同理论所强调的系统之间相互作用、相互依存及整体优化的理念，在海洋经济高质量发展研究中具有广泛的应用前景和重要的实践价值，有助于指引理论界和实践部门深入探索海洋经济协调发展的新路径。

3.2.4 可持续发展理论

可持续发展的核心在于确保当代人需求的满足不危及后代人满足其需求的能力，它根植于深厚的科学理论基础之上，伴随着经济与社会的不断进步而持续演进。这一理念超越了单一模式的局限，致力于经济、社会与环境的和谐共生与相互促进。1987年，世界环境与发展委员会在《我们共同的未来》报告中，对可持续发展给出了里程碑式的定义："既满足当代人的需求，又不损害后代人满足其需求能力的发展。"这一表述，既是对当前发展模式的深刻反思，也是对未来发展路径的权威指引，它全面剖析了经济发展与环境保护之间的微妙平衡，强调了二者之间相辅相成、缺一不可的关系。《我们共同的未来》不仅是对现状的批判性分析，更是对未来可持续发展路径的系统性规划，它详尽阐述了可持续发展的原则、要求、目标及策略，为全球范围内的社会经济发展规划提供了宝贵的指南。在该报告的影响下，可持续发展理论开始成为社会各界深入研究和探讨的热点，其核心理念——资源开发与保护并重、生态环境与社会经济协调发展，为全球范围内的可持续发展实践提供了强有力的理论支撑。

面对陆地资源日益枯竭的现实挑战，世界各国纷纷将目光投向广阔的海洋，将其视为未来发展的新空间和竞争的新高地。海洋经济作为可持续发展的重要组成部分，不仅为世界经济发展注入了新的活力，也为全球海洋治理提供了创新思路，开辟了人与自然和谐共生的新境界。作为一个跨学科、跨领域的综合性发展模式，海洋经济高质量发展必须综合考虑经济、社会、生态等多方面因素，以确保每一步发展都符合可持续发展的宏观战略导向。

在此过程中，可持续发展理论为海洋经济高质量发展提供了至关重要的指导框架，它要求我们在追求经济效益的同时，兼顾社会公平与生态环境保护，旨在推动海洋资源的合理利用与保护，以促进海洋经济的绿色转型与发展。可持续发展理论为海洋经济的转型升级和高质量发展提供了坚实的理论支撑和制度保障。

3.2.5 共享空间理论

共享空间理论是20世纪70年代由美国杰出的建筑师波特曼(Portman)在其著作《波特曼的建筑理论与事业》中首倡的概念,它深刻地回应了人类对于摆脱封闭束缚、追求开放交融生活空间的渴望。它不仅仅局限于建筑领域,而是广泛地指那些跨越楼层、垂直贯通建筑整体的室内空间和巧妙架空、融入自然的底层区域,这些空间不仅是人流汇聚的交通枢纽,更是休闲、展示、集会等多功能并蓄的活力舞台,其灵活多变的使用方式极大地丰富了空间体验。

将共享空间理论引入福建省海洋经济高质量发展的研究框架,尤其是与新发展理念深度融合,为我们揭示了一条通往繁荣与可持续的崭新路径。首先,“大空间”的构想在此焕发出新的生命力,它象征着福建省海洋经济那无垠的蓝图与潜力。当前,福建省正以前所未有的气魄打造“海上福建”,随着深远海养殖平台、海上风电等项目的实施,不仅在物理上拓展了海洋经济的边界,更在产业链上实现了深度拓展与融合,构建起一个资源共享、空间共融的海洋经济新生态。进一步地,福建省致力于构建多元化、融合化的海洋产业体系,海洋渔业、海洋旅游、海洋装备制造等产业如同繁星点点,在共享的海域上交相辉映,既保持了各自的独立性与专业性,又通过相互之间的紧密协作与资源互补,共同绘制出一幅海洋经济高质量发展的壮丽画卷。这种产业之间的和谐共生,不仅有效地提升了海洋经济的整体效能,更彰显了共享空间理念在促进经济与社会全面协调发展中的独特价值。

综上所述,共享空间理论以其独特的视角和深刻的内涵,为福建省在新发展理念的指引下推动海洋经济高质量发展提供了宝贵的启示与借鉴。通过不断拓展海洋经济的物理空间与功能边界，福建省正稳步迈向一个更加开放、包容、可持续的海洋经济新时代。

3.3 福建省海洋经济高质量发展的理论框架

海洋作为支撑未来高质量发展的战略空间，是经济社会发展的重要依托和主要载体，海洋经济现已成为我国国民经济的重要增长点和拉动区域经济发展的重要引擎（刘波 等，2020），其发展水平也直接决定了我国海洋事业的成功与否（钟鸣，2021）。海洋经济高质量发展是能够满足人们对美好生活需要的可持续发展战略，是一种能够将创新发展、协调发展、绿色发展、开放发展和共享发展五个维度深度融合的发展模式，也是在新时代背景下对传统发展模式的改善与提升（鲁亚运 等，2019）。

3.3.1 创新是推动福建省海洋经济高质量发展的不竭动力

当前，推动我国海洋经济高质量发展，必须以创新为主要驱动力。创新是实现我国海洋经济高质量发展的第一动力，是建设现代化海洋经济体系的重要支撑。现代经济增长理论显示，技术进步才是经济增长的根本所在，而并非通过单纯的资源等实物要素投入。如果单纯地依赖于资源要素的投入而无法实现技术进步，往往会导致经济增长呈现出边际效应的递减。海洋经济高质量发展更依赖于海洋科学技术创新、海洋产业模式创新和海洋管理机制创新，即借助科技、制度和管理的力量促进海洋经济的可持续发展，从而使得海洋经济能够持续保持高质量的发展态势。在海洋经济高质量发展的过程中，创新是不可或缺的，通过不断探索和应用新技术、新方法、新理念，能够有效地推动海洋经济实现可持续且稳健的发展，以确保经济社会发展与海洋生态系统健康之间的良性循环。

创新是我国海洋经济高质量发展的关键驱动力。在推动海洋经济高质量发展的进程中,海洋创新扮演着至关重要的角色,其全面体现在投入、产出与绩效三大维度。其中创新投入作为支撑海洋创新能力的基础性指标,涵盖了科研机构数量的稳步增长、科研经费的充足保障和科研人才的汇聚交流;创新产出是海洋创新活动现实成果的重要体现,涵盖了各种类型专利授权的丰硕成果、科研教育管理服务业的蓬勃发展、研发课题的广泛覆盖和高等级科技论文的刊发等;创新绩效是衡量海洋经济创新效果的核心指标,集中体现于海洋劳动生产率的持续提升等方面,它直接关系到海洋经济发展的质量与效益。福建省海洋经济高质量发展的创新驱动见图 3-1。

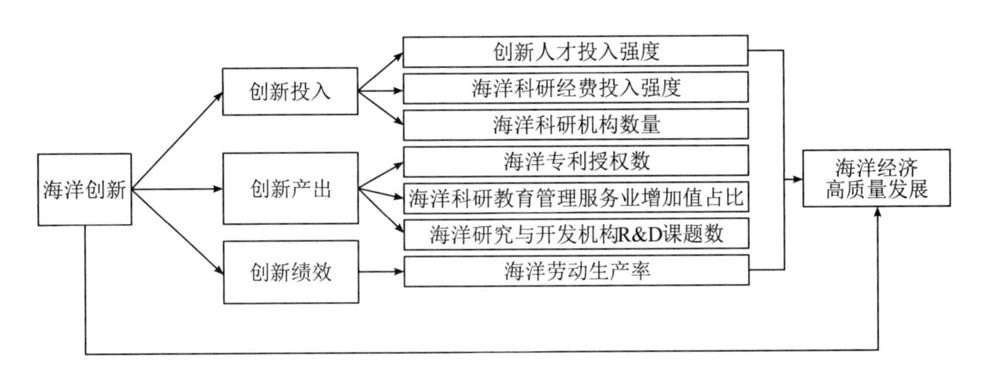

图 3-1 福建海洋经济高质量发展的创新驱动

现阶段,在福建省追求海洋经济高质量发展的过程中,如何优化海洋创新的投入产出比显得尤为迫切。这不仅要持续加大对人力资源和各类资金的投入力度,为海洋科技创新提供坚实的人力和财力支撑;还要积极地营造开放、协同、高效的科技创新生态,不断地简化成果转化流程,提升转化效率,以确保创新成果能够迅速地转化为推动海洋经济发展的现实生产力。同时,要充分利用产学研深度融合的优势,构建政府引导、企业主体、科研机构深度参与的协同创新体系。通过加强政策引导、资金支持、平台搭建等多方面的努力,促进政府、企业与科研机构之间的紧密合作与交流,共同攻克海洋科技领域的关键技术难题，并不断推进科技成果的转化与应用，从而为福建省乃至全国的海洋经济高质量发展注入新的活力与动能。

3.3.2 协调是加速福建省海洋经济高质量发展的内在要求

协调发展是一种强调整体性和综合性的多元发展，海洋经济协调发展包括陆海经济协调、海洋产业结构协调、区域发展协调等各方面相互协调的发展(鲁亚运 等，2019)。协调发展是海洋经济高质量发展的基本前提。深入贯彻落实协调发展理念为海洋经济发展注入了新的活力，也有助于促进海洋产业内部及海洋与陆地之间的深度融合和互促共进。这主要体现在海洋资源的均衡高效利用、海洋经济与生态之间的和谐共生和海洋经济内部各产业之间的均衡发展。为此，通过海洋经济的协调发展路径，可以有效地规避沿海不同区域之间的同质化竞争与重复建设，推动形成优势互补、错位发展的良好态势。在此基础上，进一步优化海洋经济结构，促进产业空间布局的合理化与专业化分工，以保障各种生产要素在海洋经济体系内的优化配置与高效流动。

协调发展主要表现在区域发展协调、产业结构协调、运行协调等诸多维度，见图 3-2。首先，海洋经济包括海洋渔业、海洋资源开发、海洋旅游、海洋运输、海洋能源开发等众多产业，且各个产业之间存在着较为复杂的依存关系。随着我国海洋产业结构的持续转型和深化，通过合理的资源整合和利用，有助于促进海洋产业集群和良好产业生态的形成，为海洋经济的高质量发展奠定坚实基础。其次，区域经济规模作为影响区域海洋经济发展的关键因素，其影响力不容忽视。沿海港口、自由贸易区等标志性涉海项目的建设与运营，如同强大的引擎，驱动着当地社会经济的蓬勃发展，不仅有利于促进涉海资源、技术、人才等要素的自由流动与高效集聚，也显著地拉动了海洋经济的快速增长，进而提升了区域海洋经济的融合发展层次与水平。海洋经济协调植根于区域经济的土壤之中，与当地的经济社会发展水平、平均失业率和人均消费能力等社会经济指标紧密相连，它们之间互为因果、相互促进。

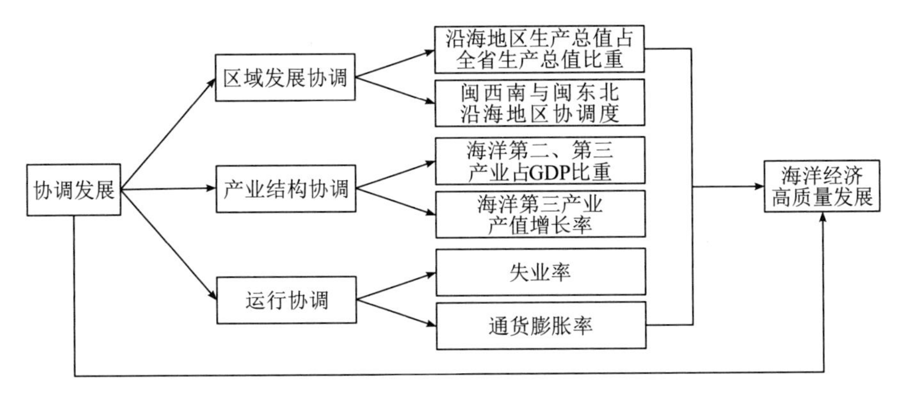

图 3-2　福建海洋经济高质量的协调发展

因此，在追求海洋经济协调发展的过程中，必须在维护区域社会稳定与经济发展的前提下，努力保障区域协调发展战略的顺利实施，这不仅是实现海洋经济高质量发展的必由之路，也是推动区域经济全面、协调、可持续发展的内在要求。

3.3.3 绿色是保障福建省海洋经济高质量发展的必要条件

我国海洋经济在蓬勃发展的同时，也面临着不少挑战，其中就包括对海洋资源的过度依赖、发展模式的相对粗放，以及日益严峻的海洋环境污染等问题。在 2023 年的全国生态保护大会上，习近平总书记特别强调了绿色发展对于我国经济社会可持续稳定发展的重要性，明确指出要想实现海洋经济的高质量发展，就需要做到绿色发展和生态发展，要加快推动生产方式向绿色低碳发展模式转型，坚持绿色低碳发展战略。要实现持续高质量发展，就需要做到发展的可持续性，这就意味着在节约、有序开发利用海洋资源的同时，必须保护好海洋生态环境，以实现海洋经济高质量发展与海洋生态环境保护的和谐共生。高质量发展不仅是经济发展质的提升，也包括对生态环境的保护和改善。

海洋经济的高质量发展促进了海洋绿色产业的兴起和发展，如海洋新能源（潮流能、波浪能）、海洋生物制品、海洋生态旅游等。这些产业的发展能够在创造经济价值的同时对海洋生态环境形成相对较小的影响，以实现经济增长与生态保护之间的双赢。推动海洋经济绿色发展，是海洋经济高质量发展的必然要求。绿色发展是在传统发展基础上的一种模式创新，是建立在生态环境容量和资源承载力的约束条件下，将环境保护作为实现可持续发展的重要内容的一种新型发展模式。因此，绿色是保障福建省海洋经济高质量发展的必要条件，具体评价维度见图 3-3。

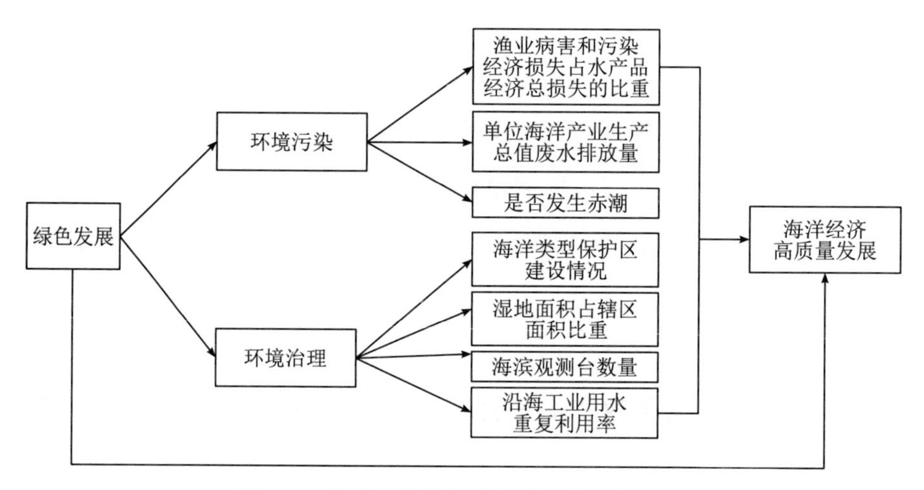

图 3-3　福建省海洋经济高质量的绿色发展

对于海洋经济绿色发展而言，资源存量与环境保护是核心指标，它们贯穿于海洋资源开发利用与环境保护治理的每一个阶段和每一个环节。因而，要高效地利用各种海洋资源，应采用先进的科技手段与管理方法，优化资源配置，减少损失浪费，最大限度地挖掘海洋资源的经济与社会价值。同时，要以改善海洋生态环境为目标，全面推进海洋生态修复与保护工作，不断地提升海洋资源环境承载力，推动海洋经济向更加绿色、更加可持续的方向迈进，为子孙后代留下一个更加美丽、更加健康的海洋环境。

3.3.4 开放是实现福建省海洋经济高质量发展的必然选择

高质量的对外开放是海洋经济高质量发展的重要推动力。广义的开放包括对外开放和对内开放两个层面，而狭义的开放主要指对外开放。为了使本书的相关论证更有针对性，如果没有特别说明，本书所提及的开放主要指狭义的开放即对外开放。新增长理论认为，开放可以通过全球技术交流和资源配置来提升国内技术水平和提高要素生产率，最终促进经济增长（王银银，2021）。

在开放的背景下，海洋经济高质量发展积极融入全球产业链、供应链和价值链，通过加强与国际市场的互联互通，聚焦“大海域”“大空间”，将海陆经济的边界延伸到远洋深海甚至极地，将海陆统筹进一步深化到对外开放和对外贸易合作，即在国家战略高度上把握海陆统筹与海洋经济高质量发展，从而更好地助力新发展格局。通过贸易和投资的自由化与便利化，使海洋经济体系更加积极地融入全球市场，更好地接触和利用全球资源、市场和技术。开放的新发展理念与海洋经济的创新相挂钩，更加有助于促进技术和信息的自由流动。通过与国际上其他国家或地区之间的技术交流和合作研发，有助于加速海洋新技术的应用和推广，从而提升海洋经济的整体技术水平和创新能力。此外，通过不断地提升对外开放水平，无疑更加有利于促进国际资源的有效配置、技术的快速传播和创新的广泛应用，从而在全球范围内形成“互利共赢”的海洋经济发展新模式。

开放发展作为推动海洋经济高质量发展的重要引擎，现阶段主要从贸易往来和跨境旅游两个维度体现，这两者共同构建了衡量海洋经济活动国际化广度与深度的标尺。它们不仅体现了海洋经济在全球化进程中的参与度和影响力，还展现了海洋跨境旅游市场的繁荣景象与开放水平。因此，福建省海洋经济高质量发展的开放发展情况见图 3-4。

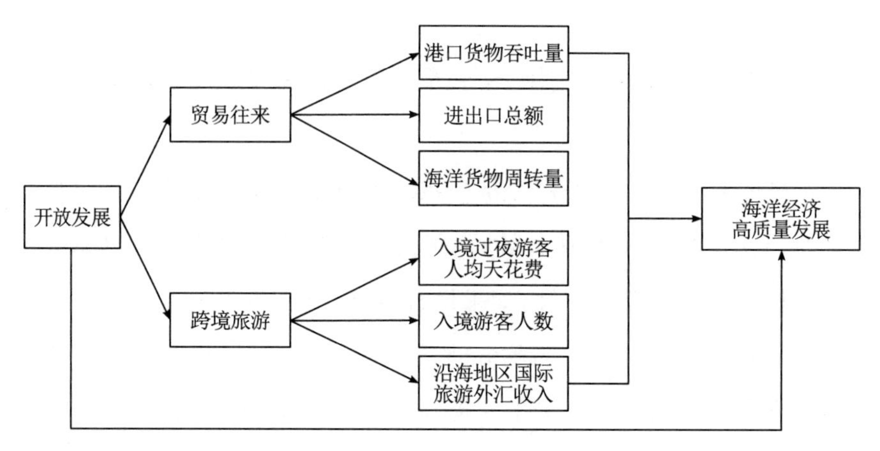

图 3-4　福建省海洋经济高质量的开放发展

3.3.5　共享是提升福建省海洋经济高质量发展的本质要求

海洋经济高质量发展的主要目的之一在于通过高质量发展产生更大的社会福利，其成果由全体人民共享，也就是使人民在发展中获得更多的满足感，从而不断地满足人民对美好生活的需要(许永兵 等，2019)。共享理念旨在通过促进就业、优化收入分配结构等方式，使得海洋经济的高质量发展成果得到公平分配。共享发展主要表现在经济共享、教育共享、社会共享等诸多维度，见图 3-5。

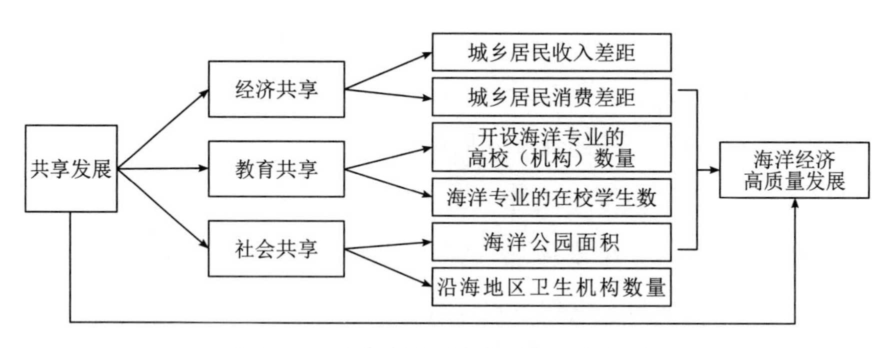

图 3-5　福建省海洋经济高质量的共享发展

经济共享确保了海洋经济发展的成果直接惠及广大人民群众，从而提升了民众的生活水平。社会共享聚焦于人民生活质量的全面提升，通过完善的社会保障体系、优质的公共服务设施以及和谐的社会环境，让广大民众在享受经济发展红利的同时，过上更加幸福、安全、有尊严的生活。教育共享强调海洋经济与社会进步对教育资源的均衡配置与质量提升，即通过普及高质量教育，培养更多具有海洋意识、创新能力和国际视野的人才，为海洋经济的持续健康发展注入不竭动力。当前，沿海地区作为海洋经济发展的主战场，其基础设施建设、社会发展水平等与海洋经济发展紧密相连、相互促进。稳定的发展环境、持续增长的居民收入和丰富的人力资源，不仅是海洋经济高质量发展的迫切需求，也是实现人民共享发展成果的重要基础。因此，海洋经济高质量发展的最终目的，在于构建一个公共服务完善、社会进步显著、人民共享成果的美好图景，让每一位海洋经济事业、海洋经济活动的参与者都能真实地感受到发展的温度和共享发展的成果。

综上所述，本书所界定的海洋经济高质量发展是在创新、协调、绿色、开放、共享的新发展理念引领下，推动海洋经济实现全面、均衡、高效、绿色、可持续发展。这一过程涵盖了海洋资源的高效利用、海洋产业结构的优化升级、海洋科技的创新引领、海洋生态的协调保护和海洋经济成果的广泛共享等多个方面，从而共同构成了海洋经济高质量发展的丰富内涵，具有深远的意义。

4 福建省海洋经济发展的现状与问题

虽然目前福建省海洋经济发展已经取得了一定的成效，但依然面临着巨大的挑战，深入了解福建省海洋经济发展的现状以及所面临的主要挑战，可以为进一步分析发展对策和提升路径提供现实基础，从而使得对策建议或提升路径更具有针对性和现实可行性。

4.1 福建省海洋经济发展的现状

近年来，福建省全力推进海洋经济强省建设，并取得了显著的发展成效，见表 4-1。自 2010 年起，福建省的海洋经济生产总值一直保持着高速增长的态势，在 2023 年福建省的海洋经济生产总值达到了 1.2 万亿元人民币，在全国稳居第三位，占全省地区生产总值的 22.1%。可见，当前海洋经济已成为推动区域经济高质量发展的重要力量。福建省的海洋经济不仅规模庞大，而且结构不断优化，海洋渔业、海洋交通运输业、海洋工程建筑业等传统产业持续稳定发展。与此同时，海洋生物医药、海水综合利用等新兴产业也呈现出快速增长的态势。特别是海洋渔业方面，2023 年福建省的水产品总产量达到了 890 万吨，稳居全国领先位置，尤其在海水养殖领域，无论是产品产量还是种业规模均占据全国首位，水产品出口额亦连续多年蝉联全国首位。此外，福建省加快推进海洋经济高质量发展三年行动，重点深化福州、厦门两大国家海洋经济发展示范区建设，创建包括福州市的连江县、莆田市的秀屿区、泉州市的石狮市和晋江市、漳州市的诏安县和东山县在内的六个省级海洋产业发展示范县（市、区）。

表 4-1 2010—2023 年福建省海洋产业生产总值情况

年份/年	海洋产业生产总值/亿元	同比增长/%	占全省地区生产总值比重/%
2010	3682.9	14.99	25.00
2011	4284.0	16.32	24.40
2012	4482.8	4.64	22.80
2013	5028.0	12.16	23.10
2014	5980.2	18.94	24.90
2015	7075.6	18.32	27.20
2016	7999.7	13.06	27.80
2017	9384.0	17.30	29.20
2018	10659.9	13.60	29.80
2019	11409.3	7.03	26.90
2020	10495.0	−8.33	23.90
2021	10500.0	0.40	23.90
2022	12000.0	14.30	23.00
2023	12000.0	0.00	22.10

此外，福建省还积极推动海洋科技创新和现有科技成果的转化应用，加强海洋生态环境保护，促进海洋经济可持续发展。通过建设海洋经济重点项目、发展海洋新兴产业、加强海洋国际合作等各项相关举措，福建省正逐步构建具有全球竞争力的现代海洋产业体系，为实现海洋经济高质量发展奠定坚实基础。

4.1.1 海洋科技支撑能力不断增强

近年来，福建省以提升海洋科技自立自强能力为核心，以加速海洋科技研发与成果转化为核心驱动力，致力于构建一个在国际上享有盛誉的海洋科学研究与技术创新高地，同时打造一个海洋科技成果高效转化与集聚的典范区域。重点主抓了以下六项主要工作：

一是着力推进创新载体和平台建设。构建海洋科创高地"一里一外"总体布局，聚焦于平台集聚、试点示范、数字化转型三大核心领域，通过强化涉海金融服务、深耕海洋科创赛道、加速海洋技术转化和重视海洋人才培育这四大特色优势，致力于构建一个全面且高效的海洋科技创新综合体。同时，扎实推进自然资源部海岛研究中心、厦门南方海洋研究中心等重大创新载体建设，成立福建省海洋生物资源综合利用行业技术开发基地、闽东海洋渔业产业技术公共服务平台、海洋生物种业技术国家地方联合工程研究中心等一批省级重大创新平台。此外，还成立了福建海洋可持续发展研究院，旨在打造立足福建、面向全国、服务全球的海洋高端智库平台。2023 年 10 月，福建省创立智慧海洋联合实验室，携手福建理工大学、集美大学等高等教育智库，以及达华智能、福信富通等业界领先企业，旨在汇聚多方力量，在海洋科技创新的广阔领域里开展深度合作与协同攻关，从而助力福建海洋经济高质量发展。同时，南方海洋创业创新基地、国家级华东（霞浦三沙）台风野外科学试验基地、厦门大学—宁德海洋研究院等一批创新平台也在加速建设，逐步汇聚起推动福建海洋经济高质量发展的新兴力量。

二是稳步推进"智慧海洋"工程建设。当前，福建省正积极探索 5G（第五代移动通信技术）、大数据、AI（人工智能）等新技术与海洋场景的结合点，旨在打造智慧海洋全业务交互平台，即通过信息化思维和数字化、智能化手段更好地服务于海洋管理，更有针对性地提升海洋环境监测的精确度和安全性。诸如近海域三维展示与监测系统、海岸带空间信息产品、区块链赋能的智慧渔业系统、窄带物联网船舶身份识别系统等项目，以及智能航运和智慧港口等工程项目，均已进入稳步实施阶段。同时，构建涵盖全境海岸线的近海5G通信网络，率先打造"智慧渔港"示范点，引领渔港管理向数字化、智能化转型。此外，福建及海峡地震观测网络、海联网应用示范平台、海电运维智慧数据中心等一系列重大项目已顺利完成并投入运营，为海洋防灾减灾提供了坚实的技术支撑。

三是推进海洋科技创新成果转化。"十三五"期间，福建省突破了一大批关键共性技术瓶颈，组织实施海洋科技成果转化与产业化项目多项，科技成果的转换效率不断提升，有效地推动了全省海洋产业的快速发展与提质增效。特别是厦门大学的"鲍远缘杂交育种技术创新与产业化应用"、福建省水产研究所的"福建特色海洋生物高值化开发关键技术及产业化"等成果荣获省科学技术进步奖一等奖，彰显了福建省海洋科技创新的强劲实力。同时，着力推动组建福建省协同创新院海洋分院，以有效地整合涉海科技力量，促进现有海洋科技成果与实践单位成功对接和最终转化。

四是开展海洋科创高地"揭榜挂帅"科研攻关。坚决落实福建省委、省政府关于发展海洋经济建设海洋强省的战略部署，联合相关涉海部门组织开展全省海洋科创高地"揭榜挂帅"行动，围绕深海远海养殖、水产品精深加工、海洋生物制药、智慧海洋、水产种业、海工装备六大产业优先方向，广泛吸引自然资源部第三海洋研究所、厦门大学、江南大学、集美大学、福建农林大学等省内外专家学者揭榜，包括深海远海养殖、特色海产加工、中印尼"两国双园"等多个亮点项目脱颖而出，为福建省海洋经济高质量发展培育新增长点。

五是加大海洋科技型企业培育力度。加快构建完善的涉海科技型中小企业—高新技术企业—科技小巨人创新主体的培育链条，扎实推进涉海科技型企业倍增计划，积极培育和认定包括国家级高新技术企业在内的涉海科技型企业群体，进一步做优做强海洋经济创新主体集群。以福州为例，截至2023年已认定涉海高新技术企业238家，其中2023年新增71家，为海洋经济创新主体集群的发展壮大奠定了坚实的基础。[①]

六是促进产业链、"新赛道"与创新链深度融合。通过更好地发挥海洋经济科创高地作用，准确聚焦海洋产业发展方向，加快形成"里＋外"有机衔接，有助于推动一批海洋经济科创项目从科创高地的研发和孵化，到在集中区的推广落地，以及最终成长为科技型企业的高质量海洋经济发展通道。组织开展海洋经济新赛道研究，围绕优势产业链与未来"新赛道"，积极打造创新链，明确"4＋6"创新发展框架，即四大优势赛道与六大未来赛道，为海洋经济的高质量发展提供清晰路径与强劲动力。

4.1.2 海洋重点产业发展日益加快

近年来，福建省海洋综合实力持续保持全国前列，尤其是随着沿海区域蓝色经济的加速崛起，海洋产业结构的持续优化与调整，海洋渔业等传统海洋产业保持了稳健的增长态势；同时，海洋新兴产业发展迅速，包括海洋药物与生物制品和海洋工程装备制造等海洋新兴产业规模逐年增加，已经日益成为全省的特色和优势产业。

(1)海洋渔业发展基础不断夯实

一是实施水产种业振兴行动。积极推进首次水产养殖种质资源普查，初步摸清全省水产种质资源的家底，并建立起一套完整、准确的水产种质资源数据库，为全省乃至全国水产种业的发展提供坚实的数据支撑。通过实施渔业种业创新与产业化工程，全省在大黄鱼、鲍鱼、白对虾、海带、紫菜等大宗海洋水产养殖品种的良种培育上取得了显著的成效，上述这些主要优势品种的规模化育苗供应量已跃居全国领先地位。

---

① 数据来源：福州市科技局(调研团队实地调研时获取)。

二是推进海上养殖转型升级行动。截至2023年，累计改造传统渔排47万口、改造筏式浮球33.8万亩，新增6个国家级水产健康养殖和生态养殖示范区。大力推进工厂化循环水养殖、海水立体养殖和深远海设施养殖。新建深水抗风浪网箱171口、新增养殖水体100万立方米，累计投建深远海养殖平台18台(套)、养殖水体近50万立方米，深远海养殖总规模居全国第一位。落实养殖水域滩涂规划制度，加强渔业资源养护修复，增殖放流水生生物70.7亿单位，闽江、九龙江、汀江等流域和近海渔业资源得到较好的恢复，已实现了整治任务清零目标。[①]

三是加快建设渔业基础设施。启动“5G＋智慧渔港”建设，积极推进海洋观测网与大数据中心等项目的前期工作，并成功研发出创新的海洋渔船插卡式“AIS”(船舶自动识别系统)防碰撞设备，该设备已在全国范围内推广应用。此外，启动了“宽带入海”全国试点项目，近4000艘渔船装备了宽带卫星及高通量卫星电话，标志着海洋通信与信息化水平迈上了新台阶。

(2)海洋生物医药产业优势明显

一是全省汇聚了以自然资源部第三海洋研究所、厦门大学生物医学工程研究中心、福州大学生物和医药技术研究院等为代表的全国顶尖的研发机构，这些机构在海洋生物活性物质、海洋药物及海洋生物基因技术等领域已经取得了突破性进展，奠定了坚实的科研基础。同时，润科生物工程(福建)有限公司、石狮市华宝海洋生物化工有限公司等25家海洋生物高新技术企业迅速崛起，成为行业内的龙头与骨干，展现出了强劲的增长势头。

二是海洋科技平台建设成效显著。福建省构建了自然资源部第三海洋研究所海洋生物遗传资源重点实验室、厦门大学海洋生物制备技术国家地方联合工程实验室等一系列高端平台，不仅强化了海洋生物活性物质的提

① 数据来源：福建省海洋与渔业局(调研团队实地调研时获取)。

取、筛选能力，还极大地推动了海洋药物与生物制品的高值化利用技术研发，为海洋生物医药产业发展提供了强有力的技术支撑。

三是产业园区建设初见成效，形成了多个海洋生物医药产业的集聚高地。福建省海洋生物医药产业以其独特的科研优势、完善的平台体系及高效的园区建设，正逐步构建起一个集研发、生产、销售于一体的完整产业链。厦门海沧生物医药港、诏安金都海洋生物产业园和石狮海洋生物科技园等园区不仅汇聚了众多高技术含量的现代海洋生物医药企业，还培育出了一批具有自主知识产权的原创性产品，如鱼肝油乳、鲎试剂、氨基葡萄糖、胶原蛋白肽、微藻DHA（二十二碳六烯酸）、琼胶、卡拉胶、海洋抗菌肽及海洋生物酶等，有效地提升了福建省在海洋生物医药领域的国际竞争力。

（3）海洋工程装备制造业发展成效扎实

一是全省海洋高端装备制造产业竞争力逐步提升，构筑起坚实的产业基石。闽江口、三都澳、湄洲湾、厦漳湾等船舶与海洋工程装备产业基地已经初步形成一定的规模。马尾造船基地的深海采矿船项目成功攻克关键技术难关，填补了国内乃至国际相关领域的空白；厦船重工交付的LNG（液化天然气）双燃料汽车滚装船，其技术水准在全球范围内均属顶尖，彰显了福建船舶制造业的创新能力；率先启动了船舶绿色智能发展的试验田，为海洋装备的绿色化、智能化转型树立了标杆。

二是海洋产业链与供应链的深度融合与配套优势，为福建打造千亿级海洋装备产业集群和迈向万亿级海洋经济蓝海提供了坚实的后盾。福建省先后开发了7500PCTC新型滚装船、2800客滚邮轮等特种船舶，并在传感器技术领域取得了突破，光纤放大器、浊度传感器、海产品组胺快速检测仪等产品的问世，孕育了厦船重工、罗普特、三优光电、斯坦道、新诺北斗等海工装备领域的领军企业，彰显了福建省在海洋监测与食品安全领域的科技实力。

此外，福建省海工企业的区域集群化发展态势明显。当前，福建以闽江口与厦门湾为双核驱动，初步构建了海工装备产业的密集集群。在此基础上，全省范围内还设立了闽台蓝色经济产业园（福州）与高端海洋装备智能制造产业园（漳浦），成功吸引了众多顶尖海洋装备制造企业入驻。福建已成功孵化出一系列特色鲜明、竞争力强劲的海洋工程装备制造企业集群，包括马尾造船、厦船重工、东南造船、华东船厂等传统造船业巨头，诺尔港机、豪氏威马、福船一帆等海工装备先锋企业，湘电风能（福建）、瀚盛游艇、哈德森游艇等新能源与游艇制造领域的佼佼者，以及厦门双瑞船舶涂料、福建海图智能科技等海洋科技服务企业，从而共同构筑了福建海洋工程装备制造的坚实基石。

4.1.3 海洋生态建设持续加强

“十三五”期间，福建省印发编制了一系列有关海洋生态保护的规章制度和文件条例，诸如《福建省海岸带保护与利用管理条例》《福建省海岸带保护与利用规划（2016—2020 年）》《近岸海域海漂垃圾综合治理工作方案》《福建省加强滨海湿地保护严格管控围填海实施方案》等，上述这些条例规定的制定和实施，对海洋生态环境保护起到了重要的指导作用，有助于加快生态文明先行示范区建设。

一是严格海洋空间资源利用管控。加强湿地、沿海防护林保护，有计划地增加沿海防护林和红树林的种植面积；开展入海排污口调查摸底，分类推进入海排污口整治，制订整治方案。截至 2023 年底，福建省水产养殖发证率已达到 100％，开展海水超规划养殖清理整治，累计清退不符合规划养殖面积 2.16 万公顷，占应清退任务的 94.5％。[①]

① 数据来源：福建省海洋与渔业局（调研团队实地调研时获取）。

二是创新开展海上养殖综合整治。当前福建省海上养殖综合整治和转型升级的成效明显，为全国海水养殖绿色发展积累了经验，尤其是组织实施了环三都澳海上养殖综合整治攻坚战，建成宁德三都湾、沙埕港海上绿色养殖示范区，形成宁德海上养殖综合整治经验模式；建立实施了海洋生态红线制度，强化海洋环保目标责任制，积极推动形成了绿色发展导向。

三是强化海洋生态环境监测评价。建成首套海漂垃圾视频监控系统，开展海漂垃圾航拍抽查，并落实经费保障，全省海洋生态环境总体向好。截至“十三五”期末，福建省就已建立海洋自然保护区 14 个、海洋特别保护区 35 个，形成了福建省海洋保护区网络体系。2021 年和 2022 年福建省近岸海域优良水质比例均超过了 85%，继续保持全国前列；2023 年春夏季近岸海域优良水质（一、二类）面积比例更是高达 95.2%，位居全国第四位。[①]

四是重点防治海洋金属污染。福建省统一行动，重点对涉重金属行业实行总量控制和指标调剂，同时还通过实施“等量置换”或“减量替换”，重点加强对新污染物的管控，探索海洋微塑料治理，推行化学品淘汰和替代措施，在减少重金属污染物排放和加强污染物环境风险管控方面取得了积极成效。

五是大力推进“蓝碳”产业化，推动生态修复与经济效益相结合。福建省人民政府鼓励引入社会资本支持红树林修复，设立“红树林生态银行”，并通过多样化融资渠道增强对“蓝碳”项目的资金支持。与此同时，积极促进科研机构与企业合作，推动盐沼湿地和海草床的固碳研究，并推广碳汇渔业的创新技术。福建省不仅在蓝碳交易领域实现了全国首例海洋渔业碳汇交易，还在实践和应用方面领先于其他省份，尤其是在推动蓝碳产业化和实践创新方面具有显著优势。

---

① 数据来源：https://fujian.gov.cn/zwgk/ztzl/gjcjgxgg/px/202401/t20240109_6374123.htm。

4.1.4 海洋开放合作新格局逐步构建

一是开放合作平台成效显著。中国(福州)国际渔业博览会已发展成为全球第三大渔业专业博览会,持续举办厦门国际海洋周、平潭海洋旅游与休闲运动博览会,获批设立海峡两岸集成电路产业合作试验区、海峡两岸生技和医疗健康产业合作区,平潭台湾农渔产品交易市场启用,两岸产业、经贸、人文交流合作进一步深化。同时,厦门市与美国旧金山市缔结了伙伴城市关系,双方携手在海洋垃圾监测、危害评估及防治策略创新上开展深度合作,为全球海漂垃圾治理提供了“厦门经验”。

二是深化对台海洋交流合作。福建省积极加强榕台海洋产业对接合作,积极建设“福州—台湾”海上通道,在线上线下同步举办海峡两岸文化产业博览交易会,秉承“一脉传承·创意未来”的主题,吸引两岸近千家展商齐聚,继续保持两岸文旅展会第一品牌。2023年9月,中共中央、国务院发布了《中共中央 国务院关于支持福建探索海峡两岸融合发展新路 建设两岸融合发展示范区的意见》,随后海峡两岸农业交流协会渔业分会在厦门正式成立,旨在不断深化两岸渔业产业对接和经贸科研合作,以更好地促进福建省与台湾渔业界之间的互动与融合。此外,福建省还积极推进建设泉州市惠安台湾农民创业园和漳州台湾农民创业园等15个闽台渔业合作项目,全省222个对外开放口岸泊位均可从事对台运输,既有助于深化两岸海洋经济的合作与融合,也有助于吸引并引导台湾同胞加入海洋强国建设的行列之中,共同推动中国海洋事业的繁荣发展。

三是海洋经济开放合作水平进一步提升。福建省进一步深化了与广东、浙江等沿海海洋重点省份之间的海洋经济合作,特别是在海上交通运输领域展现出了强大的协同效应。依托自身沿海港口的优越条件,福建省不断地完善以港口为中心、辐射内陆腹地的综合交通运输网络,并通过跨省合作,创新性地开发陆地港项目,推动多式联运模式的发展,极大地促进了区域经济的互联互通。同时,福建省正积极加速融入“21世纪海上丝绸之路”建设,不断深化与海上丝绸之路沿线主要海洋国家在海洋科技研发、教育培训合作以及金融保险服务等多个领域的交流合作。2023年初,随着国务院正式批准在福州市设立中国—印度尼西亚经贸创新发展示范园区,中印“两国双园”合作模式迈入新阶段,为两国经贸合作开辟了新路径,展现了更加开放包容的合作前景。与此同时,福建省与菲律宾等东盟国家在海洋产业规划、技术交流层面的合作日益紧密;与马来西亚等国的海洋渔业部门建立了更加稳固的沟通机制,共同推动中国—东盟渔业产业合作深化,并搭建起渔业产品交易的重要平台。此外,福建省大力实施渔业“走出去”战略,远洋渔业规模实现稳步增长,全省远洋渔业企业达28家,外派渔船总数605艘,作业海域分布在三大洋和9个国家。①

4.1.5 海洋经济共享发展不断提升

一是加强基础设施建设,有效支撑海洋经济发展。据调查了解,福建省在海洋基础设施建设上投入了大量的资金,扩建了福州港和厦门港等重要港口,提升了港口的货物吞吐能力和物流效率。与此同时,还建立了覆盖全省的海洋监测网络,用于实时监控海洋生态环境和资源变化状况,有效地提升了福建省海洋经济的运行效率。

二是释放海洋经济带动区域就业能量,不断提升居民收入水平。福建省在泉州市建立了泉州湾海洋经济发展示范区等多个海洋产业园区,不仅提供了大量的就业机会,还通过发展海洋渔业、港口物流和海洋旅游等行业,显著地提升了当地居民的收入水平。除此之外,福建省还通过培训和技

① 数据来源:https://hyyyj.fujian.gov.cn/xxgk/ghjh/202209/t20220906_5988143.htm。

能提升项目，帮助当地居民适应新的海洋经济岗位，以更好地提高其收入水平和生活质量。

三是合理配置海洋资源，实现全民共享目标。为了确保海洋资源的公平分配，福建省对海洋资源的开发、利用和保护进行了明确规定。其中，福建省在海域使用权的分配中，优先考虑对社会公共利益有直接贡献的项目，如生态修复、海洋保护区建设等。通过这些措施，福建省确保了海洋资源的合理配置，使其不仅为经济发展服务，也更广泛地惠及广大群众，特别是在沿海贫困地区，有助于提升当地居民的生活质量。

四是出台系列政策，促进海洋经济包容性增长。福建省人民政府推出了一系列政策措施，明确提出，要推动海洋经济均衡发展，特别是支持欠发达地区的海洋经济项目。当然，福建省还实施了对海洋经济企业的财政补贴和税收优惠政策，鼓励更多企业参与海洋经济发展，同时确保这些企业能够广泛受益。

4.2 福建省海洋经济发展中所面临的主要问题

福建省虽然具有发展海洋经济的天然优势，海洋经济高质量发展势在必行，但全省海洋经济发展的现状与高质量发展的要求之间仍然面临着各种各样的问题与挑战。

4.2.1 海洋科技创新带动能力不足

经过多年的发展，福建省无论是在海洋科技增量还是存量上都已取得了比较明显的成效，但与广东、山东、上海和浙江等沿海海洋经济重点省、直辖市相比，在海洋科技创新能力方面还有不小的差距，还有待进一步完善提升。

一是海洋科技基础较弱。与广东省、浙江省等海洋经济领先的省份相比，福建的海洋科技水平相对滞后。近年来，广东省凭借强大的科技创新能力和领先的海洋工程技术，在深海资源开发和海洋工程建设方面已经取得了显著的成效；而浙江省则通过对海洋科技的持续投入和不断强化研发，推动了海洋经济的快速增长和产业升级。相较之下，福建省在海洋科技研发和技术应用等方面仍显不足，这在一定程度上制约了海洋经济的全面发展和竞争力的提升。目前，福建省在海洋科技创新投入和产出方面表现欠佳，科技资源与创新动力不相匹配。而山东省青岛海洋科学与技术试点国家实验室获批建设，得到国家的优先支持，将进一步削弱福建省（特别是厦门市，核心是厦门大学和自然资源部第三海洋研究所等高校及科研院所）在海洋科技领域的优势。

二是科技成果转化率偏低。目前福建省海洋科技原始创新的成果数量较少，涉海技术专利申请总数和授权总数与广东等海洋强省相比差距较大，研发创新、检验检测、中试服务等产业技术载体不完善，涉海企业技术创新活力不足。福建省多数科研院所侧重于理论研究，对海洋技术的研究和储备相对较少，与产业应用之间的结合不够紧密，科技服务产业发展的作用没有充分地发挥出来。同时，海洋企业与涉海高校及科研院所之间的有效联系不够，产学研之间的信息沟通不畅，导致大量科研成果沉淀在涉海高校和科研院所之中，而海洋企业因对项目的先进性、市场预期等方面把握不准，缺乏足够的信心和动力去购买并转化相关的成果，最终影响了科技成果的成功转化。

三是科研平台分布不够均衡。公共服务平台作为连接科研机构、企业与市场的桥梁，在促进海洋科技资源的共享、推动产学研深度融合等方面均具有十分重要的意义。然而，目前福建省在海洋科技公共服务平台的建设上还存在明显不足，难以满足海洋科研和产业发展的多元化需求。福建省重大的海洋科研平台大多集中于厦门市，而福州市作为省会城市，海洋经济总量位列全国第三位，至今仍未拥有国家级涉海科研院所，至于泉州、漳州、宁德和莆田等沿海城市,其涉海科研平台尤其是高层次的平台就更加缺乏了。这在一定程度上制约了福建省海洋科研能力的提升和海洋经济的转型升级。

四是海洋人才较为缺乏。调研发现,截至2023年,福建省海洋人才储备相较于山东和广东而言,均只有其1/5左右;福建省仅有2名海洋领域的院士,而山东省青岛市则聚集了超过全国30%的海洋领域院士(主要在中国海洋大学),差距巨大。[①] 在人才培养上,福建省是全国唯一没有省属海洋综合性大学的沿海省份。全省的海洋类本科和研究生教育分散在厦门大学、集美大学和福建农林大学等高校的部分院系之中,不仅办学规模有限,而且办学质量及受重视程度也存在着不小的提升空间。至于职业教育方面,福建省关于海洋特色高职院校的专业设置及其对海洋领域的聚焦不够、覆盖不广,如福建船政交通职业学院,其涉海专业的招生数占比不到10%;据调研,全省还没有高等院校开设海洋渔业技术专业。

4.2.2 海洋产业结构亟待优化提升

在海洋产业结构方面,福建省当前的产业结构仍以资源依赖型传统产业为主导,新兴海洋产业的占比尚显不足,且高端海洋产业的集群化水平有待提升,缺乏能够引领高质量发展的支柱性产业,海洋产业结构亟待优化和提升。

一是海洋生物医药产业规模相对较小。福建省当前与海洋生物医药产业相关的产品基本为琼脂、DHA、虾青素等初加工的保健品和原料药,对资源的依赖性比较强,与上游企业议价主动权偏弱,且同质化竞争严重;行业企业的规模偏小,年销售额大多低于5亿元。在2023年中国医药工业百强榜单中,未有福建省海洋生物医药企业入选。省内大部分企业生产保健品

---

① 数据来源:调研团队实地调研时获取。

和原料药，具有药字号的仅有少数几家企业，如石狮市华宝海洋生物化工有限公司、绿新（福建）食品有限公司、厦门蓝湾科技有限公司和福州新北生化工业有限公司等。在中国医药行业最具影响力的企业榜单中，福建省只有少数几家生物医药企业上榜，其中包括在医药领域享有盛誉的漳州片仔癀药业股份有限公司、历史悠久的福建同春药业股份有限公司，以及综合性医药企业福建省医药集团有限公司等知名企业，而备受关注的海洋药物与生物制品相关企业则无一上榜。

二是海洋工程装备制造业基础仍相对薄弱。总体而言，福建省海洋装备制造业规模相对较小，市场占有率不高，与上海、广东、山东等省、市相比仍处于起步阶段。尽管福船集团在海工辅助船等细分市场方面仍保持较强的竞争力，但面对近年来海工装备市场需求不断下滑的态势，行业竞争愈发激烈，企业面临着较大的压力。福建省海洋工程装备制造领域目前主要聚焦于载体建造与装备集成，在高附加值的关键设备研发与核心配套设备制造上实力不足，诸如高档船舱、变流器、变压器等高端组件市场仍被省外及国际巨头所主导。部分海洋装备制造企业位于产业链下游，其产品附加值有限，市场竞争力较弱。此外，中高端产业规模尚显局限性，缺乏丰富的高端化、差异化及特色化产品以充分满足市场需求。

三是海上风电产业发展不够集约。截至2023年底，福建省并网海上风电装机容量为321万千瓦，仅为江苏省的27%和广东省的31%。“十四五”期间，福建省规划新增开发规模1030万千瓦，比广东少670万千瓦，比江苏少470万千瓦。[①] 当前，福建省在省级层面尚未编制海上风电产业发展专项规划，对漳州、莆田、宁德等风电资源较为丰富的区域的发展定位还不够明晰，一定程度上造成各自为战、重复布局的局面。

四是海洋游艇产业规模较小且集中度差。虽然福建省已初步形成游艇

① 数据来源：调研团队实地调研时获取。

产业集中区，但多数企业的起点较低，规模小且分布比较分散，企业之间的竞争激烈，尚未充分发挥产业集群的优势，规模经济效益相对较低。同时，福建省游艇配套业发展相对滞后，产业集群化程度不高。目前全省游艇制造企业基本上属于"来单（订单）、来图（设计图）"加工制造，有的甚至是"来单来图贴牌"组装生产；省内科研院所和高等院校也没有系统地开展游艇设计研究，尚未形成能够应用于工程实践的研究成果。现阶段福建省游艇设计基本上依赖于国外技术，核心设备如发动机、通信导航设备等主要依赖进口，尚未真正形成游艇制造业带动配套业发展、配套业促进游艇制造业发展的产业发展格局。

此外，福建省当前面临着港口承载能力上的结构性挑战，一流港口建设仍需加大力度。具体而言，全省港口整体资源相对富余，但泉州港围头湾港区石井作业区等局部港口，因区域经济活跃而长期处于高负荷运营状态。在港口整体规划与统筹发展层面，居全省前列的厦门、福州、莆田三大港区之间的联动协作尚显不足，各个港区的港口资源之间未能充分地实现资源优化配置。

4.2.3 海洋资源环境约束更加趋紧

一是沿岸滩涂治理未能形成长效机制。养殖户对滩涂的无序占用现象突出，禁限养政策的清理与清退工作多停留于规划与数据统计层面，缺乏有效的跟踪监督机制和足够的执法力度。私下围垦活动仍然较为猖獗，不仅侵占了海洋生物的自然栖息地，对海洋生物多样性及生态系统平衡也造成了严重破坏，还加剧了海水污染，显著地降低了海洋生态环境的质量。尤其是福州罗源湾南岸、黄岐半岛北部、鳌江入海口和闽江入海口等关键区域的海洋生态环境持续处于亚健康状态。

二是海洋资源仍然存在无序开发问题。海洋开发强度的迅速加大，以及海水养殖业和海洋旅游业管理不规范等问题，导致近岸海域的整体污染状况仍然比较严峻。不少优质岸线资源被无序开发的房地产项目所侵占，出现开发过度、风格同质化、自然景观破碎化、公共海滩被蚕食等问题，滨海旅游资源的保护与可持续发展面临严峻考验。同时，海岛开发模式粗放，高附加值产业与新兴业态的探索相对不足，文化资源与生态优势挖掘不深，部分海岛陷入资源价值低转化的困境。至于无人岛的管理，更是存在监管空白与无序开发的双重隐患。

三是海洋渔业和养殖业中的环保技术应用不足。尽管现代渔业和养殖业技术在全球范围内已有广泛应用，但福建省的部分区域仍然固守着传统养殖模式，这可能对海洋生态造成负面影响。特别是深海网箱养殖中，传统投喂与清理方式易引发水体污染，从而破坏生态平衡。同时，近海区域过度捕捞的情况仍然普遍存在，渔业资源的过度开发不仅减少了鱼类的种群和数量，还对海洋生态系统的健康造成长期损害。

四是海洋环境监测和预警服务仍有待改善。当前，福建省的海洋环境监测系统尚未形成系统化的网络，监测站点数量和数据采集的实时性与覆盖面均存在不足，导致对海洋环境变化的反应速度较慢，且部分重点港口的监测设施相对薄弱，无法有效地支持对海洋环境的全面监控和快速预警。此外，对远海海洋灾害的监测手段单一，且相关的专业人才队伍匮乏，面对频繁发生的热带气旋、强冷空气等极端天气事件，海洋灾害预报预警能力显得力不从心，难以满足海上作业、资源开发与应急救援等多元化需求，海上安全风险显著增加。

4.2.4 海洋经济合作开放程度不够

一是海洋经济区域一体化在深度融合方面面临挑战，涉海生产要素在地区之间的自由流动仍受到一定的限制，阻碍了资源的优化配置与协同发展。由于受到地域之间自然地理资源要素和社会经济发展不均衡等因素的影响，福建省与广东省、浙江省等沿海省份在海洋人才、技术、资金等生产要素的自由流动方面显得动力不足，加之各省份滨海区域内部不同产业之间对有限的滨海资源的激烈竞争，进一步阻碍了各种要素的自由流动和区域一体化的深入发展。

二是全方位开放的营商环境不够完善。尽管福建省沿海各市的海洋经济带坐拥共建“一带一路”的优越地理位置，但其潜力尚未被充分地挖掘和利用。目前全省与共建“一带一路”地区的合作模式尚处于初步探索阶段，国际市场开拓力度有限，尤其是在合作对象筛选、合作内容深化、合作模式创新等方面，还需要大量的探索与积累。此外，多式联运体系发展滞后，综合物流信息平台建设不足，冷链物流、保税物流及快递物流等现代化物流服务模式发展不充分，导致物流服务成本居高不下，部分沿海口岸则因大型机械设备短缺而面临作业效率低下、物流成本攀升等方面的挑战。

三是全方位开放的政策支撑体系不够完善。当前，福建省海洋产业发展面临政策支持体系碎片化、短期化的问题，沿海各市海洋经济政策缺乏统一规划与协调，甚至部分领域还存在各自为政、杂乱无章的现象。为确保海洋合作开放的持续动力并取得显著的成效，亟须构建一套系统性强、有效性高、针对性明确的政策支持体系，以探索并确立海洋合作开放的长效动力机制。

4.2.5 海洋经济共享福利仍需推进

一是海洋公共保障服务体系存在短板。当前，福建省在海洋观测、环境监测、科研支撑和通信导航等公共服务领域的基础设施建设相对滞后。这不仅限制了海洋环境监测的精准度、预警预报的时效性，还影响到科研活动的深入进行及海上航行的安全保障。同时，福建省在数字海洋保障设施的发展方面还滞后于浙江等先进省份，后者已构建起高效的数字海洋监测体系和海洋大数据平台，从而显著地提升了海洋资源管理的智能化水平和应急响应能力及服务保障水平。福建省在这些方面的不足，制约了海洋资源科学管理与海洋经济智能化转型的步伐。

二是海洋文化公共服务体系不够完善。随着现代化进程的不断加快，传统海洋文化的保护与传承面临着十分严峻的形势，海洋文化遗产的挖掘、整理与保护工作亟待加强。同时，海洋文化公共服务的供需矛盾日益突出。海岛地区居民及游客对海洋文化服务的需求日益增长，包括海洋教育、海洋旅游、海洋节庆等多方面内容，而现有的海洋文化服务因资金短缺、设施不足、形式单一等问题而难以满足这一需求。在海洋文化的传承与创新方面，仍需不断地加大力度，以进一步丰富海洋文化内涵，提升公众对海洋文化的认知与认同。

三是滨海旅游资源开发潜力未充分挖掘。当前，福建省在滨海旅游资源的整合与开发利用方面还存在着短板。一方面，福建省虽坐拥丰富的滨海旅游资源，但在资源整合与开发利用方面尚存不足，未能形成系统的旅游产品链。比如，滨海旅游资源的开发层次较低，多停留于初级阶段，缺乏深度的挖掘与创意融合，这导致旅游产品链的不完整和游客体验受限。另一方面，在滨海旅游市场推广与品牌建设上，福建省与海南等国际知名旅游目的地相比，还存在着宣传力度不够、市场拓展不足等方面的问题，难以充分吸引国内外游客的目光，因而无法充分地释放滨海旅游的发展潜力。

5　基于新发展理念的福建省海洋经济高质量发展评价指标体系构建

前文重点对福建省海洋经济的发展现状和现存主要问题进行了描述性分析，本章将在前文分析的基础上进行指标体系构建，主要基于创新、协调、绿色、开放、共享的新发展理念，构建福建省海洋经济高质量发展的评价指标体系，从而为后续相关章节的进一步研究提供现实依据。

5.1　数据来源

福建省是我国的海洋大省，海域面积十分广阔，其中海峡、海湾、海岛"三海"资源优势尤为突出，区位、资源、环境等方面的综合优势能够有效地助力海洋经济的高质量发展。基于福建省委、省政府对海洋经济发展的大力支持和福建省优越的海洋地理位置，本书聚焦于福建省海洋经济高质量发展这一核心目标，并依此展开了全面而深入的研究和分析。在数据来源方面，本书采集并整合了《中国海洋统计年鉴》《中国环境统计年鉴》《福建统计年鉴》《中国统计年鉴》，以及中国旅游数据库等多源权威资料，确保了研究分析基础的全面性、科学性、权威性和准确性，指标主要采用了2010—2021年的数据。对于个别数据缺失的情况，本书采用了科学方法，以最近年份的同一指标数据作为合理替代，力求指标数据的连续性与准确性。

5.2 评价指标体系的构建

5.2.1 海洋经济高质量发展的指标体系构建

海洋经济高质量发展水平的测度是一项全面且复杂的系统工程（丁黎黎 等，2021），它涉及经济、资源、环境、社会等众多领域的内容。为此，在构建海洋经济高质量发展评价指标体系时，需充分考虑其多个维度的内涵与特征，并从各个视角研究指标体系与统计方法。现有我国关于海洋经济高质量发展的研究，多为山东、广东、浙江等沿海省份的相关专家学者根据各自省份海洋经济发展的实际需要而展开的（付秀梅 等，2022；鲁亚运 等，2019），有学者从“对象—理念—层次”三个评价维度（丁黎黎 等，2021），或从“海洋经济、产业结构、科技创新、海洋环境、综合管理能力”五个方面（程曼曼 等，2021）构建海洋经济高质量发展评价指标体系，并进一步对高质量发展进行综合测评与分析。由于我国对海洋经济高质量发展的维度界定尚未形成统一的标准，因而在现有的研究中，学者们所构建的评价指标维度也各不相同，所选取的细化指标也多种多样，导致有些指标的代表性不强，无法科学地反映与海洋经济相关的高质量发展情况。基于导向性、科学性、系统性、可操作性和代表性等原则，依据新发展理念选取更能准确地反映福建省海洋创新、协调、绿色、开放、共享情况的指标，本书创新性地构建具有福建特色的海洋经济高质量发展评价指标体系，以便为高质量发展提供科学的思想指引和评价依据。在评价指标体系中，包含了 13 个二级指标和 32 个三级指标，具体情况见表 5-1。

表 5-1 海洋经济高质量发展评价指标体系

一级指标	二级指标	三级指标	衡量方法	指标属性
创新	创新投入	创新人才投入强度	海洋科研从业人员数	正向
		海洋科研经费投入强度	海洋R&D经费内部支出/海洋产业生产总值	正向
		海洋科研机构数量	海洋科研机构数量	正向
	创新产出	海洋专利授权数	海洋科研机构专利授权数	正向
		海洋科研教育管理服务业增加值占比	海洋科研教育管理服务业增加值/海洋及相关产业增加值	正向
		海洋研究与开发机构R&D课题数	海洋研究与开发机构R&D课题数	正向
	创新绩效	海洋劳动生产率	海洋产业生产总值/海洋从业人数	正向
协调	区域发展协调	沿海地区生产总值占全省生产总值的比重	沿海六市生产总值/全省生产总值	正向
		闽西南与闽东北沿海地区协调度	(厦门、漳州、泉州生产总值之和/福州、莆田、宁德生产总值之和)−1	逆向
	产业结构协调	海洋第二、第三产业占GDP比重	(海洋第二产业生产总值+海洋第三产业生产总值)/地区生产总值	正向
		海洋第三产业产值增长率	(本年海洋第三产业生产总值−上年海洋第三产业生产总值)/上年海洋第三产业生产总值	正向
	运行协调	失业率	城镇登记失业率	逆向
		通货膨胀率	居民消费价格指数	逆向

续表

一级指标	二级指标	三级指标	衡量方法	指标属性
绿色	环境污染	渔业病害和污染经济损失占水产品经济总损失的比重	(病害经济损失＋污染经济损失)/水产品经济总损失	逆向
		单位海洋产业生产总值废水排放量	废水排放总量/海洋产业生产总值	逆向
		是否发生赤潮	是否发生赤潮	逆向
	环境治理	海洋类型保护区建设情况	海洋类型自然保护区数量	正向
		湿地面积占辖区面积比重	湿地面积/辖区面积	正向
		海滨观测台数量	海滨观测台数量	正向
		沿海工业用水重复利用率	沿海工业用水重复利用率	正向
开放	贸易往来	港口货物吞吐量	港口货物吞吐量	正向
		进出口总额	进出口总额	正向
		海洋货物周转量	海洋货物周转量	正向
	跨境旅游	入境过夜游客人均天花费	入境过夜游客人均天花费	正向
		入境游客人数	入境游客人数	正向
		沿海地区国际旅游外汇收入	沿海六市国际旅游外汇收入之和	正向
共享	经济共享	城乡居民收入差距	城镇居民人均可支配收入/农村居民人均可支配收入	逆向
		城乡居民消费差距	城镇居民人均消费支出/农村居民人均消费支出	逆向
	教育共享	开设海洋专业的高校(机构)数量	开设海洋专业高校(机构)数量	正向
		海洋专业的在校学生数	海洋专业的在校学生数	正向
	社会共享	海洋公园面积	国家级海洋公园面积	正向
		沿海地区卫生机构数量	卫生机构数量	正向

在三级指标中，由于2021年的“海洋科研教育管理服务业增加值占比”在统计年鉴中并未直接提供，该数据用“海洋科研教育与海洋公共管理服务

之和占海洋及相关产业增加值的比重”近似代替。同理,2016 年、2017 年的“海洋类型保护区建设情况”用“海洋与海岸自然生态系统、海洋自然遗迹和非生物资源、海洋生物物种和其他”四项加总进行估算;2010—2021 年“海洋专业的在校学生数”,采用“各海洋专业博士在校生、硕士在校生、普通高等教育本科在校学生、普通高等教育专科在校学生”四项加总进行估算。此外,因受新冠疫情冲击的影响,2020 年和 2021 年的年鉴中并未披露“入境过夜游客人均天花费”这一数据,以 2010—2019 年的数据平均值近似代替。

(1)创新发展

当经济上升发展到一个稳定阶段并构成一定的生产积累时,创新将成为新的发展动力,在实现海洋经济高质量发展的过程中,应不断提高创新水平。创新投入作为提高创新能力的关键环节,将直接关系到海洋经济发展的质量。本书选取创新人才投入强度指标,以反映海洋创新的人才投入情况,并选取海洋科研经费投入强度和海洋科研机构数量两个指标,以反映海洋创新的资金投入情况。此外,创新产出和创新绩效作为创新能力的重要体现,本书选取海洋专利授权数、海洋科研教育管理服务业增加值占比、海洋研究与开发机构 R&D 课题数和海洋劳动生产率进行衡量。

(2)协调发展

为落实党的十九大确定的区域协同发展战略,促进现代化经济体系建设,2018 年福建省提出“加快闽东北和闽西南两大协同发展区建设”,因此本书引入“闽西南与闽东北沿海地区协调度”指标,并选取福建省六个沿海城市生产总值占全省生产总值的比重反映福建区域协调发展情况。根据社会再生产理论,粗放式增长只能带来短期的利益,只有集约型的增长才是可持续的。同样地,在海洋经济发展方面,粗放式增长只能带来短期的利益,并不利于海洋经济的长期可持续发展。此外,随着我国经济发展方式从要素投入驱动的速度型向创新驱动的高质量发展类型转变,各级政府不断深入推进供给侧结构性改革，不断优化产业结构。海洋产业结构反映了海洋经济在质的方面的增长特征，沿海地区也基本形成了“三二一”海洋产业格局，本书采用海洋第二、第三产业占 GDP 比重、海洋第三产业产值增长率来反映海洋产业结构的协调情况。同时，采用失业率和通货膨胀率两个指标来反映运行的协调情况。

(3)绿色发展

作为海洋经济高质量发展必须坚守的“红线”，习近平总书记强调要高度重视海洋生态文明建设，要持续加强海洋环境污染防治，努力保护海洋生物多样性，以实现海洋资源有序开发利用。海洋环境污染情况和治理情况是影响海洋绿色发展的重要因素，在海洋强国战略背景下对海洋经济的高质量发展具有显著影响。因此，本书选取渔业病害和污染经济损失占水产品经济总损失的比重、单位海洋产业生产总值废水排放量和是否发生赤潮三个指标来反映海洋环境污染情况，选取海洋类型保护区建设情况、湿地面积占辖区面积比重、海滨观测台数量和沿海工业用水重复利用率四个指标反映海洋环境治理情况。

(4)开放发展

随着经济全球化的不断发展，扩大对外开放规模是建设海洋强国的内在要求，是推动海洋经济高质量发展的重要力量，也是汲取经济发展新动能的重要引擎(程曼曼 等，2021)。为了进一步加快建设海洋强国，应充分利用沿海的地理优势，不断加强对外合作交流，提高港口的外向型经济发展水平，加快旅游业发展，提高创汇能力。因此，本书采用港口货物吞吐量(王银银，2021；鲁亚运，2019)、进出口总额和海洋货物周转量(丁黎黎 等，2021)三个指标观察福建省贸易往来情况，并采用入境过夜游客人均天花费、入境游客人数和沿海地区国际旅游外汇收入三个指标观察福建省跨境旅游情况。

(5)共享发展

实现海洋经济高质量发展的最主要目的之一就是满足人们对美好生活

的需要，省内沿海地区人民的生活幸福指数是海洋经济高质量发展水平的有效衡量标准。共享理念体现的就是以人民为中心的发展思想。本书从经济、教育和社会三个角度反映人民对海洋发展的共享情况，以城乡居民收入差距和消费差距反映经济共享情况，以开设海洋专业的高校（机构）数量和海洋专业的在校学生数反映教育共享情况，以海洋公园面积和沿海地区卫生机构数量反映社会共享方面的情况。

5.2.2 熵值法的选取及运算过程

选取不同的经济质量评价方法会产生不同的影响。目前经常使用的评价方法主要有指数分析法、模糊综合评价分析法、灰色关联度分析法、层次分析法和熵值法等。其中，指数分析法的主观性太强，并且所采用的是平均分配的方法，并不能准确地反映各因素之间的主次关系；模糊综合评价分析法在定级处理层面存在处理相对粗糙的局限性，且其分级与排序结果往往难以直接呈现出直观的层次性与序列性，这在一定程度上限制了其在复杂评价系统中的精细度与直观性；灰色关联度分析法和层次分析法所需指标量较大，并且主观性较强。相比较而言，熵值法既能有效克服主观赋值权重的缺点，又能客观地反映指标之间的差别与变动。因此，本书选用熵值法来计算高质量发展的综合得分。

熵的概念最早来源于物理领域的热力学，后来被应用于概率论、数论、生命科学等领域，近期又被广泛应用到经济学、管理学等社会科学研究领域。熵值法是用来测量各个指标所蕴含的信息离散程度的数学方法。当某一指标的离散程度显著增大时，这一现象深刻揭示了该指标在综合评价体系中所占据的关键地位及其影响力的显著增强。简而言之，熵值法通过量化指标的离散程度，可以有效地识别出对综合评价结果具有重要影响的关键因素。熵值法的具体运算过程如下：

(1)数据无量纲化处理

该评估系统包括12个年度以及32项指标，以 m 为年，以 n 为指标，可建立初始矩阵 **A**，即 $X=X_{ij}$，其中 $i=\{0\leqslant i\leqslant 12\}$，$j=\{0\leqslant j\leqslant 32\}$，$X_{ij}$ 表示第 i 个年度第 j 项指标的测量值。在该指标体系中，各项指标 X_{ij} 的量纲和数量级不一致(张震 等，2019)，为了尽可能真实地反映其实际情况，必须对 X_{ij} 进行标准化处理，具体可运用公式(5.1)对正向指标进行无量纲化处理，而对于负向指标则可采用公式(5.2)进行无量纲化处理。

$$X'_{ij}=\frac{X_{ij}-\min(X_{1j},X_{2j},\cdots,X_{nj})}{\max(X_{1j},X_{2j},\cdots,X_{nj})-\min(X_{1j},X_{2j},\cdots,X_{nj})} \tag{5.1}$$

$$X'_{ij}=\frac{\max(X_{1j},X_{2j},\cdots,X_{nj})-X_{ij}}{\max(X_{1j},X_{2j},\cdots,X_{nj})-\min(X_{1j},X_{2j},\cdots,X_{nj})} \tag{5.2}$$

(2)计算第 j 项指标下每一年的贡献度

对数据进行无量纲化处理之后，计算第 j 项指标下第 i 年的贡献度，即第 i 年第 j 个指标与所属列之和之比 P_{ij}，获得无量纲化矩阵 $\boldsymbol{B}$，如公式(5.3)所示。

$$P_{ij}=\frac{X'_{ij}}{\sum_{i=1}^{m}X'_{ij}} \tag{5.3}$$

(3)计算评价指标的熵值 e_j

熵值数 e_j 可反映第 j 项指标的信息量，如公式(5.4)所示。

$$e_j=-\frac{1}{\ln m}\sum_{i=1}^{m}P_{ij}\ln P_{ij} \tag{5.4}$$

(4)计算信息熵的冗余度

冗余 d_j 反映了各个年份的第 j 项指标之间数据的差异，如公式(5.5)所示。

$$d_j=1-e_j \tag{5.5}$$

(5)计算评价指标的权重

$$W_j = \frac{d_j}{\sum_{j=1}^{m} d_j}, j = 1,2,3,\cdots,m \tag{5.6}$$

(6)计算样本的综合评价得分

将第 j 项指标加权 W_j 与经过无量纲化法处理的值 X 相乘,其乘积作为 X_{ij} 的评价值 F_{ij},再将第 i 年的所有 F_{ij} 值相加得到综合得分 F_i,如公式(5.7)所示。综合得分 F_i 越高,说明该年度的海洋经济发展质量越好;反之,则表明该年度的海洋经济发展质量较差。

$$F_i = \sum_{j=1}^{n} W_j X'_{ij} \tag{5.7}$$

5.3 指标权重的确定及其结果分析

根据熵值法计算福建省海洋经济高质量发展各评价指标的权重,结果见表 5-2。

表 5-2 2010—2021 年福建省海洋经济发展质量指标权重

一级指标	二级指标	三级指标	权重
创新(0.2749)	创新投入(0.1180)	创新人才投入强度	0.0313
		海洋科研经费投入强度	0.0274
		海洋科研机构数量	0.0593
	创新产出(0.1305)	海洋专利授权数	0.0525
		海洋科研教育管理服务业增加值占比	0.0270
		海洋研究与开发机构 R&D 课题数	0.0511
	创新绩效(0.0260)	海洋劳动生产率	0.0263

续表

一级指标	二级指标	三级指标	权重
协调（0.1541）	区域发展协调（0.0508）	沿海地区生产总值占全省生产总值的比重	0.0228
		闽西南与闽东北沿海地区协调度	0.0280
	产业结构协调（0.0537）	海洋第二、第三产业占 GDP 比重	0.0373
		海洋第三产业产值增长率	0.0164
	运行协调（0.0496）	失业率	0.0370
		通货膨胀率	0.0126
绿色（0.2671）	环境污染（0.1023）	渔业病害和污染经济损失占水产品经济总损失的比重	0.0223
		单位海洋产业生产总值废水排放量	0.0170
		是否发生赤潮	0.0630
	环境治理（0.1648）	海洋类型保护区建设情况	0.0733
		湿地面积占辖区面积比重	0.0336
		海滨观测台数量	0.0332
		沿海工业用水重复利用率	0.0247
开放（0.1478）	贸易往来（0.0683）	港口货物吞吐量	0.0230
		进出口总额	0.0253
		海洋货物周转量	0.0200
	跨境旅游（0.0795）	入境过夜游客人均天花费	0.0365
		入境游客人数	0.0201
		沿海地区国际旅游外汇收入	0.0229
共享（0.1561）	经济共享（0.0418）	城乡居民收入差距	0.0206
		城乡居民消费差距	0.0213
	教育共享（0.0647）	开设海洋专业的高校（机构）数量	0.0286
		海洋专业的在校学生数	0.0362
	社会共享（0.0496）	海洋公园面积	0.0177
		沿海地区卫生机构数量	0.0319

在衡量高质量发展水平的五个维度中，其中“创新”的权重值达到了0.2749，在五个维度指标中居于首位，这说明创新已成为当前推动福建省海洋经济高质量发展的第一动力。进一步观察其二级和三级指标可以发现，创新投入和创新产出的权重值均在0.1以上，说明福建省一直很重视对海洋创新研发的投入，并已取得了一定的创新成效，特别是在海洋专利授权数和海洋研究与开发机构R&D课题上，其科研产出的成果率较高。

“协调”的权重值为0.1541，其中区域发展协调、产业结构协调和运行协调的权重值在13个二级指标中处于相对较低水平，特别是海洋第三产业产值增长率和通货膨胀率，权重均在0.02以下，说明这些指标目前在促进福建省海洋经济高质量发展中尚未发挥重要的作用，近年来福建省虽然在不断地优化自身的协调水平，但未来还需进一步加强优化力度。

“绿色”的权重值为0.2671，虽次于创新指标的权重但总体相差不大，这说明科技创新与绿色转型都是促进福建省海洋经济高质量发展的关键因素，是海洋经济可持续发展的核心要素。重点观察绿色发展的二级指标可以发现，相对于环境污染，环境治理的权重相对更大，说明福建省对绿色转型给予了高度重视，且在推动绿色发展方面已经采取了一定的措施并已取得了显著的成效，从而有效地促进了福建省海洋经济的高质量发展。

“开放”的权重值为0.1478，与其他四个维度指标相比是相对较低的，除入境过夜游客人均天花费指标权重在0.03以上之外，其他指标的权重均在0.03以下，说明福建省未来还应不断加大对外开放程度，持续加强陆海经济互动合作，促进跨境旅游产业的发展，以实现福建省海洋经济的高质量发展。

“共享”的权重值为0.1561，在五个维度中居于中间位置，相较于“经济共享”和“社会共享”，福建省在教育方面的共享做得更好，开设海洋专业的高校（机构）数量和海洋专业的在校学生数对海洋经济高质量发展发挥了重要的作用，而在经济和社会共享上，其指标权重占比相对较小，这就要求福建省未来应在进一步缩小城乡居民收入和消费差距,在加强社会资源共享上给予更多的重视。

5.4 福建省海洋经济高质量发展水平的时间演变分析

5.4.1 综合水平的时间演变分析

在2010—2021年,福建省海洋经济高质量发展综合得分的具体情况见表5-3,得分趋势图见图5-1。

表5-3 2010—2021年福建省海洋经济高质量发展综合得分情况

年份/年	创新	协调	绿色	开放	共享	综合得分
2010	0.0419	0.0474	0.0551	0.0129	0.0255	0.1827
2011	0.0286	0.0481	0.0476	0.0335	0.0144	0.1721
2012	0.0517	0.0519	0.0394	0.0399	0.0312	0.2141
2013	0.0448	0.0581	0.1567	0.0521	0.0793	0.3909
2014	0.0819	0.0832	0.1044	0.0538	0.0866	0.4099
2015	0.0863	0.0905	0.1669	0.0581	0.0867	0.4886
2016	0.0901	0.0784	0.1782	0.0658	0.0911	0.5037
2017	0.1051	0.0844	0.1540	0.0830	0.0951	0.5216
2018	0.2032	0.0845	0.1491	0.1024	0.1030	0.6422
2019	0.2110	0.1083	0.1348	0.1262	0.1186	0.6990
2020	0.1866	0.0739	0.1291	0.0709	0.1245	0.5850
2021	0.2030	0.1065	0.1663	0.0799	0.1339	0.6896

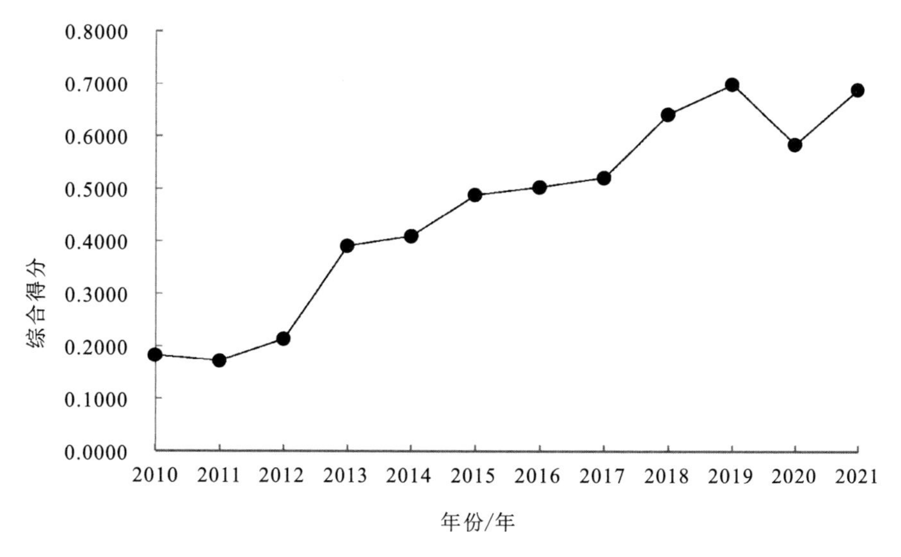

图 5-1 福建省海洋经济高质量发展综合得分趋势

从表 5-3 和图 5-1 中可以发现,2010—2021 年福建省海洋经济高质量发展综合水平得分增长迅速,虽然 2020 年略有下降至 0.5850,但 2021 年又重新回升至 0.6896,这与 2019 年达到峰值时的 0.6990 已基本持平了。同时可以看出,福建省海洋经济发展质量得分总体上呈现快速上涨的趋势,这说明福建省越来越重视海洋经济在“创新”“协调”“绿色”“开放”“共享”五大维度上的发展,并且已经在海洋经济高质量发展中取得了不小的成效。

5.4.2 各维度的时间演变分析

观察图 5-2 所显示的关于“创新”“协调”“绿色”“开放”“共享”这五个维度的变化趋势可以得知,五个维度的得分均呈现波动上涨的总体趋势。其中,“绿色”与“创新”这两个维度相对于其他维度而言,对海洋经济发展质量会产生更为重要的影响。“绿色”维度在 2010 年及 2013—2017 年对海洋经济发展质量的影响最大,而“创新”的作用在 2018—2021 年超过“绿色”,成为对海洋经济高质量发展影响最大的维度。这说明绿色是海洋经济可持续发展的关键，而创新则是推动海洋经济高质量发展的重要动力，做好绿色和创新工作，是当前促进福建省海洋经济高质量发展的有力抓手。“协调”、“开放”和“共享”这三个维度对海洋经济高质量发展体系的影响相对较小，且增速较缓，不同年份之间略有波动，但总体上也呈逐年上涨的趋势。这说明随着时间的推进和社会经济的不断发展，“创新”“协调”“绿色”“开放”“共享”这五个维度的发展并不均衡，今后福建省应进一步提高协调、开放和共享的发展水平，从而更有效地促进海洋经济实现更高质量的发展。

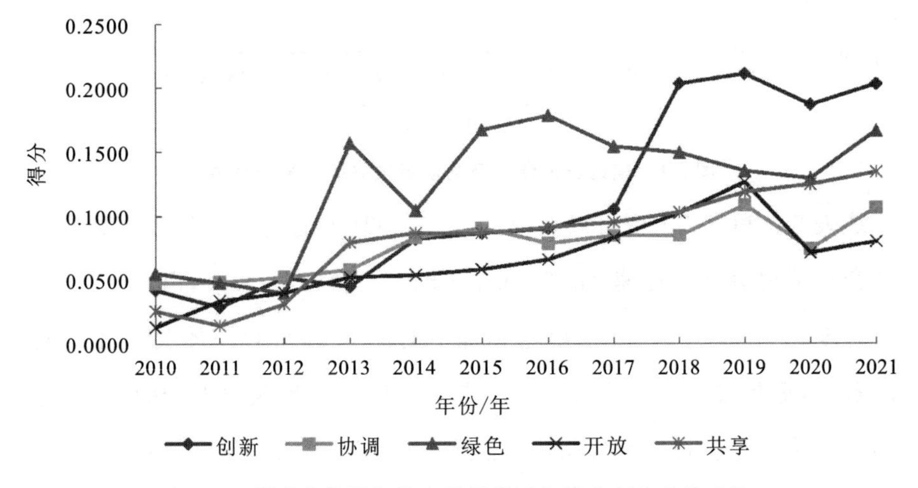

图 5-2 福建省海洋经济高质量发展各维度得分走势对比

根据图 5-3 至图 5-7 具体分析五个维度的得分情况。从图 5-3 可以发现，创新发展水平在 12 年间的增长速度较快，特别是在 2018 年发展较为迅猛，到了 2020 年虽有些许回落，但总体发展态势仍然较好。这说明福建省十分重视海洋创新发展和科技水平的提升，在创新投入、创新产出和创新绩效等方面均取得了不错的成效。

从图 5-4 可以看出，在 2010—2015 年，协调发展呈现相对平稳的增长趋势，但 2016 年开始出现回落，且从 2019 年开始出现了较大的波动。因此，未来福建省应更加重视区域协调发展、产业结构协调和运行协调发展等方面，以促进协调水平的平稳增长，进而提高海洋经济的发展水平。

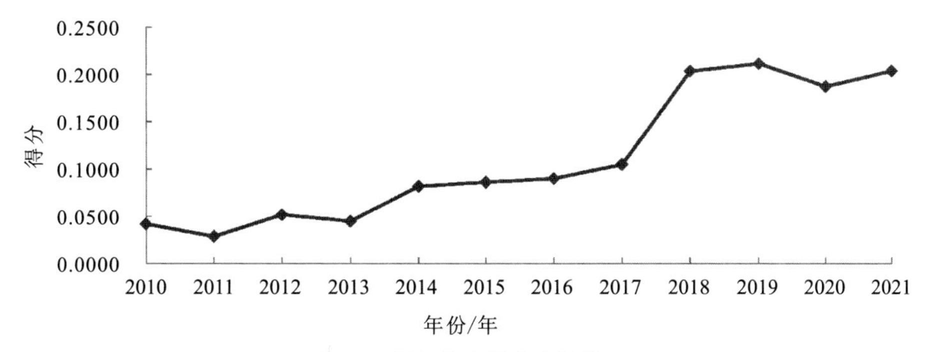

图 5-3　创新维度得分走势情况

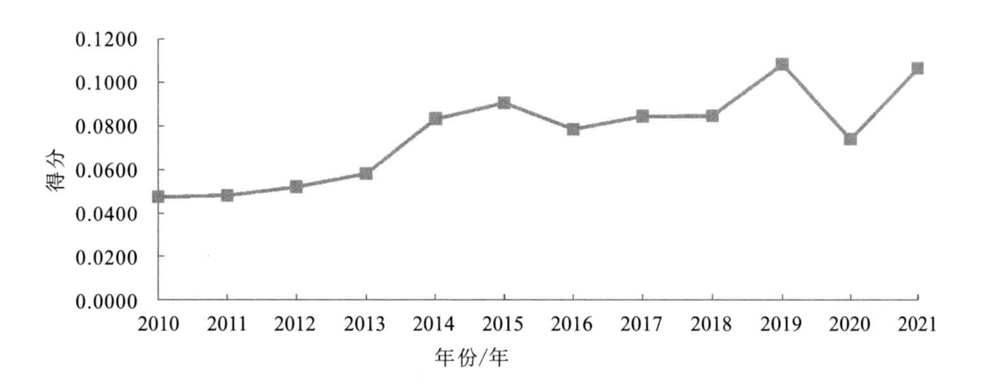

图 5-4　协调维度得分走势情况

从图 5-5 可以看出，在规定的考察期间，绿色发展水平的波动较大，在 2013 年实现快速增长后，于 2014 年出现了较大的回落，随后恢复增长，到 2016 年达到峰值之后，绿色发展步伐放缓并呈下降的趋势，到 2021 年又再度有所增长。从发展变化趋势可以看出，近年来福建省在绿色发展方面的稳定性相对不足，今后福建省应保持 2021 年的良好发展势头，持续推进环境治理等相关措施，要更加重视海洋生态环境保护，以实现海洋经济高质量发展。

从图 5-6 可以看出，开放发展水平在 2010—2019 年一直处于稳步提升的状态，但 2020 年和 2021 年出现了一定程度的回落，这可能是受到新冠疫情的影响，福建省减少了与世界上其他国家或地区之间的交流与合作。

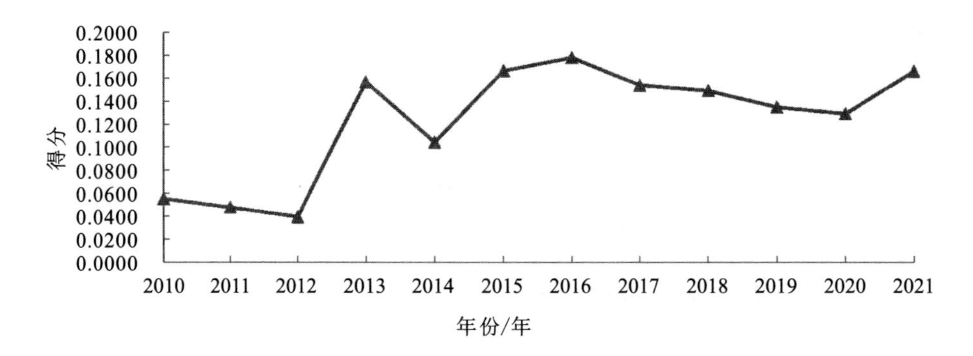

图 5-5　绿色维度得分走势情况

2023 年以来，在党中央、国务院和全国各族人民的共同努力下，我国疫情防控工作已经取得了很好的成效，未来福建省应持续加大对外开放的程度，不断增加与国外(境外)的贸易往来，并促进跨境旅游产业的发展，以实现高质量的海洋开放发展。

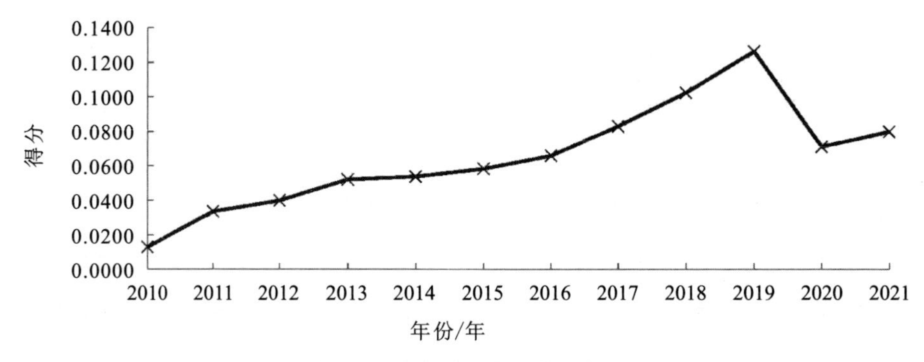

图 5-6　开放维度得分走势情况

如图 5-7 所示，2010—2019 年，共享发展水平除了在 2011 年略有下降之外，其他年份总体上呈稳步增长的态势，是实现福建省海洋经济高质量发展的重要推动力，未来福建省应继续保持良好的共享发展势头，持续提高海洋经济发展过程中的经济共享、教育共享与社会共享水平，从而进一步推进福建省海洋经济高质量发展水平。

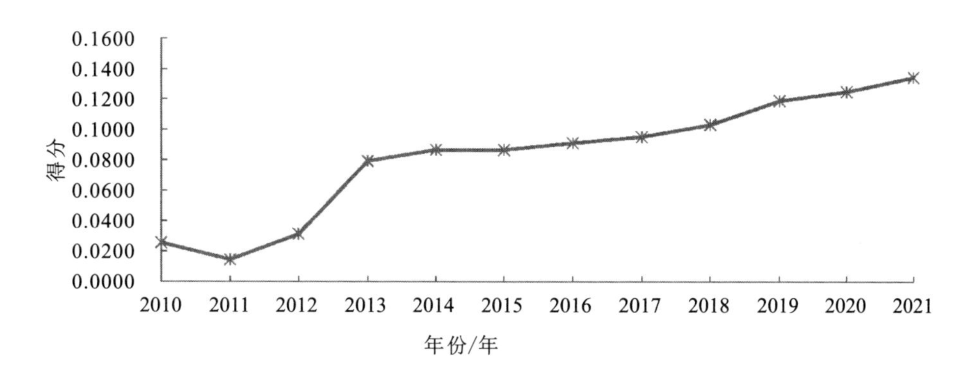

图 5-7 共享维度得分走势情况

综上所述可知，当前福建省海洋经济高质量发展正处于稳步提升阶段，但决定经济发展水平的各个维度的发展尚不够均衡。其中，创新水平为海洋经济高质量发展提供了强有力的动力源和技术保障，绿色水平是海洋经济实现高质量发展的另一关键所在，同时，协调、开放、共享水平共同推动了福建省海洋经济的高质量发展。基于此，只有针对福建省海洋经济发展过程中存在的问题对症下药、精准施策，着力实现“创新”“协调”“绿色”“开放”“共享”这五个维度的协调统一与均衡发展，才能更有效地全方位提升海洋经济发展质量。

6　新发展理念下福建省海洋经济高质量发展的影响因素分析

在前文对福建省海洋经济高质量发展评价体系构建的基础上，本章将综合运用现代计量方法，从多个维度全面探讨并揭示影响福建省迈向更高质量发展阶段的关键因素及其内在作用机制。本章的主要目的是深入探索驱动福建省海洋经济高质量发展的多元动力，为如何有效推动这一进程提供科学、精准、详尽的解释。

6.1　变量选取与数据来源

6.1.1　变量选取

本章在刘鑫(2022)、狄乾斌等(2022)以及潘常虹(2021)等相关专家学者研究的基础上，依据新发展理念下福建省海洋经济高质量发展的核心要义，分别选取了经济发展水平、对外开放程度、政府干预程度、创新水平、环境规制、劳动力水平、研发强度以及城镇化水平八个因素，并将其作为影响福建省海洋经济高质量发展的关键因素，即作为本章的主要解释变量。同时，将福建省海洋经济高质量发展水平的综合指标作为本章的核心被解释变量，以期通过深入的实证研究分析，揭示各因素与海洋经济高质量发展之间的内在联系，具体指标详见表 6-1。

表 6-1 海洋经济高质量发展的影响因素与具体指标说明

影响因素	变量	具体指标
经济发展水平	X_1	平减人均 GDP：以人均 GDP 指数做价格平减
对外开放程度	X_2	（货物进出口总额×美元对人民币汇率）/地区生产总值
政府干预程度	X_3	财政支出/地区生产总值
创新水平	X_4	发明专利申请受理量（件）取自然对数
环境规制	X_5	工业污染治理完成投资额/工业增加值
劳动力水平	X_6	就业人员数取自然对数
研发强度	X_7	R&D 经费内部支出/地区生产总值
城镇化水平	X_8	城镇人口/总人口

注：虽然这里的指标选取与福建省海洋经济高质量发展评价指标体系中的指标有所重合，但海洋经济高质量发展评价指标体系中的指标为沿海地区，是海洋领域的相关指标，而这里的指标是代表福建省总的外生变量。这也有助于解释为什么个别指标越高，而海洋经济高质量发展水平却越低的现象，因为有可能总的投入侧重方向不在海洋领域，反而挤占了海洋领域的投入，从而导致海洋经济高质量发展水平较低。

（1）经济发展水平

经济发展水平为福建省海洋经济高质量发展提供了稳定的经济基础保障。在该指标选取上，GDP（国内生产总值）代表一个国家（或地区）所有常住单位在一定时期内所有生产经营活动的最终成果，涵盖了该国或地区生产的所有商品和劳务的总价值，从而能够全面反映该国或地区的经济规模和活动总量。而平减人均 GDP 结合了人均 GDP 和 GDP 平减指数的概念，既考虑了经济活动的总体规模，又考虑了价格变动的影响。平减人均 GDP 能够更真实地反映一个国家或地区的实际经济规模和水平。由于价格水平会随时间发生变化，如果仅使用名义人均 GDP 进行比较，可能会因为价格变动而产生误导性的结论，平减人均 GDP 通过消除价格因素的影响，使得不同时间点的数据更具可比性，从而更准确地反映经济发展的实际情况。同时，平减人均GDP作为一个综合性指标，能够反映一个国家或地区的整体经济福祉。为此，它在经济学研究和政策分析中得到了广泛的应用，使用平减人均GDP衡量经济发展水平能够更真实地反映实际经济规模和发展水平，有助于更全面地衡量经济发展的质量和效益，并具有较好的可比性。基于上述分析，本章选用平减人均GDP来衡量福建省的经济发展水平。

(2)对外开放程度

对外开放程度为提升福建省海洋经济的竞争力和可持续发展水平提供了新机遇。在指标选取上，首先，货物进出口总额是一个国家或地区与世界其他国家或地区之间在一定时期内(通常为一年)商品交换的总金额。它直接反映了该国或地区参与国际贸易的活跃程度，是衡量对外开放程度的重要经济指标之一。其次，由于进出口总额通常以美元或其他国际货币为单位进行计算，为了与国内的经济指标进行比较，需要将其转换为本国货币单位。通过乘以美元对人民币的汇率，可以将进出口总额转换为以人民币计价的金额，使其与地区生产总值(通常以本国货币计价)具有可比性。再次，通过将转换后的进出口总额与地区生产总值进行比较，可以得出一个比率，这个比率反映了一个国家或地区的经济活动中有多少是与国外(或境外)进行交换的。一个较高的比例通常意味着特定的国家或地区更加开放，与外部世界的经济联系更为紧密。本章选取(货物进出口总额×美元对人民币汇率)/地区生产总值来衡量对外开放程度，该指标提供了一个量化评估对外开放程度的方法，有助于政策制定者了解福建省在全球经济中的角色和定位，从而有助于促使政策制定者制定更为合适的对外经济政策。

(3)政府干预程度

政府干预程度为福建省海洋经济高质量发展提供了重要的支持和保障。首先，财政支出是政府实现其职能、进行资源配置和调节经济活动的重要手段，财政支出规模反映了政府在一定时期内对经济的投入和支持力度。而通过比较财政支出与地区生产总值的比例，可以直观地了解政府在福建省海洋经济发展中的参与程度和影响力大小。其次，地区生产总值是衡量一个地区经济总量的重要指标，反映了该地区在一定时期内所有常住单位生产活动的最终成果。将财政支出与地区生产总值进行比较，可以消除不同地区经济规模差异的影响，使得数据更具可比性和准确性。再次，通过计算财政支出占地区生产总值的比重，可以得出一个相对指标，这个指标能够更准确地反映政府在经济活动中的干预程度。如果这个比重较高，则说明政府在福建省海洋经济高质量发展中扮演着更为重要的角色，对经济发展的宏观调控或干预程度相对更强。因此，用财政支出占地区生产总值的比重来衡量政府干预程度，有助于了解政府在经济活动中的参与程度及其所能够发挥的作用，从而能够为相关政策制定提供重要的参考或借鉴。

(4)创新水平

随着创新能力及水平的不断提升，福建省海洋经济发展将不断地涌现出新的增长点和新的发展机遇，从而有助于为海洋经济的高质量发展奠定坚实的基础。在指标选取上，首先，发明专利申请受理量不仅是衡量一个地区或组织创新活力与动力的直观指标，更是其技术实力与研发能力的直接体现。该指标是评估其创新能力与竞争力大小的重要标尺。发明专利通常涉及新颖性、创造性和实用性，其数量越多，说明技术研发和创新方面的投入和产出越高。其次，使用自然对数进行衡量可以更好地处理数据的非线性和非正态分布特性。发明专利申请受理量可能呈现指数增长或非线性变化，而自然对数可以将这种非线性关系转化为线性关系，从而使得数据分析更为科学、简便和准确。最后，通过取自然对数，还可以在一定程度上减少数据中的极端值或异常值对整体数据分析的影响，有助于提高数据的稳健性和可靠性。因此，用发明专利申请受理量(件)取自然对数来衡量创新水平，不仅可以更好地反映创新活动的实际情况，而且便于对数据进行分析与比较，有助于提高数据的准确性和可靠性。

(5)环境规制

环境规制为福建省海洋资源的可持续利用和生态系统的良性循环提供了制度保障。在指标的选取上，首先，工业污染治理完成投资额直接地反映了政府在工业污染治理方面的投入大小和努力程度，该指标能够体现政府为改善环境质量、降低工业污染所付出的实际成本，是衡量特定区域环境规制强度的一个重要方面。其次，通过将工业污染治理完成投资额与工业增加值进行对比分析，可以更准确地评估环境治理的效果和效率。工业增加值代表了特定区域工业生产的总成果，而污染治理投资额与其之比值则显示了单位工业增加值所需的环境治理成本。这一比例的高低能够反映环境治理相对于工业生产的优先级和成本效益，有助于政策制定者了解环境治理的实际状况并作出相应的调整。因此，环境规制可以用工业污染治理完成投资额与工业增加值之比来加以衡量，能够综合地反映政府在工业污染治理方面的投入、效果及经济性。

(6)劳动力水平

首先，就业人员数直接反映了劳动力的规模及参与度，是衡量一个国家或地区劳动力水平的重要指标。通过计算就业人员数，可以了解劳动力的实际利用情况，从而评估劳动力资源的充足性和有效性。其次，取自然对数可以对就业人员数进行平滑处理，使其更符合统计学的分析要求。自然对数具有一些特殊的数学性质，如可以将乘法转化为加法，从而有助于简化计算过程。同时，取对数还能在一定程度上降低数据的波动性，从而使得分析结果更为稳健。因此，劳动力水平选用就业人员数取自然对数予以衡量，能够更准确地反映出劳动力的实际利用情况，且有助于简化计算过程和解决数据的非线性和非正态分布特性所带来的影响。

(7)研发强度

首先,R&D经费内部支出是衡量特定主体在自主研发领域(基础研究、应用研究和试验发展)实际投入的资源量度,直接体现了特定企业或地区在研发方面的投入水平。这一指标涵盖了研发活动的直接支出以及间接用于研发活动的各项费用,能够较为全面地反映研发活动的经济成本,也是评估企业技术创新能力与未来发展潜力的重要依据。其次,地区生产总值是一个地区在一定时期内所有常住单位生产经营活动的最终成果,是衡量一个地区经济规模和发展水平的重要指标。通过将R&D经费内部支出与地区生产总值进行对比,可以计算出研发强度。因此,用R&D经费内部支出与地区生产总值来衡量研发强度,能够准确地反映福建省在科技创新方面的投入水平和相对重要性。

(8)城镇化水平

首先,城镇人口占总人口的比例越高,说明该地区的城镇化程度越高,即更多的人口居住在城市或城镇地区,可以享受城市化的生活方式和基础设施。其次,城镇化水平是衡量一个地区社会经济综合发展进程的关键标尺,其提升标志着地区现代化步伐的加快。城镇化水平的提高往往伴随着产业结构升级、就业机会增多、公共服务改善等方面的发展。最后,使用城镇人口与总人口之比来衡量城镇化水平具有简单明了、易于理解和方便计算等方面的特点。该指标可以直观地反映出一个地区的城镇化进程。因此,城镇化水平用城镇人口与总人口之比来衡量,既能够直接反映人口在城乡之间的分布状况,又是衡量社会经济发展程度的重要指标,同时还具有简单明了、易于理解和计算方便等特点。

6.1.2 数据来源

本章采用的指标数据均来源于相关的权威统计资料,时间跨度自2010年至2021年,具体涵盖了《中国统计年鉴》《福建省统计年鉴》《中国环境统计年鉴》等相关的年鉴，并结合福建省国民经济和社会发展统计公报，既确保了指标数据的准确性和可靠性，也为本章对福建省海洋经济发展的深入研究提供了强有力的数据支撑与参考依据。

6.2　主要影响因素的统计分析

根据表 6-2 所呈现的数据可以看出，2010—2019 年，福建省经济发展呈现出持续上涨的发展态势，并于 2019 年达到峰值，之后在 2020 年略有回落。在纳入考察的 12 年间，福建省经济发展水平的平均值为 15288.917，显示出福建省经济发展处在稳健增长的阶段和水平。与此同时，2010—2021 年，福建省对外开放程度呈现出波动下降的趋势。其中，2011 年的对外开放程度达到最高点，而到 2019 年则降至最低点，平均值为 0.412，这表明福建省在对外贸易和合作共享方面仍存在一定的波动性。

表 6-2　海洋经济高质量发展影响因素的统计分析

年份/年	X_1	X_2	X_3	X_4	X_5	X_6	X_7	X_8
2010	13659.700	0.500	0.115	8.540	0.002	0.012	7.656	0.571
2011	14488.100	0.528	0.125	8.839	0.002	0.013	7.688	0.581
2012	14602.000	0.500	0.132	9.047	0.003	0.014	7.697	0.593
2013	14602.000	0.480	0.140	9.199	0.004	0.014	7.701	0.608
2014	14610.300	0.453	0.137	9.436	0.004	0.015	7.705	0.620
2015	14485.800	0.405	0.154	9.779	0.004	0.015	7.721	0.632
2016	14811.700	0.362	0.148	10.205	0.002	0.016	7.718	0.644
2017	15305.200	0.359	0.146	10.183	0.001	0.017	7.712	0.658
2018	15724.500	0.346	0.135	10.525	0.001	0.018	7.706	0.670

续表

年份/年	X_1	X_2	X_3	X_4	X_5	X_6	X_7	X_8
2019	17313.300	0.314	0.120	10.310	0.001	0.018	7.701	0.679
2020	16682.700	0.320	0.119	10.402	0.001	0.019	7.699	0.688
2021	17181.700	0.377	0.107	10.345	0.001	0.020	7.695	0.697
平均值	15288.917	0.412	0.132	9.734	0.002	0.016	7.700	0.637

注：X_1 表示经济发展水平，X_2 表示对外开放程度，X_3 表示政府干预程度，X_4 表示创新水平，X_5 表示环境规制水平，X_6 表示劳动力水平，X_7 表示研发强度，X_8 表示城镇化水平。

在政府干预程度方面，福建省的政府干预在 2015 年达到最高点，而到 2021 年则降至最低点，为 0.107。究其原因，可能反映了地方政府在经济领域的策略调整，以及对市场机制的逐步释放。在创新水平方面，福建省在 2010 年至 2018 年期间呈现出稳步上升的趋势，2018 年达到最高点。这显示了福建省在科技创新和研发方面的持续投入及其具体成效。环境规制水平方面，福建省在 2012—2015 年保持在较高水平，表明其在环境保护和治理方面做出了积极努力。

此外，福建省的劳动力水平在考察期间呈现稳定上升趋势，为经济发展提供了有力的人力支撑。研发强度水平则呈现出倒 U 形趋势，在 2015 年达到峰值后有所回落，但整体水平仍高于 2010 年，这充分说明福建省在科技创新投入方面的持续性。而福建省的城镇化水平在 2010—2021 年呈现稳定增长的态势，这有助于推动海洋经济的高质量发展。

综上可知，2010 年至 2021 年期间，福建省的经济发展水平、对外开放程度、政府干预程度、创新水平、环境规制、劳动力水平、研发强度以及城镇化水平，其平均值均较 2010 年有所提升，在整体上呈现出稳步上升的态势。

6.3 福建省海洋经济高质量发展影响因素的模型构建

为探究各影响因素对福建省海洋经济高质量发展的影响情况，并避免各变量之间的多重共线性干扰，本章构建如下模型：

$$\text{Quality}=\beta_0+\beta_n X_n+\varepsilon \tag{6.1}$$

式中，β_0 为常数项，β_n 为模型待估计系数，Quality 表示福建省海洋经济高质量发展水平，X_n 表示影响福建省海洋经济高质量发展的因素，ε 为随机扰动项。

6.4 实证分析结果

本章使用 STATA 16.0 软件，选用 2010—2021 年福建省时间序列数据来深入探究经济发展水平、对外开放程度、政府干预程度、创新水平、环境规制、劳动力水平、研发强度、城镇化水平等指标对福建省海洋经济高质量发展的影响。为了方便单位统一，消除量纲、变量自身变异和数字大小的影响，从而更有利于比较不同变量之间的相对作用，以更好地解释各影响变量的经济意义，本章对各个影响因素均进行标准化处理，具体的回归结果见表 6-3。

表 6-3 影响海洋经济高质量发展的基础回归分析

Quality	Coef.	Std. Err.	t	$P>\|t\|$	[95% Conf. Interval]	
					下限	上限
X_1	0.158	0.023	7.02	0.000	0.108	0.209
X_2	−0.175	0.019	−9.07	0.000	−0.218	−0.132
X_3	−0.010	0.056	−0.18	0.864	−0.135	0.115
X_4	0.179	0.018	10.01	0.000	0.139	0.219
X_5	−0.090	0.038	−2.38	0.038	−0.175	−0.006
X_6	0.175	0.022	8.09	0.000	0.127	0.223
X_7	0.099	0.023	4.25	0.002	0.047	0.151
X_8	0.182	0.016	11.08	0.000	0.146	0.219

从表 6-3 可知，经济发展水平对福建省海洋经济高质量发展具有正向的促进作用，且在 1%的水平上显著。边际系数为 0.158，即提高一个单位的经济发展水平，能够对福建省海洋经济高质量发展起到 0.158 个单位的促进作用。这也说明了经济发展水平较高的地区，往往有更多的资本投入海洋经济领域，从而推动当地海洋经济的稳健发展。首先，强大的经济实力为海洋经济提供了充足的资金来源。随着福建省整体经济发展水平的不断提升，就有更多的资金得以投入相关的海洋产业发展中去，用以重点支持海洋研发、技术创新、基础设施建设以及人才培养等方面的发展。其次，经济发展的溢出效应推动了海洋经济产业链的不断完善。当前，福建省的制造业和服务业等相关行业发展迅速，为海洋经济发展提供了广阔的市场需求，极大地推动了海洋经济产业链的拓展和延伸。同时，福建省在经济发展过程中逐步积累的丰富经验，比如港口建设、航运物流、海洋旅游等方面，也为海洋经济发展提供了有力的支撑和保障。另外，福建省的海洋生物资源、矿产资源以及海洋能源等方面的资源均十分丰富，这些资源的开发利用为海洋经济的高质量发展提供了坚实的基础。由此可见，经济发展水平是福建省

海洋经济高质量发展的重要推动因素。因而，可以依托福建省较高的经济发展水平，通过不断加大对海洋经济发展的资金投入、优化产业结构、吸引人才和技术创新、加强基础设施建设和完善公共服务体系等措施，以进一步推动福建省海洋经济高质量发展。

对外开放程度在考察期对福建省海洋经济高质量发展具有负向作用，且在1%的水平上显著。边际系数为－0.175，即提高一个单位的对外开放程度，能够对福建省海洋经济高质量发展起到0.175个单位的抑制作用。可能的原因有以下五个方面：第一，在全球化的背景下，福建省的海洋经济在对外开放过程中可能面临来自其他国家和地区的激烈竞争，可能导致市场份额下降、利润空间缩小，进而对当地的海洋经济的高质量发展产生负向影响。第二，对外开放可能导致海洋资源、人才资源等优质资源流失。同时，如果福建省在海洋产业的技术创新方面过度依赖外部引进而缺乏自主研发能力，那么一旦外部技术供应中断或技术更新滞后，就可能对海洋经济的高质量发展产生负面影响。第三，随着对外开放程度的提高，福建省的海洋经济发展可能面临着更大的环境压力。一些外部投资者可能为了降低成本而采用高污染、高能耗的生产经营方式，这将对海洋生态环境造成破坏，进而制约福建省海洋经济的高质量发展。第四，在对外开放过程中，福建省可能面临政策调整滞后的风险。如果政策调整无法及时地跟上国际市场的变化，或者政策制定过程中缺乏前瞻性和预见性，就可能对海洋经济的高质量发展产生负向影响。第五，国际市场的经济波动可能对福建省的海洋经济发展产生传导效应。一旦国际市场出现经济下滑或贸易保护主义抬头等不利情况，福建省的海洋经济发展就可能受到冲击，进而对海洋经济的高质量发展产生负面影响。因此，为了降低对外开放对福建省海洋经济高质量发展可能带来的负向影响，今后福建省需要制定更加科学合理的对外开放策略，稳步加强与国际市场的合作与交流，并在对外开放的同时提高自主创新能力，加强对海洋生态环境的保护，持续加强风险管理，以及不断加强政策制定的前瞻性和预见性，从而将负向作用降至最低并力争形成正向的促进作用。

政府干预程度未能显著促进福建省海洋经济高质量发展水平。可能的原因在于：第一，政府制定的政策可能未能充分地考虑到海洋经济的特性和需求，从而导致政策效果不显著。同时，政策执行过程中可能存在偏差或执行不力的情况，使得政策无法达到预期的效果。第二，在海洋经济领域，市场机制的作用可能更为重要。如果政府干预过度，可能会限制市场机制的发挥，导致资源配置效率降低，进而影响海洋经济的高质量发展。例如，过多的行政审批和干预可能会抑制市场的活力和各方主体的创新动力，导致资源配置效率低下和市场失灵。同时，政府干预也可能引发寻租和腐败等问题，从而损害市场公平和竞争秩序。因此，政府在干预海洋经济发展的过程中，需要把握好干预的程度和方式，既要充分发挥政府的引导和调控作用，又要尊重市场规律，激发市场主体的活力和创新力。要通过采取科学的规划、适时的政策引导和有效的公共服务等方式，以推动福建省海洋经济实现高质量发展。

创新水平对福建省海洋经济高质量发展具有正向的促进作用，且在1%的水平上显著。边际系数为0.179，即提高一个单位的创新水平，能够对福建省海洋经济高质量发展起到0.179个单位的促进作用，说明了创新是驱动海洋经济高质量发展的核心动力。首先，在海洋资源开发利用、海洋生态环境保护、海洋工程装备制造等海洋科技领域，持续的创新能够带来技术突破和产业升级，从而推动海洋经济向更高质量发展。例如，新型海洋能源技术的研发和应用，可以提高能源利用效率，降低碳排放，从而为海洋经济的可持续发展提供有力支撑。其次，创新有助于提升福建省海洋经济的竞争力。通过引进和培育高端创新人才，加强海洋科技创新体系建设，福建省可以形成一批具有自主知识产权和核心竞争力的海洋科技企业和产品，以提高在国内外市场的份额和影响力。再次，创新还有助于促进海洋经济与其他产业的融合发展,形成新的经济增长点,为福建省的经济发展注入新的活力。最后,创新还能够推动福建省海洋经济实现绿色发展。特别是随着全球对环保和可持续发展的重视程度不断提高,海洋经济也需要向绿色、低碳、环保方向发展。通过创新,可以开发和应用更加环保的海洋资源开发技术,减少对生态环境的影响,以实现经济效益与环境效益的双赢。当然,创新水平的提升并非一蹴而就,需要政府、企业和社会各方的共同努力。因此,政府应不断加大对海洋科技创新的支持力度,逐步完善相关的政策法规,努力营造良好的创新环境;企业应加强自主研发和自身创新能力建设,积极参与国际合作与竞争;社会各方主体应加强对海洋科技创新的宣传和推广,努力提高公众对发展海洋经济的认知和参与度。

环境规制对福建省海洋经济高质量发展具有负向促进作用,且在5%的水平上显著。边际系数为-0.090,即每提升一个单位的环境规制水平,可能对福建省海洋经济高质量发展起到0.090个单位的抑制作用。究其原因主要有:第一,环境规制可能导致海洋生产经营主体为了满足环保要求而增加直接或间接投资,如更新设备、采用新技术、改进生产流程等,或者直接增加污染治理投资。而这些额外的投入成本可能降低企业的盈利能力,特别是在短期内,甚至可能导致一些企业退出市场,从而影响到整个海洋经济的发展。同时,环境规制的实施需要政府投入大量的人力、物力和财力,如果政府资源有限,可能会影响海洋经济高质量发展的进程。第二,如果福建省的海洋产业面临严格的环境规制,而其他地区的环境规制相对宽松,那么福建省的海洋产业可能会失去竞争力。企业可能会选择转移到环境规制相对更宽松的地区,导致本地区海洋资本流出和海洋产业的萎缩。而且环境规制的效果可能受到政策制定和执行的影响,如果政策制定不合理或执行不力,可能会导致环境规制无法达到预期的效果,甚至产生负面效应。第三,如果环境规制导致产品价格上涨或供应减少,可能会影响到消费者的购买意愿和市场需求。这将直接影响海洋产业的市场规模和盈利能力,从而影响到整个海洋经济的高质量发展。因此，福建省在制定涉海的环境规制时，应综合考虑环境规制与海洋经济高质量发展之间的关系，即努力制定合理可行的环境规制政策，以确保环境规制既能满足环保要求，又能促进海洋经济的高质量发展。同时，政府还需要加强监管和执法力度，通过政策激励与约束的双重作用，引导企业走向技术创新与绿色生产的可持续发展道路，促使企业在追求经济效益的同时，主动地承担起生态环保的社会责任。

劳动力水平对福建省海洋经济高质量发展具有正向影响作用，且在1%的水平上显著。边际系数为0.175，即提高一个单位的劳动力水平，能够对福建省海洋经济高质量发展起到0.175个单位的促进作用。该回归结果说明，当劳动力水平提高时，会有更多具备专业技能、创新意识和实践能力的高素质人才参与到海洋经济建设之中。这些人才能够为海洋经济的高质量发展提供强大的智力支持和动力源泉。随着劳动力水平的不断提升，福建省的海洋经济发展能够更快地实现向高科技、高附加值的方向转型升级，有助于提高整体产业的竞争力和附加值。同时，劳动力水平的提升也意味着科技创新能力的提升。这些具备专业知识和技能的劳动力能够更快地掌握新技术、新工艺，从而更好地推动海洋产业的技术创新和进步，为高质量发展提供坚实的技术支撑。从以上的分析可知，劳动力水平对福建省海洋经济高质量发展具有正向影响作用，提升劳动力水平是推动海洋经济高质量发展的重要途径之一。为此，福建省应该继续加强涉海人才的培养和引进力度，不断提高劳动力素质，为海洋经济的高质量发展提供有力的人才保障。

研发强度对福建省海洋经济高质量发展具有正向影响作用，且在1%的水平上显著。边际系数为0.099，即每提高一个单位的研发强度，能够对福建省海洋经济高质量发展起到0.099个单位的促进作用。研发强度的提升体现了福建省在海洋经济领域对技术创新的重视和投入，其能够有效地提升海洋产业的附加值、降低生产成本、提高生产效率，从而增强海洋经济的竞争力和可持续发展能力。研发强度的提升也意味着福建省在海洋经济领域吸引了更多的研发人才。这些技术型人才具备丰富的专业知识和实践经验,能够为海洋经济的高质量发展提供智力支持和创新动力。他们的参与将推动海洋产业的技术进步和产业升级。而通过提升研发强度,福建省的海洋产业将形成更加完善的产业链,推动产业链的上下游企业加强合作,形成更加紧密的协作关系。这将有助于降低交易成本、提高资源利用效率,并推动整个产业链的优化和升级。此外,研发强度的提升将有助于增强福建省海洋产业的市场竞争力,这将使福建省的海洋产业在激烈的市场竞争中占据有利地位,赢得更多的市场份额和利润空间。由此可知,研发强度对福建省海洋经济高质量发展具有正向影响作用,福建省应该继续加大在海洋经济领域的研发投入,努力提升研发强度,以更好地推动海洋技术进步和产业升级,从而实现海洋经济的高质量发展。

城镇化水平对福建省海洋经济高质量发展具有正向的促进作用,且在1%的水平上显著。边际系数为0.182,即提高一个单位的城镇化水平,能够对福建省海洋经济高质量发展起到0.182个单位的促进作用,说明城镇化进程促进了人口和产业的集聚,为海洋经济提供了更广阔的市场空间和发展机遇。第一,随着城镇化水平的不断提高,城市人口规模不断扩大,消费需求和消费能力也在稳步提升,这为海洋产品和海洋服务提供了更大的销售市场和需求空间。第二,城镇化还推动了海洋旅游业、海洋交通运输业等相关产业的发展,从而促进了海洋经济的繁荣。第三,城镇化水平的提高有助于优化资源配置和提升生产效率。如城市基础设施的完善和产业结构的持续优化,有助于海洋经济相关产业更好地利用城市资源,从而实现规模化、集约化经营,增强涉海相关企业的市场竞争力。第四,城镇化水平的提高还有助于推动海洋科技创新和人才培养。特别是随着城市科研机构和高等教育资源的集聚,海洋经济领域能够吸引更多的科研人才和创新资源,推动海洋科技的进步和应用。第五,城镇化还促进了教育水平的提高和人口素质的提升，有助于为海洋经济的高质量发展提供有力的人才支撑。综合而言，城镇化水平对福建省海洋经济高质量发展具有正向的促进作用。然而，当前城镇化水平对海洋经济高质量发展的影响也面临着一些问题与挑战。如在城镇化的进程中，海洋生态环境的保护和可持续利用问题日益突出，需要采取有效的措施加以解决。此外，随着城市人口的不断增加和涉海相关产业的发展，海洋资源的供需矛盾也可能进一步加剧，需要加强海洋资源的合理开发和利用。因此，在推动福建省海洋经济高质量发展的过程中，应充分考虑城镇化水平的影响，并注意加强城市规划和管理，优化城市空间布局和产业结构，以促进海洋经济与城市经济的协调发展。还应注重海洋生态环境的保护和可持续利用，从而推动海洋经济的绿色发展和可持续发展。

综上所述，经济发展水平、对外开放程度、创新水平、环境规制、劳动力水平、研发强度、城镇化水平这七个方面是影响福建省海洋经济高质量发展的重要因素。其中，经济发展水平、创新水平、劳动力水平、研发强度和城镇化水平这五个要素对福建省海洋经济高质量发展具有正向的影响。而对外开放程度、政府干预程度和环境规制对福建省海洋经济高质量发展具有负向影响。在正向的影响因素中，其中创新水平和城镇化水平对福建省海洋经济高质量发展的影响效果最为突出，说明科技创新和人口聚集与人才汇聚是推动海洋经济高质量发展与发展模式转型的关键因素。同时，科技创新是海洋经济高质量发展的关键动力。福建省应不断加大海洋科技创新投入，推动海洋科技研发和成果转化。此外，还应当注重经济发展水平、对外开放程度、政府干预程度、创新水平、环境规制、劳动力水平、研发强度和城镇化水平这八个方面的协调发展，即应该将这些影响因素协同起来加以考虑，共同助力福建省在海洋经济发展领域取得更大的竞争优势，从而实现海洋经济的高质量发展。

6.5 稳健性检验

为了判断模型结果的可靠性，本章将福建省海洋经济高质量发展水平划分为低、中、较高、高四个不同的层级，并进一步对模型进行稳健性检验，也就是将各影响因素作为解释变量，以福建省海洋经济高质量发展水平作为被解释变量，按照高质量发展水平的高低，分别对低、中、较高、高水平的地区赋值1、2、3、4。构建OLS回归模型来分析福建省海洋经济高质量发展水平的影响因素，其稳健性检验结果见表6-4。从实际的稳健性检验结果发现，变量的回归系数方向和显著性水平与前文的分析结果基本一致，从而进一步证实了本章的实证分析结果是有效且可靠的。

表6-4 稳健性检验结果

Quality	Coef.	Std. Err.	t	$P>\|t\|$	[95% Conf. Interval]	
					下限	上限
X_1	0.980	0.129	7.60	0.000	0.693	1.268
X_2	−1.053	0.134	−7.87	0.000	−1.351	−0.755
X_3	−0.151	0.334	−0.45	0.662	−0.895	0.594
X_4	1.092	0.125	8.75	0.000	0.814	1.370
X_5	−0.717	0.204	−3.52	0.006	−1.172	−0.263
X_6	1.071	0.147	7.27	0.000	0.743	1.400
X_7	0.502	0.187	2.69	0.023	0.086	0.918
X_8	1.098	0.128	8.58	0.000	0.813	1.382

7 国内外主要沿海地区海洋经济高质量发展的经验及启示

为了加速推动福建省海洋经济迈向高质量发展的新阶段，本章分别深入剖析了国内沿海山东、广东和浙江等海洋强省，以及国外的日本、美国和挪威等具有代表性国家的沿海地区，通过系统性地搜集整理和归纳总结这些国内海洋强省和国外海洋强国的沿海区域在海洋经济发展历程、关键策略和创新模式等方面的典型做法，为福建省海洋经济的转型升级与高质量发展提供可借鉴的经验与启示。

7.1 国内主要沿海省份海洋经济高质量发展的经验

7.1.1 山东经验

山东省位于黄河入海口和山东半岛，东望浩瀚的黄海与渤海，与日本、韩国等国家仅一海相隔。山东省是我国的海洋大省和海洋强省，2023 年海洋产业生产总值达到了 1.7 万亿元，同比增长 6.2%，稳居全国前列，彰显出其强劲的增长韧性与蓬勃的发展活力，[①]为进一步深化海洋强省战略，山东省精准布局了五大核心领域，为该省海洋经济发展注入了强劲动力，更全面提升了当地涉海服务的品质与效率。当前山东省正以更加开放的姿态、更加创新的思维、更加务实的行动，奋力书写海洋经济高质量发展的壮丽篇章，向着建设世界一流的海洋强省目标阔步前行。

(1)构筑全球领先的港口集群，畅通国际物流黄金大动脉

一是精心筹划港口布局，领航全国航运版图。凭借卓越的海岸线资源以及长远的战略眼光，山东省精心布局沿海港口集群，以大型泊位集群化、货物吞吐高效化为核心，铸就了全国乃至全球瞩目的港口强省地位。2023年1—11月，山东省沿海港口吞吐量累计完成183005万吨，同比增长4.9%。其中，外贸吞吐量完成95414万吨，同比增长5.0 %；集装箱吞吐量完成3825万TEU，同比增长10.1%。[②]

二是强化港口服务能力，构建沿黄陆海联运新体系。近年来，山东省不断提升港口服务效能，致力于构建覆盖广泛、高效便捷的港口服务体系。通过完善港口基础设施，提升航运综合服务能力，积极与沿黄流域省份携手合作，共同打造沿黄陆海大通道，促进了区域经济的深度融合与发展。与此同时，山东省还加速推进东北亚国际航运枢纽中心建设，以强大的港口服务网络为依托，助力我国货物通达全球，为国际贸易开辟新的快捷通道。

三是智慧绿色引领，创新驱动港口转型升级。近年来，山东省积极响应国家生态文明建设号召，将绿色智慧的理念深度融入港口建设之中。通过广泛应用“5G+物联网”等前沿技术，全省港口智慧化水平显著提升，目前已成功获批交通运输部首个“智慧港口建设试点”，为港口行业的智能化转型树立了典范。同时，山东省还大力推进港口绿色化改造，青岛前湾港区更是

① 数据来源：http://fgw.shandong.gov.cn/art/2024/5/9/art_104926_10435850.html。

② 数据来源：https://jtt.shandong.gov.cn/art/2024/1/15/art_100464_10317466.html?xxgkhide=1。

走在了智慧绿色港口建设的前沿，其加氢站作为全国港口首例，成功建成并投入全牌照运营，标志着山东省在氢能利用及港口清洁能源应用方面迈出了坚实步伐，为全球港口绿色发展贡献了“山东方案”。

(2)构筑立体多元的现代海洋产业新生态，引领海洋经济破浪前行

一是强化传统优势领域，持续打造海洋产业“金色名片”。山东省深耕海洋渔业、海洋运输、海洋化工等传统优势领域，通过技术创新与产业链整合，不断巩固并提升产业竞争力。海洋渔业方面，山东省实施“蓝色粮仓”战略，推动渔业资源可持续利用，不断提高水产品加工附加值，形成了一批具有国际影响力的渔业品牌。海洋运输业依托其庞大的港口集群优势，不断拓展国际航线网络，货物吞吐量与集装箱量持续领跑全国。海洋化工方面，山东省通过精细化、高端化转型，实现了从早期的原材料输出向高端化学品制造的跨越，提升了自身在全球产业链中的地位。

二是培育海洋新兴产业，筑梦海洋经济“未来之城”。山东省着力培育海洋船舶及海工装备、海洋生物医药等新兴产业，致力于打造全球领先的海洋高端装备制造与生物医药研发制造基地。在海洋船舶及海工装备领域，依托青岛、烟台等沿海城市的科研与制造优势，山东省不断推动关键技术突破与产业链上下游协同发展，先后成功研制出多型具有国际竞争力的海洋装备产品。而在海洋生物医药方面，山东省依托丰富的海洋生物资源，不断加大研发投入，加速科技成果转化，初步形成了涵盖药物研发、生产、销售的全产业链条，为海洋经济发展注入新的活力。

三是推动产业融合，努力绘就海洋经济“多彩画卷”。山东省积极探索产业融合发展新路径，促进海洋渔业、滨海旅游业等产业深度融合，培育出海洋休闲渔业、海洋文化旅游等新兴业态。其中通过渔业与旅游业的有机结合，山东省不仅丰富了旅游市场供给，还带动了当地渔民的转产转业，促

进了当地渔业的转型升级。例如,青岛市和威海市等地的海洋牧场与休闲渔业融合发展模式已成为当地发展的新亮点,游客不仅可以体验海钓、观赏海底世界,而且能够品尝到新鲜的海产品,享受海洋带来的无限乐趣。同时,山东省还不断加强渔业标准化、专业化、规模化和现代化建设水平,推动传统渔业生产向更高层次迈进,为当地海洋经济的高质量发展奠定了坚实的基础。

(3)汇聚智慧科技浪潮,领航海洋科技创新新纪元

一是强化科研平台,构筑海洋科技创新高地。山东省全力支持并推动国家级海洋科研平台的建设与发展,其中崂山实验室不仅汇聚了国内外顶尖的科研力量,更在深海探测、海洋生态保护、海洋资源开发等前沿领域取得了多项具有国际影响力的重大研究成果,已累计发表高水平学术论文数百篇,申请并获得多项国家发明专利,为山东省乃至全国海洋经济高质量发展提供了坚实的科技支撑和强大的创新动力。

二是攻坚核心技术,破解海洋科技"卡脖子"难题。山东省每年投入巨资实施多项"卡脖子"技术攻关项目,重点解决海洋科技领域的核心技术难题,提升企业自主创新能力。尤其在海洋装备领域,山东省成功研制出多款具有自主知识产权的深海探测装备和海洋工程装备,打破了国外的技术垄断。而在海洋资源利用方面,山东省通过技术创新实现了海洋矿产、生物资源的高效开发与可持续利用,提升了自身在海洋科技领域的国际竞争力。

三是重视育才聚智,打造海洋科技创新人才高地。人才是科技创新的第一资源。山东省深入实施海洋科技人才战略,通过建设海洋科技人才创新基地、实施海洋科技人才培育计划、搭建国际海洋科技交流合作平台等举措,先后汇聚了一大批海洋领域的高层次人才和创新团队。同时,山东省还注重优化人才发展环境,完善人才激励机制,为海洋科技人才提供广阔的发展空间和施展才华的舞台。

(4)绘就绿色海洋生态新篇章,共筑人海和谐共生的美好愿景

一是强化海洋生态治理,守护碧海蓝天。山东省坚决整治入海排污口,实施一系列海洋生态修复工程,致力于提升海洋生态环境质量。通过精准施策和科学治理,山东省已成功整治完成多个入海排污口,有效地遏制了陆源污染对海洋生态的破坏。同时,依托"蓝色海湾"等标志性生态修复工程,山东省大力整治修复滨海湿地和岸线,不仅有效地恢复了海洋生态的自然风貌,还显著地改善了近岸海域的水质,让碧波荡漾、鱼翔浅底的美景重现眼前。

二是引领绿色发展潮流,探索海洋碳汇新路径。山东省积极响应全球绿色发展号召,探索海洋绿色发展的新路径。通过实施海洋碳汇工程,山东省不仅推动了海洋产业向绿色低碳转型,还为应对气候变化贡献了海洋力量。其中,全国首个"负碳海岛"——灵山岛的成功建设,并通过科学规划、合理布局实现了碳的净吸收与储存,为海洋碳汇的山东经验和模式提供了生动实践。

三是打造美丽海湾典范,提升公众幸福感。山东省坚持"生态优先、绿色发展"的理念,累计建成多个国家级美丽海湾,成为展示海洋生态文明建设成果的重要窗口。这些美丽的海湾不仅拥有优美的自然风光和丰富的海洋资源,还十分注重生态保护与经济发展的协调统一。同时,通过加强海湾环境综合整治、提升海湾公共服务水平、推动海湾旅游绿色发展等措施,山东省成功地提升了公众对海洋生态环境的满意度和幸福感,让人民群众感受到了海洋生态文明建设带来的实惠与福祉。

(5)深化全球海洋领域对话合作,共绘蓝色经济命运共同体新蓝图

一是构筑国际合作新高地,引领海洋事务国际对话。当前,山东省在海洋国际合作领域已经迈出了坚实的步伐,全国唯一的联合国"海洋十年"国际合作中心在青岛成功落户,成为推动全球海洋合作的重要平台。依托此平台,山东省成功举办了多届国际海洋合作论坛,汇聚全球海洋领域的精英,显著提升了山东省在国际海洋事务中的影响力和话语权。同时,山东省积极利用这一

平台拓展海洋对外贸易，推动船舶及海工装备、水产品等优质产品走向世界，出口额持续增长，从而进一步巩固了自身在全球海洋经济版图中的重要地位。

二是深化对外贸易合作，拓宽海洋经济国际化道路。山东省坚持“引进来”与“走出去”并重的原则，不断拓展海洋经济对外贸易合作领域，如在船舶及海工装备领域，山东省凭借先进的制造技术和卓越的产品质量，赢得了国际市场的广泛认可，出口额屡创新高。同时，山东省还积极推广优质水产品，通过参加国际展会、建立海外营销网络等方式，不断拓宽销售渠道，提升品牌知名度，水产品出口量稳居全国前列。

三是强化国际交流互鉴，共筑蓝色经济命运共同体。山东省深知海洋问题的全球性和复杂性，始终致力于加强与世界各国在海洋科技、产业、生态等领域的交流合作。比如，通过举办双边或多边海洋合作会议、建立海洋科研合作机制、开展联合海洋调查与监测等方式，与世界海洋国家的沿海地区共同应对海洋挑战，分享海洋治理方面的经验，推动全球海洋治理体系的不断完善和治理能力的不断提升。同时，山东省还积极参与国际海洋保护项目，致力于保护海洋生物多样性、维护海洋生态平衡，为构建蓝色经济命运共同体贡献了中国智慧和力量。

7.1.2　广东经验

广东省在海洋经济发展方面坐拥得天独厚的自然禀赋，其大陆海岸线绵长无垠，居全国榜首；海域面积浩瀚广阔，是陆地面积的两倍有余，位列全国第二。广东省已连续 29 年（截至 2023 年）海洋经济总量稳居全国首位，海洋经济成为驱动其经济高速发展的关键力量。在海洋经济高质量发展战略的指引下，广东省以更加开放的姿态拥抱世界，以更加务实的行动推进海洋经济的全面发展。当前，广东省在海洋新兴产业谋篇布局上已经取得了显著的成效，一系列创新成果不断涌现，为海洋经济的高质量发展注入了强劲动力。

(1)重塑海洋经济发展蓝图,引领高质量强省新航向

一是铸就蓝色引擎,持续打造高质量发展战略高地。广东省将浩瀚的蓝色疆域视为推动经济社会发展的新引擎,不断优化海洋经济发展格局,积极拓展蓝色发展空间。具体而言,广东省实施了一系列创新举措,如设立海洋经济发展示范区,聚焦海洋高端装备制造、海洋生物医药、海洋新能源等海洋战略性新兴产业,集中优势资源进行重点突破,形成了一批具有国际竞争力的海洋产业集群。同时,广东省持续加强海洋科技创新平台建设,积极吸引国内外顶尖科研团队和高端人才,推动海洋科技成果快速转化应用,为海洋经济高质量发展提供了强有力的科技和人才支撑。据不完全统计,2023 年广东省海洋产业生产总值占地区生产总值的 13.8%,占全国海洋产业生产总值的 18.9%,对地区经济名义增长的贡献率高达 11.0%,拉动地区经济名义增长 0.6%。[①]

二是践行“1310”战略部署,全面加速海洋强省建设步伐。广东省积极响应“1310”具体部署,即围绕一个核心目标(建设海洋强省),实施三大战略举措(优化海洋空间布局、提升海洋产业竞争力、加强海洋生态环境保护),努力实现 10 个重点突破(包括但不限于海洋科技创新、海洋产业集群培育、海洋国际合作等),全面加速海洋强省建设步伐。在具体实施过程中,广东省注重规划引领,编制了《广东省海洋经济发展“十四五”规划》等系列指导性文件,为海洋强省建设提供了清晰的路径图和时间表。同时,不断加大政策扶持力度,出台了一系列支持海洋经济发展的政策措施,如税收优惠、资金补助、用地保障等,为海洋企业和涉海项目提供了良好的发展环境。

(2)构建现代海洋产业体系新优势,驱动蓝色经济高质量发展

一是培育壮大海洋新兴产业,引领产业升级新潮流。广东省历来以创新驱动为核心,聚焦海洋电子信息、海洋生物医药、天然气水合物等前沿领域,大力发展海洋新兴产业,不断拓宽海洋经济的增长点。以汕头市南澳岛

---

① 数据来源:《广东海洋经济发展报告(2024)》。

南侧海域的华能汕头勒门(二)60万千瓦海上风电项目为例,该项目作为国家千万千瓦级粤东海上风电基地的首批示范项目,于2023年12月29日成功并网投运,标志着粤东海域单体最大的海上风电项目的诞生,不仅为当地提供了绿色、可再生的能源支持,更彰显了广东在海洋新能源领域的强劲实力。此外,广东省海空天通信重点实验室作为科技创新的重要阵地,先后成功研发出融合无线通信与卫星导航功能的通导融合芯片,并构建了海洋立体通导融合系统,为海洋监测、海上救援等领域提供了更加精准、高效的技术支持,进一步提升了海洋信息化水平。

二是推动传统海洋产业转型升级,焕发新活力。在保持传统海洋产业优势的基础上,广东省积极推动海洋渔业向现代化、智能化、可持续化方向转型升级。通过风渔融合发展模式,将风电建设与海洋渔业有机地结合起来,既提高了海洋资源的综合利用效率,又促进了渔业产业的绿色发展。同时,加快建设现代化海洋牧场,并运用先进的技术和科学的管理手段,提升海洋渔业的生产效率和产品质量,为海洋渔业的可持续发展奠定了坚实基础。

三是强化海洋制造业支撑,打造海洋装备制造高地。此前面对行业景气周期的有利时机和人民币贬值带来的成本优势,广东省充分发挥自身在制造业领域的深厚底蕴和优势,大力支持海工装备制造业和海洋船舶制造业的发展,持续加大研发投入,提升产品质量和竞争力,成功承接了国内外大量订单,为广东海洋经济的高质量发展注入了强劲动力。

(3)强化海洋科技创新引擎,引领蓝色经济未来

一是精准注资科研项目,加速海洋科技成果落地生根。广东省不断加大对海洋科技创新项目的支持力度,通过设立专项资金,投放于前沿探索、关键技术攻关及成果转化等关键环节,为海洋科技创新及成果转化提供坚实的资金保障,不仅激发了科研人员的创新活力,还加速了海洋科技成果从实验室走向市场的步伐。

二是构建多层次的科研平台体系，打造海洋科技创新高地。为进一步提升海洋科技创新能力，广东省积极搭建多元化、高层次的科研平台。其中，广东省海空天通信重点实验室作为标志性成果，不仅汇聚了顶尖科研人才，还与多所高校签订了产学研合作协议，实现了科研与产业的深度融合。截至2023年12月底，全省共拥有国家重点实验室1个、省实验室1个、省重点实验室49个，涉海省级工程技术研究中心50个，覆盖了海洋生态环境保护、海洋工程装备、海洋生物资源开发等多个领域[①]。

(4)深化海洋资源保育与可持续利用，共筑蓝色生态屏障

一是实施精细化管理战略，绘就海洋资源保护新蓝图。广东省秉持绿色发展理念，持续深化岸线、海域及海岛资源的精细化管理。通过构建"一幅图"海岸带专项规划体系，实现了海洋空间开发利用的科学规划与有序管理；依托"一张网"海域海岛动态监管系统，实现对海洋资源的全天候、全方位监控；创新打造"一朵云"海洋大数据服务平台，汇聚海量海洋数据资源，为海洋管理决策提供智能化支撑。

二是实施生态修复重大工程，共绘海洋生态新画卷。为守护好这片蔚蓝，广东省坚定不移地推进海洋生态保护修复工程，努力提升海洋生态环境质量。全省系统规划并加速推进万亩红树林示范区建设，同时兼顾海岸线生态修复和海堤生态化改造等工程，形成了多层次、全方位的海洋生态保护网络。其中，广东省重要沿海城市湛江，更是将"红树林之城"建设作为推动海洋生态保护与修复的重要抓手。通过实施一系列创新举措，湛江不仅有效地保护了红树林生态系统的完整性，还积极探索红树林资源的开发利用模式，努力实现生态效益与经济效益的"双赢"，为全国乃至全球的海洋生态保护与可持续发展提供了宝贵的经验。

---

① 数据来源：《广东海洋经济发展报告(2024)》。

(5)拓宽海洋经济国际合作版图,共筑蓝色经济命运共同体

一是构筑国际合作新平台,提升广东海洋国际影响力。广东省积极拥抱全球化浪潮,致力于构建高层次的国际海洋合作平台。通过深度参与国际海洋合作论坛、海洋博览会等国际性活动,广东省不仅展示了自身在海洋科技、海洋产业、海洋生态等领域的最新成果与优势,还加强了与国际伙伴的对话交流,有效地提升了在国际海洋事务中的影响力和话语权。

二是深化国际交流合作,共绘海洋经济互利共赢新篇章。广东省秉持开放合作的理念,不断深化与世界各国在海洋科技、海洋产业、海洋生态等领域的交流合作,先后通过技术引进、联合研发、市场共享等多种方式,与全球伙伴共同应对海洋挑战。2023 年,深圳港国际班轮航线通往 100 多个国家和地区的 300 多个港口,集装箱吞吐量连续 10 年位居全球前四,成为华南地区乃至全球重要的海运枢纽之一,为促进国际贸易和地区经济繁荣作出了重要贡献。①

此外,深圳"大湾区组合港"模式的创新实践更是为国际海洋合作树立了新标杆。该模式通过优化港口资源配置、提升通关效率、降低物流成本等举措,实现了粤港澳大湾区内地 9 市的全覆盖,并将辐射范围延伸至粤西地区。仅 2023 年,通过该模式监管的进出口集装箱量实现了大幅增长,不仅促进了区域内港口的协同发展,也为全球海洋经济的合作与共赢提供了有益借鉴。

7.1.3 浙江经验

浙江省坐拥全国最长的海岸线(含大陆海岸线和岛岸线,其中前者居全国第四位)与最为丰富的海岛资源,"陆海统筹"与"海洋经济"的发展理念深植于这片充满活力的热土。近年来,浙江省通过探索海洋经济高质量发展的崭新路径,初步构建起一个以打造世界一流海洋港口为引领,以现代海洋

---

① 数据来源:《广东海洋经济发展报告(2024)》。

产业体系为强劲引擎，并辅以海洋教育培育人才、生态文明守护蓝海的全方位、多层次的海洋经济高质量发展新范式，主要包括以下四个方面的典型做法。

(1)强化资源集约利用，优化海洋经济发展效能

一是创新土地利用模式，促进海洋经济集约发展。浙江省在推动海洋经济项目用地集约利用上，采取了多项创新举措。首先，支持海洋经济项目开展混合产业用地供给，鼓励项目用地多功能混合利用，以提高土地资源的综合效益；其次，对于符合条件的海洋经济项目，设定了较高的容积率标准(如支持有条件的项目容积率达到2.0)，以鼓励土地的高效利用；再次，积极鼓励项目充分利用地下空间，通过地下停车、仓储、设备间等设施的建设，实现土地资源的立体开发；最后，合理使用临时用地政策，为海洋经济项目提供更加灵活的土地利用方式。

二是拓展海域立体开发，引领海洋经济多元化发展。在海域资源利用方面，浙江省积极探索立体开发模式，以推动海域空间的高效利用。通过支持港口交通、海上风电、深水养殖等模式，推动海洋经济活动的适度兼容、分层用海和立体开发，实现了海域资源的多元化利用和高效配置。

(2)构建全方位监管保护网，护航海洋经济绿色可持续发展

一是严控资源利用，守护海洋生态底线。浙江省通过实施严格的围填海管控政策，坚决遏制新增无序围填海行为，有效地保护了宝贵的海洋资源。同时，通过加强自然岸线的保护与管理，坚持“占补平衡”原则，确保海洋生态环境的稳定性与可持续性。而在无居民海岛管理方面，浙江省严控新增开发利用活动，全面推进历史遗留问题的妥善处置，努力恢复海岛的生态原貌。

二是完善防灾减灾体系，守护海洋经济安全。浙江省高度重视海洋防灾减灾工作，率先在全国范围内完成了沿海县(市、区)及乡镇级的海洋灾害风险调查与隐患排查任务。通过动态更新隐患区域信息，构建了全面、精准

的海洋灾害风险防控体系。这一体系不仅为海洋经济的高质量发展提供了重要的安全保障，还被广泛应用于沿海地区经济发展布局、国土空间规划和城乡建设、防灾减灾等应急管理的多个领域，实现了海洋防灾减灾工作的科学化、精细化与智能化。

(3)强化科技创新引擎，加速海洋产业转型升级与高质量发展

一是构建高端海洋科创体系，赋能海洋经济高质量发展。浙江省致力于构建具有国际竞争力的海洋科技创新体系，通过支持重大海洋科创平台建设，重点加强海洋观测监测、预警预报和基础测绘服务的能力，推动海洋战略智库的建设，为海洋政策的制定与实施提供了科学依据。同时，浙江省不断迭代升级"智控海洋"数字化场景，运用大数据、云计算、人工智能等先进技术，实现了海洋管理的智能化和精准化。

二是深化产业转型升级，打造海洋经济新增长点。浙江省积极推动海洋产业的深度转型升级，通过引入新技术、新工艺和新业态，不断提升海洋产业的科技含量与附加值，尤其是海洋渔业、海洋航运等传统产业通过技术改造与模式创新，实现了转型升级与提质增效。

(4)携手全球伙伴，共绘海洋经济国际合作新蓝图

一是构建"一带一路"国际贸易物流网络，引领全球化港口新布局。浙江省作为共建"一带一路"的积极践行者和海上合作的先行者，近年来不断深化与东南亚、南亚、中东欧等共建国家的经贸合作。通过共建"一带一路"国际贸易物流圈，浙江省不仅推动了宁波"17＋1"经贸合作示范区建设迈向高水平阶段，还加快了全球化港口布局的步伐。其中，与迪拜合作建设的"一带一路"迪拜站，已成为连接东西方的重要枢纽，极大地促进了国际贸易的便利化。

二是深化国际海洋科技合作，共探蓝色经济发展新路径。通过鼓励和引导企业开展国际海洋渔业合作，浙江省不仅加强了境外远洋保障基地的

布局和建设，还积极参与了“海上丝绸之路蓝碳计划”等国际合作项目，为全球海洋生态保护和蓝色经济发展贡献了中国智慧和力量。如“海上丝绸之路蓝碳计划”是浙江省参与的重要国际合作项目之一，该项目旨在通过国际合作推动海洋碳汇的研究与应用，为全球应对气候变化提供新的解决方案。浙江省在此项目中发挥了积极作用，与多个国家共同开展了海洋碳汇的监测、评估与保护等工作。

此外，浙江省还不断加强与葡语国家等远洋捕捞国际合作伙伴的沟通与协作，通过技术交流、人员培训等方式提升合作水平，努力实现经贸合作的多赢局面，为全球海洋经济的繁荣稳定作出了积极贡献。

7.2 国外典型国家沿海区域海洋经济高质量发展的经验

7.2.1 日本经验

日本地处西北太平洋，凭借其得天独厚的地理位置，成为全球闻名的渔场。由于国土面积相对狭小且有限，自20世纪60年代起，日本就十分重视向海发展，致力于海洋经济的深度开发与广度拓展，成功构建起以海洋渔业为基石、海洋造船工业为引擎、滨海旅游业为活力源泉，以及海洋新兴产业为增长极的现代海洋经济体系。在这一进程中，日本政府在政策调控、产业布局、人才培育及国际合作等方面构建了一套行之有效的海洋经济管理体系，并积累了先进的经验，为我国探索蓝色经济新蓝海、加速海洋经济发展、实现从海洋大国向海洋强国转变等方面提供了有益的参考借鉴。

(1)强化政府宏观调控,以前瞻性的产业规划为引领

自1997年起,日本政府连续推出了海洋开发推进计划与海洋科技发展计划两大战略蓝图,旨在引领全球海洋高新技术的前沿探索,为其海洋新兴产业的初步集聚奠定必要的基础(吴崇伯 等,2018)。随后,随着《新世纪日本海洋政策基本框架》的发布,日本正式确立了向海洋科技强国迈进的宏伟蓝图,开启了海洋经济发展的新纪元。2007年,日本《海洋基本法》的颁布实施,为海洋新兴产业的蓬勃发展提供了坚实的法律保障,更为其开辟了广阔的发展空间。2008年出台的《海洋基本计划草案》,更是将焦点对准了海洋领域的全球性挑战,强调海洋科学研究与基础调查的核心价值,体现了日本在全球海洋治理中的作用。进入2013年,《海洋基本计划》(2013—2017)明确将海洋经济定位为推动国家新兴经济增长的关键引擎,进一步巩固了其在国家发展战略中的核心地位。而到了2018年,《海洋基本计划》(2018—2022)的发布,在预示着日本海洋政策迎来新转型的同时,也为日本海洋经济构筑了稳固的制度框架。

在海洋港湾与金融政策方面,日本同样取得了令人瞩目的成就。日本《港湾法》的有效实施,确保了日本港口发展的科学规划与高效运营,为日本海洋经济的持续繁荣奠定了坚实的基础。而在海洋金融领域,日本政府更是通过金融政策的针对性设计,实现了外部资金引入与区域内部资金流动的深度融合,为海洋循环经济体系的构建注入了强劲的金融动力。特别是在沿海人工岛建设、大众交通等海洋基础设施建设项目中,日本采用了"官民合作合资"模式,通过多方筹集资金,不仅有效地缓解了政府财政压力,还成功地打造了一种集中央政府、地方政府与民间资本于一体的混合所有制企业典范,为海洋经济的可持续发展探索出了一条新路径。

(2)秉持可持续发展理念,驱动产业向高端化、集聚化迈进

在海洋工业领域,日本秉持可持续发展理念,汇聚资源整合与技术协作的双重动能,致力于推动海洋工业向高附加值、高集中度方向转型升级。当

前，以海洋渔业、船舶制造业、港口物流业及滨海旅游业为四大支柱的海洋工业体系已在日本蔚然成形，展现出强大的综合竞争力。

日本深知陆海联动与资源保育的重要性，在推进大规模海洋开发、构建沿海工业集群之际，始终将海洋资源的科学评估与现有海洋工业的合理对接置于重要地位。依托东京湾区、川崎、名古屋、横滨等世界级港口城市及其内陆经济腹地，日本不仅巩固了临港重工业的传统优势，更在此基础上，积极践行"知识集群创新战略"与"海洋开发区都市构想"，致力于实现海洋产业的高层次、高质量集聚。

上述举措正加速推动关东湾、近畿半岛等九大关键区域形成各具特色、协同发展的海洋新兴产业集群，为日本海洋经济的持续繁荣奠定了良好的基础。

(3)构筑涉海人才高地，深化国民海洋情怀

2014年，日本文部科学省对教育政策进行战略性调整，特别是在其小学教育阶段巧妙地植入海洋教育内容，旨在从小培养孩子们对领海疆域的自豪感和对海洋资源的珍视感，以及探索海洋的无限好奇心与保护海洋的责任感，为海洋未来播种希望之种。

当前，日本的高等教育体系已成为培育海洋精英的摇篮，汇聚了海洋科学、水产技术、船舶工程、海洋社会学等多领域的精英。东京海洋大学、东京大学海洋研究所、北海道大学水产学部、东海大学海洋学部及神户大学海事科学部等顶尖学府的海洋学院或系部，以其良好的学术声誉与深厚的研究底蕴，引领着海洋教育的国际潮流。

在深耕传统海洋学科的同时，日本高等教育界勇于创新，积极倡导跨学科海洋教育的崭新理念，打破学科界限，促进知识的交叉融合与协同创新。东京大学于2007年创立了"海洋联盟"这一跨学科合作平台，它不仅汇聚了海事领域的各路精英与丰富资源，更通过"海洋跨学科教育课程"这一创

新举措，将海洋科学、生物学、工程学、政策学、国际法及实践实习等多个领域紧密地结合起来，锻造出既精通专业知识又具备跨领域视野与实践能力的海洋领域复合型人才，为日本的海洋事业注入了源源不断的活力与创造力。

（4）深化国际合作与交流，引领海洋技术深层次飞跃

在全球经济一体化的时代背景下，日本将国际合作与交流视为驱动海洋经济高质量发展的核心引擎。日本积极寻求与国际伙伴的紧密合作，引进全球顶尖技术与管理经验，为海洋经济主体的战略规划与转型升级奠定了坚实基础，并不断地攀升海洋经济发展的新高度。其中，国际科技信息网的共建，凝聚了日本、美国、德国等国相关领域的主要力量，成为引领全球海洋经济与技术变革的中心，也体现了日本在该领域国际合作舞台上的地位与作用；"海神"项目不仅成功构建了未来大洋生态系统的前沿模型，为全球海洋科学研究开辟了新的视野，更在国际社会引发了广泛的关注与赞誉。

此外，作为日本海洋科技创新的旗舰，海洋研究开发机构（JAMSTEC）以其卓越的综合研究能力与广泛的国际网络，持续引领海洋科技领域的深层次探索。该机构装备精良，拥有包括七艘顶尖科学考察船在内的先进科研设施，并致力于海洋综合性技术的研发，为全球海洋科学的发展注入了强劲动力，展现了日本在海洋科技创新领域的竞争实力与广阔前景。

7.2.2 美国经验

美国拥有广阔的领海面积与丰富的海洋资源，20 世纪 70 年代深刻地认识到海洋的新价值，开始致力于发展海上油气开发、海底采矿、海水养殖及海水淡化等多元化海洋产业的发展，逐步巩固了其海洋经济强国的地位。

（1）依托得天独厚的海洋资源，推动海洋新兴产业发展

美国凭借其丰富的海洋矿产资源、尖端的海洋高端装备制造技术、前沿

的海洋生物医药研究以及迅速崛起的海上风电产业，正逐步将海洋及其相关领域打造为国家经济的重要支柱。作为近海油气开采的先驱，美国已在墨西哥湾中部、阿拉斯加半岛及加利福尼亚近海等区域建立了稳固的石油与天然气生产基地，这些区域不仅为国家带来了巨大的经济效益，还支撑了高达 95％的对外贸易额和 37％的贸易附加值。

在海洋高端设备制造领域，美国跨国企业凭借其雄厚的技术实力，占据了全球海上原油设备市场的半壁江山。特别值得一提的是，美国在深海探测、深海机器人技术、水下云计算等前沿领域均处于世界领先地位，能够实现在 1500 米以下深海进行高效钻井与开采，展现了其在海洋科技领域的卓越成就。

作为海洋生物医药研究与应用的先行者，美国依托伍兹霍尔海洋研究所、巴尔的摩海洋生物技术中心、佛罗里达哈勃海洋研究所及斯克里普斯海洋研究所等顶尖的海洋科研机构，构建了以圣地亚哥、波士顿、迈阿密为中心的海洋生物技术研究高地。尽管产业集聚尚处成长阶段，但这一布局已预示着美国在该领域的巨大潜力和广阔前景。

面对海上风电这一新兴领域，美国虽起步较晚，却展现出了强劲的发展势头。政府层面不仅制定了清晰的战略规划，更辅以财政政策的实质性支持，持续加大对海上风电项目的投资力度。2021 年 5 月 11 日，马萨诸塞州玛莎葡萄园岛海上风能项目的正式获批，不仅成为美国海上风电产业发展的标志性事件，更预示着该领域即将迎来规模化、商业化发展的黄金时期，也预示着更多类似项目的蓬勃兴起，展现了美国在海洋能源发展方面的强劲实力。

(2)塑造滨海旅游璀璨明珠，铸就商业化体系典范

当前，美国滨海旅游领域已铸就了一套高度成熟且充满活力的商业化体系，成为世界各国游客向往的旅游胜地，如加利福尼亚的阳光沙滩、纽约

的繁华都市海岸、佛罗里达的热带海岸风情等。这些地区凭借其得天独厚的自然地理条件与丰富多彩的旅游资源，引领着美国海洋旅游娱乐业的蓬勃发展，成为驱动该领域不断前行的核心引擎。

在这片蔚蓝的海岸线上，滨海旅游的魅力无处不在，每年吸引着近 1/3 的国民沉浸其中。休闲垂钓活动以其独特的魅力，吸引着众多爱好者的热情参与，成为连接人与自然、享受宁静与乐趣的桥梁。而游艇及一系列高端海上旅游项目，更是将奢华与探险完美地融合起来，展现出海洋旅游的无限魅力与广阔市场。

尤为值得一提的是，美国私人游艇的保有量惊人，反映了其滨海旅游娱乐业在推动海洋经济发展中的重要作用。如今，美国滨海旅游娱乐业已成为海洋经济的首要支柱产业，其巨大的经济贡献与广泛的社会影响力，充分证明其在一个国家或地区经济体系中不可替代的地位与作用。

(3)强化海洋科技引领，推进依法治海新篇章

美国的海洋科技战略，以其前瞻性与灵活性著称，展现出持续迭代与周期性优化的鲜明特征。每隔 10 年，美国便会进行一次重大规划的更迭，以确保其海洋科技始终站在时代的前沿。美国 2007 年发布的《绘制美国未来十年海洋科学路线图：海洋研究优先计划及实施战略(2007)》及 2018 年发布的《美国海洋科学与技术：十年愿景》，为海洋科技的未来发展指明了方向，有助于引领其海洋科技迈向新纪元(李晓敏，2021；朱锋，2022)。

针对海洋数据这一现代管理的核心要素，美国政府于 2020 年底颁布了《数字海岸法》，标志着海洋管理进入了一个智能化、精准化的全新阶段。该法案通过整合沿海地区的数据资源，并将其转化为决策支持依据，实现了沿海地区高效与科学的治理，为其海洋经济可持续发展注入了强劲动力。

2021 年以来，美国海洋政策的内涵与外延得以持续深化。2021 年 2 月出台的《蓝色地球法案》，不仅是对海洋科技创新的持续支持，更是对技术发

展加速度的强力推动。该法案聚焦于增强关键海域的监测能力，同时进一步强化海洋数据管理体系，确保海洋信息资源的有效整合与高效利用，为海洋治理与保护提供坚实的数据支撑与决策依据。

7.2.3　挪威经验

挪威地处北欧，是一个海洋资源极为丰富的国家，其海域面积远超陆地，达到了陆地面积的六倍以上，这赋予其得天独厚的海洋优势。挪威的经济命脉深深植根于石油、水产与航运三大支柱产业。在航运领域，挪威不仅孕育了全球领先的航运巨头，还稳居世界第二大渔业及海鲜出口国的宝座，彰显了其在海洋经济中的强大竞争力。从繁忙的航运与先进的造船技术，到丰富的海产品资源及蓬勃发展的油气产业，挪威的海洋经济涵盖了多个关键领域，成为其国家繁荣的重要支柱产业之一。

(1)精耕海洋资源管理，力促海洋经济绿色可持续发展

首先，挪威致力于完善海洋资源管理的法律框架，通过制定和修订法律法规等方式为海洋资源的可持续利用提供了坚实的法律保障。2010年，挪威政府对《海洋资源法》进行了全面修订，该法不仅涵盖了海洋生物多样性的严格保护、渔业捕捞活动的科学规划，还细化了船舶配额的分配机制，并加大了对非法捕捞行为的打击力度，旨在促进沿海地区经济繁荣的同时，确保海洋资源的可持续利用。2019年7月挪威颁布了《海底矿产法》，对海底矿产资源的勘探和开采活动进行了全面而细致的规范，确保在严格遵守海洋环境保护原则的基础上，有序地发放勘查与开采许可证，以推动其海洋矿产资源的绿色开发。

其次，挪威在国际舞台上扮演了打击非法捕捞坚定先锋的角色。面对全球范围内非法捕鱼活动猖獗且严重威胁海洋生态环境平衡的严峻形势，

挪威政府毅然决然地站了出来。挪威每年通过与其他相关国家之间的紧密合作，并签署多项合作协定，共同管理宝贵的海洋资源，并确保捕捞活动在遵循可持续发展的原则下进行。多年来，挪威在推动全球渔业可持续管理、构建高效透明的视察与执行体系方面，始终走在国际合作的前列，展现出了高度的责任感与协调力。

值得一提的是，挪威在打击有组织的非法捕鱼犯罪和发展蓝色经济方面积累了丰富的经验。通过一系列强有力的措施与不懈的努力，挪威不仅有效地遏制了非法捕捞活动的蔓延，更为全球海洋生态环境保护与恢复，以及海洋经济可持续发展方面作出了重要贡献。

(2)绘制绿色海洋蓝图，加速推进综合战略与绿色行动

挪威政府于 2017 年发布了《新增长，骄傲历史》的国家海洋战略，不仅深刻分析了海洋经济的广阔前景，更将绿色理念深植于每一个发展环节，旨在构建一个既繁荣又环保的海洋未来，以引领挪威海洋经济迈向可持续发展的新纪元(张所续，2020)。为巩固并强化挪威在航运业领域的全球领先地位，挪威政府精心策划了绿色航运行动计划，规划到 2030 年前，实现其国内航运与捕鱼行业碳排放量减半的目标，展现出其对海洋生态环境保护的坚定承诺与实际行动。

在具体实施层面，挪威各大港口城市积极响应，奥斯陆、卑尔根、阿勒松等 13 座大型邮轮港口携手并进，共同推出了一系列总计 14 项创新联合的措施，这些措施涵盖了清洁能源的广泛应用、能效水平的显著提升、绿色技术的深度融入，以及港口设施的绿色改造与环境管理体系的持续优化等多个维度。

挪威政府通过上述一系列行动，不仅展现了其作为海洋大国的责任与担当，更为全球海洋经济的绿色发展提供了宝贵的经验与启示，引领着全球海洋事业向着更加绿色和可持续的未来迈进。

(3)拓展海洋产业价值链，海上风电成为绿色新引擎

挪威海上油气、航运、海洋工程、海洋渔业及海水养殖等传统优势产业，

不仅实力雄厚，更在技术创新上处于全球领先地位；同时其在海事金融、海洋旅游、海洋环保、海上航运、海洋信息等服务业方面也得到了蓬勃发展，更是为其海洋经济的多元化与高端化奠定了坚实的基础。

近年来，挪威开始将目光投向了更具前瞻性与绿色潜力的领域——海上风电，并凭借其深厚的海洋产业基础与丰富的专业经验，逐步拓展其海洋产业的价值链，让海上风电成为推动绿色发展的新引擎。挪威国家石油公司(Equinor)更是跨界海上风电领域，其 Hywind Scotland 浮式海上风电场作为全球首个商业运营的此类项目，不仅体现了挪威在海上风电技术方面的领先地位，也为全球能源转型与应对气候变化贡献了重要力量。

2021 年 6 月，挪威风力捕捉系统公司(WCS)推出的巨大浮动风力涡轮机，更是为其海上风电技术的发展注入了新的活力与希望。这一创新成果不仅展示了挪威在海上风电技术方面的快速进步，也预示着挪威将在这个绿色新赛道上继续领跑全球。

(4)深化海洋教育国际合作，共筑全球海洋知识创新高地

自 2015 年起，挪威政府制定了 2015—2024 年研究与高等教育长期规划，将海洋研究与教育置于国家发展战略的核心位置。挪威政府积极利用国际平台，重点在海洋观测、海洋科学研究及海洋生态系统保护等关键领域，寻求与全球伙伴之间的深入合作。

在合作伙伴的选择上，挪威展现出开放的姿态与全球视野，不仅与欧盟成员国紧密合作，更将目光投向俄罗斯、中国、日本、韩国、北美及巴西等世界各地的重要海洋国家，从而构建起一个多元、包容的海洋知识合作网络。这种跨越国界的合作，不仅为挪威带来了新产品、新服务的研发灵感与市场机遇，更助力挪威海洋技术标准的国际化进程，使其在全球海洋科技舞台上占据举足轻重的地位。

7.3 国内外海洋经济高质量发展对福建的主要启示

7.3.1 立足全球海洋视野，构筑福建海洋发展蓝图

海洋战略作为一个国家或地区兴衰的关键要素之一，其重要性不言而喻。挪威等世界海洋强国凭借其具有前瞻性的海洋战略，精准布局海洋综合管理、绿色航运与海洋竞争力建设，不仅巩固了其在全球海洋领域的领先地位，更为全球海洋发展树立了典范。在此背景下，我国在党的十八大以来提出的"海洋强国"战略构想，体现了我国对海洋事业发展的高度重视与坚定决心。

福建省应深刻把握我国"海洋强国"建设这一历史机遇，积极借鉴国内外沿海地区发展海洋经济的成功经验，加强顶层设计，构建一套科学、系统且具有前瞻性的海洋发展战略规划体系。具体而言，要以海洋战略为引领，强化"陆海统筹"理念，并将海洋发展置于区域乃至国家发展大局中统筹谋划并加以推进。通过构建"五位一体"的海洋发展框架，即以海洋经济为核心，以海洋科技、海洋文化、海洋生态和海洋治理为支撑，形成海洋与陆地相互促进、相互融合的发展格局。同时，要加强国际国内海洋领域的交流合作，吸收借鉴先进理念与成功经验，不断地提升福建省海洋经济发展的竞争力和影响力。

总而言之，福建省应立足于全球海洋视野，以海洋战略为舵，科学谋划并真正地构筑起具有福建特色的海洋发展蓝图，为实现"海洋强国"战略目标贡献福建力量。

7.3.2 汲取全球创新精髓,引领海洋产业跨越发展

当前国内外沿海地区无一例外地将创新驱动视为核心引擎,以科技兴海为战略基石,共同绘制出现代海洋产业体系建设的宏伟蓝图,为福建省提供了宝贵的启示与方向。

福建省应坚持创新驱动发展,加快构建以创新链为核心、高度集聚的产业链,并强化技术创新在产业链延伸与升级中的引领作用。通过技术突破与模式创新,不断拓宽海洋产业的发展边界,提升产业链的整体竞争力,以实现海洋产业新旧动能的有序转换与高效接替,这是实现海洋产业转型升级的关键所在。

同时,在全球化的今天,高素质人才已成为创新驱动的第一要素,是推动海洋产业建设及结构优化和海洋经济高质量发展的核心要素。福建省需大力实施人才强海战略,构建全方位、多层次的人才引进和培养体系,以吸引和集聚国内外顶尖海洋科技人才。通过优化人才发展环境、激发创新活力,为海洋产业结构优化和海洋经济的多元化、高端化发展奠定坚实基础。

7.3.3 深耕海洋绿色经济,共筑全省生态福祉

近年来,国内外沿海地区的绿色发展实践为福建省树立了鲜明的标杆。如美国以"生态旅游"为核心的国家公园体系,不仅展现了人与自然和谐共生的美好愿景,更以"包容性"为灵魂,成功融合了生态保护、科研教育、休闲娱乐与文化传承等多重功能,从而为全球海洋绿色经济发展提供了宝贵经验。

福建省应将绿色发展的理念深植于海洋经济高质量发展的全过程各方面,致力于完善滨海旅游产业发展体系,并注重品质与内涵的双重提升,让游客在享受海洋之美的同时,也能够深刻地感受到生态保护的重要性。同

时，加强海岸带综合治理与生态修复工程，构建以国家公园为主体的自然保护地系统，为海洋生物多样性的保护与恢复提供坚实的屏障。

此外，福建省还应持续加大对海洋生态环境保护的力度，提升公众对海洋生态的认知与尊重。通过科普教育、公众参与等方式，增强社会各界保护海洋生态环境的责任感和使命感。在此基础上，积极开发海洋生态旅游项目，将海洋资源的合理开发利用与生态保护紧密地结合起来，重点打造具有福建特色的海洋生态旅游品牌，以实现经济效益与生态效益的"双赢"。

总之，福建省应不断地探索海洋绿色经济的新路径、新模式，努力构建人与自然和谐共生的美好家园，为全球海洋生态保护与可持续发展贡献福建的智慧与力量。

7.3.4 不断深化开放发展，共筑"蓝色经济"新高地

当前，国内外沿海地区纷纷把握经济全球化的难得发展机遇，坚定不移地推进对外开放，以高质量的开放合作引领海洋经济新飞跃。福建省应积极搭建"蓝色经济"国际合作新平台，在全球经济治理与公共产品供给中发挥更加重要的作用。为此，要重点抓好以下各项工作：

首先，福建省应持续深化与"一带一路"共建国家的全方位开放合作，不仅要致力于拓宽合作领域，更要在政策沟通衔接、基础设施互联互通、经贸合作往来、资本双向流动以及民心相通等方面实现更宽领域和更深层次的交流互鉴。

其次，福建省应积极鼓励和支持涉海企业主动地融入全球大市场，按照国际市场的需求，前瞻性地布局境外生产、销售和服务网络，并积极引导企业参与国际竞争与合作，以提升其在全球价值链中的地位与影响力。

最后，福建省还应积极促进涉海企业与国外高等院校、科研机构、企业之间的合作，通过联合设计与技术交流，特别是在海洋工程装备生产等关键

领域，不断强化国际合作与协同创新，协同攻克技术难关，以推动海洋产业升级换代。在此过程中，福建省应致力于培育一批具有国际竞争力的涉海品牌，并通过品牌建设提升产品附加值与市场认可度，从而使之成为参与全球海洋经济竞争与合作的重要名片。

8　推动福建省海洋经济高质量发展的对策建议

本书在第四章、第五章和第六章分别剖析了福建省海洋经济的发展现状和评价指标体系构建，并全面审视了影响其发展的多重因素。而第七章则对国内外典型沿海区域在海洋经济高质量发展方面的经验进行归纳和总结，并凝练出对福建海洋经济高质量发展的主要启示。在此基础上，本章将聚焦于福建省海洋经济高质量发展的优化路径，并提出一系列具有针对性和可操作性的建议，从而为建设更高水平的“海上福建”提供有力支撑。

8.1　坚持创新发展，增强海洋经济高质量发展的科技支撑

海洋科技创新是当前推进福建省海洋经济高质量发展的第一动力源，也是推动福建省海洋新兴产业不断发展壮大的重要因素。为了育好、育优我省海洋经济，必须紧紧地抓住科技创新这个“牛鼻子”，并依靠科技唤醒“沉睡的海洋资源”。这不仅需要不断深化基础研究和源头创新，还要加速推进海洋产业技术的研发与成果转化，并努力将福建省打造成为具有较强

国际影响力的国家级海洋科学研究和技术创新中心(李珂,2021)。为此,重点抓好以下5个方面的工作。

8.1.1 增强科技创新基础,优化向海经济发展的环境

一要强化联合攻关和有组织的科研。可通过联合组织海洋大科学计划和大科学工程,不断地深化与中国工程院、中国科学院等国家级重点科研机构的合作关系,着力打造若干跨区域、跨行业、跨学科的高水平海洋创新团队;也可依托省内现有的国家级和省部级涉海科研团队,联合开展针对海洋领域的有组织科研。同时,充分调动省内的相关涉海企业和分管部门主动寻求与高端创新资源之间的对接,并重点吸引和聚集国家级科研团队的力量。此外,应给予国(境)内外一流高校、科研机构、国企央企、世界500强企业以及高层次人才团队充分的支持(李珂,2021),鼓励他们根据相关规定在福建省内设立或共同构建海洋领域的高水平研发机构,以促进海洋科技的全面进步和科技创新能力的不断增强。

二要推动海洋领域对外科技交流合作。积极争取国家级或部级的海洋大科学装置与重大保障平台等核心海洋科技基础资源落户我省。加快构建一流的海洋科技基础设施集群,进一步强化福建省在海洋科技领域的综合实力和竞争力。持续发挥好省级海洋高新产业园的作用,充分利用福建农林大学、集美大学、自然资源部海岛研究中心(平潭)、厦门南方海洋研究中心、福建东海海洋研究院、福州海洋研究院、福建水产研究所、南方海洋创业创新基地等高校和涉海科研院所的科研优势,共同推进国际海洋科技合作计划,着力打造福建海峡蓝色硅谷。同时,积极组织我省涉海高校、科研院所和高新企业参与实施国家"一带一路"科技创新行动计划,引导我省优势涉海企业在境外设立研发中心等"创新飞地",鼓励涉海高校、科研机构按规定在国内外创新人才密集区设立高能级海洋科创平台。

三要强化“产业需求为引领，科技创新为支撑”的鲜明导向。构建海洋重点产业关键核心技术的长效征集与预测机制，深化对产业核心技术的前瞻预判与重大项目可行性的科学评估，动态编制并更新重点产业链的关键技术清单。通过创新采用“揭榜挂帅”“赛马机制”等高效项目组织模式，汇聚优势资源并精准施策，加速推进一批重大科技创新项目的实施与突破，深入解决海洋产业发展中的“卡脖子”技术难题。

8.1.2 构建涉海科技创新平台，培育向海经济发展新动力

一要推进现有国家级和省(部)级海洋重大研发平台的建设与发展。持续加大对科研平台的相关政策、项目、资金等要素的扶持力度，用足用好福建省创新实验室等重点实验室、全国首个海洋领域国家基础科学中心——海洋碳汇与生物地球化学过程基础科学中心、国家级华东(霞浦三沙)台风野外科学试验基地、厦门大学—宁德海洋研究院、平潭海洋虚拟研究院，鼓励引导各重大研发平台建立紧密的产学研合作体系，强化重大共性关键技术和产品研发、成果转化及应用示范。重点推进福建省协同创新院海洋分院建设，推动建设绿色智能船舶及其应用工程技术研发平台、抗菌肽技术创新平台等，进一步建设厦门大学海洋生物制备技术国家地方联合工程实验室、智能海洋工程装备实验室、海洋功能材料重点实验室等海洋科研机构，共同打造国内领先、国际知名的海洋科技研发高地。

二要深入推进校地校企合作建设海洋科技创新平台。重点支持厦门大学建设厦门市海湾生态保护与修复重点实验室、海洋监测与信息服务中心等；支持福州大学建设海洋生物资源综合利用行业技术开发基地、功能饲料及添加剂产业研究院；支持集美大学建设福建省海上牧场养殖装备研究院等。同时，依托南方海洋创新创业基地的强大孵化能力，倾力打造智慧海洋联合实验室，充分发挥福建理工大学、集美大学等高等学府的涉海智库优

势，并携手达华智能、福信富通等优质企业，开展深度合作与联合攻关。在联合科技部大黄鱼育种国家重点实验室的基础上，通过进一步的优化重组，建设“海水养殖生物育种全国重点实验室”，实施国家重点研发计划“高抗优质大黄鱼种质创新与新品种培育”项目，与厦门大学、富发水产有限公司等单位密切合作，组成联合育种团队，紧盯我省大黄鱼养殖产业的良种需求，建立成熟的大黄鱼基因组选择育种技术体系，并应用于种质资源的遗传鉴定、重要性状的遗传定位、抗病抗逆育种等工作之中。

三要打造多层次海洋创新平台体系。对于长期布局的科技创新平台给予前期建设专项支持，并加强政产学研协作，构建跨部门、跨学科、跨团队的联合研发机制，以促进海洋科技研究的多元性与专业性，更好地推动技术攻关与成果转化。加速设立专业化的海洋科技服务机构，畅通科技成果的转化与研发服务渠道，持续优化并完善科技成果转化激励机制，确保以公正、透明的评价体系激励科研人员，重点激发其创新潜能。在此基础上，赋予海洋科技创新平台更为广泛的自主权，应覆盖人才选拔、科研项目立项、经费自主支配及项目审批等关键环节。同时，打造一套紧密贴合创新要素价值的收益分配体系，并确保每一位贡献者的努力都能获得合理且充分的回报，从而进一步激发科技创新活力与积极性，促进海洋科技领域的持续繁荣与发展。

8.1.3　促进科技成果转化，提升向海经济产业竞争力

一要构建高效的成果转化与孵化体系。加速优化海洋科技创新成果的转化供给机制，探索建立“3 个 1/3”权益分配策略，即科技创新的知识产权 1/3 归属于投资者，1/3 奖励给发明人，剩余 1/3 则赋予转化实施者。充分借助海峡技术转移公共服务中心、厦门海洋经济公共服务中心等机构的资源，构建一个多元化、全方位的海洋科技成果转化公共服务平台。进一步加速科技成果与生产实践的深度融合，不断优化从基础研究到应用研究再到

成果转化的全链条海洋科技创新生态，推动海洋产业向高技术、高附加值方向转型升级，从而提升海洋经济产业竞争力。

二要加速推动海洋科技成果转化与产业化示范项目落地。深化科技项目经费管理制度改革，从试点示范开始，争取从点到面全面推行“经费包干制”，即赋予科研人员更大的自主权，包括技术路线决策权、经费自由支配权及资源灵活调配权等，以充分地释放创新活力。同时，聚焦关键技术瓶颈，加速攻关步伐，构建完善的标准体系，并大力推广应用服务，形成一批具有自主知识产权的原创性科技成果。特别是在海洋药物与生物制品领域，要不断加快科技创新与成果转化步伐，为“海上福州”战略实施及福建海洋经济的高质量发展注入强劲动力。同时，要积极引导和鼓励省内涉海高校和科研院所设立专业化的技术转移机构，培育高素质专业人才队伍，并致力于构建一套科学高效且普遍适用的科技成果转化政策体系。

三要不断拓宽海洋科技成果转化渠道。依托福建海洋虚拟研究院这一协同创新平台，紧密结合“中国·海峡创新项目成果交易会”，以及“国际海洋周”“渔业博览会”“世界航海装备大会”等高端涉海经贸交流平台与科技成果展示窗口，力争无缝对接科技成果供给与企业实际需求，全力搭建起海洋科技成果转化的快速通道，从而更有效地促进海洋科技创新成果的快速转化与实际应用，最终为海洋经济的高质量发展注入不竭动力。

四要加大金融对海洋科技成果转化的支持力度，重点支持福建省科技成果转化创业投资基金发展。充分发挥福建省中小企业服务中心、汇银资本、中国风险投资福建基金、厦门海安捷航标技术工程有限公司等海洋科技中介机构和服务组织的作用，通过整合全省资源，打造一个统一的、综合性的海洋科技成果转化服务平台。

8.1.4　积极推进海洋科技型企业的培育与发展

一要实施科技型企业培育计划。重点扶持海洋精细化工、海洋生物与新医药、海洋新型材料、海上风电、海洋生态环保等各细分领域的领军企业，加速培育一批在涉海新兴产业技术方面具备领先优势的龙头企业，以及一批具有“专业化、精细化、特色化、新颖化”特点的配套生产企业。支持现有涉海科技创新型中小企业、涉海农业产业化省级及以上的重点龙头企业做大做强（颜澜萍，2021），构建完善的海洋产业生态。

二要加强企业联合实验室建设。联合产业链上下游的大中小企业以及产学研等多方力量，并遴选细分行业龙头企业作为战略合作伙伴，坚持以市场需求为导向，重点引导宏东渔业、立晶光电（厦门）、厦门四信通信和致善生物科技等涉海领域的省级及以上龙头或骨干企业，集中开展技术研发及产品联合研制，为企业可持续发展提供特色、精准的产学研合作和成果转化服务。

三要组建海洋高新产业创新联盟。深入挖掘海洋资源潜力，充分借助数字福建（长乐）产业园、中国国际信息技术（福建）产业园等重要平台，以涉海科研院所和涉海高新企业为核心力量，重点聚焦海洋高端装备制造、海洋生物新医药、海洋新材料、海洋电子信息、海洋清洁能源、海水淡化工程、深海勘探、海洋资源开发、海洋生态旅游、海洋生态环境保护、海洋深水养殖、海底矿产资源的开发等新兴产业，积极承担海洋终端设备及软件应用平台等共性技术的重大研发项目，努力形成具有鲜明福建特色的海洋高新产业创新联合体以及一批具有强大竞争力的“蛙跳产业”，以便为福建打造海洋经济强省提供强有力的科技支撑。

8.1.5 构建系统的海洋高端人才培养体系

一要创新海洋人才引进模式。紧扣重大科研任务和科技基础设施建设,积极引进海洋经济高层次、高技能人才,采取个性化定制策略,为每位顶尖人才量身打造专属的海洋科研平台,提供稳定的经费支持,并加速其科研成果的转化应用。加快构建"一人一策"的引进支持体系,在职称评定、薪酬福利、税收优惠等方面给予全方位的政策倾斜。特别是要注重吸引海外海洋科技领军人才来闽创新创业,统筹调配土地、能源、金融等资源,提供从创业启动资金到全方位服务支持的优质创业生态,以助力其快速融入并贡献智慧。

二要夯实海洋高等教育基础。大力推进福建省高等院校海洋学科和专业建设,建议支持组建厦门海洋职业技术大学,支持厦门大学、福建农林大学和集美大学等涉海高校提升海洋学科的建设水平,扩大人才培养规模,注重提升人才培养层次,努力扩大涉海博士、硕士学位授予单位和授权点的设置与建设,增设涉海博士后流动站。持续加大特色海洋院校涉海专业设置力度,支持有条件的职业院校建立海洋领域产教融合实训基地,并与海洋领军企业如中国船舶集团、广东海大集团等开展深度合作,共同打造现代学徒制等人才培养模式,持续开展大规模的海洋领域专业技术人员继续教育培训活动。

三要持续优化本土海洋领军人才培养生态。坚持"分类指导、精准施策"的原则,重点聚焦省内"双一流"建设涉海高校,精选潜力人才作为重点培养对象。通过"一校一策""一人一案"的定制化培养方案,集中优势资源,着力打造一批具有国际影响力的海洋学科专业领域的领军人才。同时,注重提升本土科研骨干的获得感与归属感,增强其对海洋科研事业的认同度与投入度,力争为福建海洋科技高质量发展奠定坚实的人才基础。

四要创新涉海人才跨域流动机制。打破人才地域限制,构建开放的涉海人才交流网络。通过推动不同省份之间涉海高校与科研机构的深度合作,实现优势学科与人才资源的错位互补。采用人员互聘、柔性引进等灵活方式,明确合作期限,搭建起人才横向流动的“快速通道”,促进人才资源高效配置。可借鉴山东省省外或境外研发中心、创新基地聘用高层次人才视同省内工作等“柔性引才”经验,探索“候鸟型”人才引进、跨区域人才合作等模式,致力于打造海洋人才的“蓝色港湾”。

8.2 促进协调发展,凝聚海洋经济高质量发展的合力

8.2.1 不断优化海洋经济战略空间布局

一要聚焦“港产城融合”。通过优化港口功能定位与资源配置,提升港口支撑能力,发展适港产业,进而提升港城发展能级。加快码头配套建设,推动港区整体连片开发,重点解决产业与港口不匹配的问题。推动港口从运输功能向多元化功能转变,包括装卸、仓储、运输、工业、商贸、旅游等,构建高效多式联运网络,努力拓展腹地经济。借鉴粤港澳湾区“组合港”模式,优化物流流程,降低物流成本。

二要实施保护性海岛开发战略。鉴于福建省拥有极为丰富的海岛资源,应实施分类指导政策,优先保护无居民海岛,同时重点开发条件优越的海岛。对于具备条件的可开发海岛,需坚持规划先行,以确保开发的科学性与可持续性。此外,海岛开发过程中可优先发展高新技术产业、现代服务业及特色滨海旅游业,通过构建多样化的海岛经济体系,提升品牌影响力。

三要坚持立体化海域开发,拓展深远海开发利用空间。要加快海域立体分层开发,制定标准体系,鼓励各地区将深远海开发纳入国土空间规划之

中，以实现海洋资源的最大化利用。要立足海洋多功能性，提升海洋资源综合开发效益，促进海洋经济与陆地经济的联动发展，实现山海协同和陆海统筹。还要充分发挥福建省作为“海丝”核心区和地处海峡西岸的优势，加强多区叠加平台的涉海功能开发，推进开放型经济发展，强化海陆经济的协调发展，为福建省海洋经济的可持续发展奠定坚实基础。

8.2.2 着力实现海洋产业协调发展

一要强化海洋产业基础，推动产业链高级化、现代化进程。在海洋渔业领域，致力于培育形成多条百亿级产业链及千亿级水产产业带，构建国家级的渔业种业核心基地，并加速福州（连江）国家远洋渔业基地的建设，深化水产品精深加工，强化品牌渔业建设。对于临海工业，福建省应该科学规划布局，重点聚焦临海石油化工、电子信息、冶金新材料、船舶与汽车制造以及能源工业等关键领域，重点打造临海经济集聚高地，加速构建现代化海洋产业体系，以引领产业升级新篇章。

二要着力构建海洋新兴产业集群。集中力量培育壮大海洋工程装备、海洋新材料、海洋电子信息和海洋生物医药等前沿产业集群，形成新的竞争优势、增长动能与产业生态，为福建海洋经济高质量发展注入强劲的动力。第一，构建高端装备制造产业集群，鼓励集群的核心企业与国际一流设备厂商或研发机构合作，推动福州、厦门、宁德等地高技术船舶及海洋工程装备产业集群的发展，形成具有全球竞争力的基地。第二，构建海洋生物医药产业集群，深入实施“蓝色药库”开发计划，建设海洋生物科技园区，积极吸引国内外知名企业入驻，致力于打造高效、高价值利用的海洋生物医药产业基地。第三，构建海洋新材料产业集群，立足于构建完整的产业链，重点推进新材料产业园区的建设，形成具有地方特色的产业集群。第四，构建海洋电子信息集群化示范基地，以福州、厦门为核心，通过引进国际知名企业，重点突破核心技术，努力将福建打造成为全国重要的海洋电子信息集群化示范基地。第五，构建海洋清洁能源产业，重点加强海上风电等产业的关键技术攻关，探索“海上风电+海洋牧场”新模式，形成产业发展与推广应用相互促进的新格局。

三要以地域特色为亮点开展海洋产业融合发展行动。一方面，充分挖掘地域特色，聚焦滨海旅游、海洋文化创意等新热点消费领域，创建福清市渔溪镇、霞浦县溪南镇等国家级渔业产业强镇，重点支持宁德大黄鱼产业园、诏安牡蛎产业园、云霄贝类种业产业园建设，创建国家级现代农业产业园。另一方面，探索渔旅结合模式，重点发展“渔业+旅游”新业态。结合养殖设施升级改造和渔港经济区建设，重点打造“渔市游”“渔人码头”“大黄鱼小镇”“虾皮小镇”“花蛤小镇”等海洋渔业特色品牌，着力提升渔业品牌的知名度和美誉度，打造向海经济文旅产业品牌，助力福建省海洋经济高质量发展。

8.2.3 深化沿海城市之间的交流合作

一要加快建设陆海统筹发展示范引领区域。深入实施区域协调发展战略，充分把握福州新区和厦门特区建设机遇，立足两个沿海城市区位、资源禀赋、产业基础、科技力量等独特优势，统筹海陆两种资源优势、空港海港两港优势，重点发展智慧海洋、滨海旅游、涉海金融等现代海洋服务业，建设福州邮轮旅游发展实验区，打造具有“创新高地、开放门户、宜业家园、生态绿城”特点的滨海城市，引领陆海统筹、区域协调的高质量发展新路。

二要深入推动区域协调发展战略的落地实施。充分利用福州和厦门创建全球特色海洋中心城市的契机，发挥其国际特色和海丝沿线影响力，加强与其他海洋城市之间的交流与合作，重点包括通过产业链招商推动涉海产业协同发展以及在海洋人文领域开展深度合作交流等，从而进一步提升海洋中心城市建设的国际化水平。与此同时，积极探索开展港航大数据研究服务，通过与深圳、青岛、大连、宁波、舟山等国内沿海城市在航运大数据方面的深度合作，实现信息的互联共享，并努力建立健全港航大数据的共享机制，全力打造具有影响力的港航大数据服务品牌，以更好地服务海洋经济高质量发展。

8.2.4 建设一流港口推动陆海统筹发展

一要强化港口统筹联动，优化航线布局。作为当前福建省内的重点港口，厦门、福州、莆田三大港区应加强统筹联动，通过整合港区功能，优化航线布局，提高整体连片开发水平。如针对厦门海沧和东渡港区集装箱吞吐量接近饱和的问题，应适时调整港区功能，逐步减少污染较大的散杂货运输，并探索新的发展空间，从而实现资源的优化配置和高效利用。

二要提升各港区的集疏运能力。针对福清江阴、长乐松下等港区腹地空间不足、集疏运不畅的问题，应不断加大腹地拓展力度，持续完善港区集疏运体系，进一步提升江阴港区、闽江口内港区、松下港区和罗源湾港区的快速通行能力，逐步形成互联互通、高效便捷的沿海交通网络。同时，通过协同优化铁路、公路和水路等交通网络，提高港口与内陆地区的连通性，以确保各类货物能够快速、高效地集散。

三要打造国际深水大港，提升全球航运枢纽地位。进一步发挥福州和厦门两大重点港区在区位交通、资源禀赋、产业基础和体制机制等方面的优势，高起点建设国际深水大港，重点推进福清江阴港、罗源湾、厦门港等主要港区的专业化开发和规模化拓展，重点强化其作为国家综合运输体系重要枢纽的地位。同时，持续推进通关便利化建设，打造便捷顺畅、优质高效的口岸通关环境，并加强港口之间的合作互补，推动“海丝”沿线港口联盟建设，深化国际航线、贸易投资和物流合作，从而拓宽全球航运合作网络。

四要打造内外通达的集疏运系统，强化港口综合服务能力。进一步完善重要港区的深水航道、防波堤、锚地等基础设施建设，提升港口支撑保障能力，确保沿海航道安全畅通。同时，加快港口后方集疏运通道建设，努力实现铁路、公路、空运和水路等多种运输方式之间的无缝衔接，形成高效便捷的集疏运网络系统。此外，积极构建海铁联运新通道，重点加强与中西部物流节点的联动，促进"海丝"与"陆丝"之间的深度融合，以打造全球物流网络的重要节点，推动贸易与物流的双向畅通，从而助推福建海洋经济高质量发展。

8.3 推动绿色发展，绘就海洋经济高质量发展的底色

8.3.1 建设全国海洋生态文明展示窗口

一要强化海陆污染同防同治。深入推进国家生态文明试验区建设，创新海洋环境治理与生态保护模式，重点推进海洋生态屏障建设，开展入海河流"消劣行动"和海陆结合部的"净滩行动"，以兴化湾、泉州湾、同安湾、东山湾等核心海湾为重点，稳妥推进沿海城市排污许可证制度建设，协同推进近海海域污染防治和陆域流域环境综合整治，建设国际海洋治理典范城市，为全球海洋生态文明建设和海洋综合治理提供示范。

二要加强海漂垃圾治理监管。福建省应全面开展入海排污口溯源整治工作，不断完善"海上环卫"机制，持续降低海漂垃圾分布密度，实施水产养殖排口专项治理，常态化推进入海排污口监管。严格控制陆源污染物排放，加强近岸海域综合治理，研究制定污染物总量控制目标任务及减排分解方案，指导沿海各个县（市、区）按照分类管理的要求，有序推进入海排污口的整治工作，从根本上降低陆地垃圾流入河流或直接排入海洋的风险。

三要强化环境保护与生态修复，引领海洋绿色转型。面向全省的江河湖海，大力组织开展增殖放流活动，持续打响“万人亿鱼”特色增殖放流品牌；致力于推动海洋开发模式向循环经济与可持续发展方向转变，以打造碧海蓝天、洁净沙滩为目标。实施重点海域生态修复项目，持续加大对红树林的保护与建设力度，强化滨海湿地的整治与修复工作，提升海洋固碳与生态服务功能，维护海洋生物多样性，构建健康稳定的海洋生态系统。

四要构建多维度的海洋生态保护监管体系，守护蓝色家园。采取“人防＋技防”相结合的综合监管模式，通过实施网格化管理，严厉打击各种非法捕捞行为，并确保群众生活休闲空间与近海区域的生态环境安全。全面推动沿海流域养殖设施的升级改造，利用现代信息技术建立海水养殖管理“一张图”，实现精准管理。严格执行海洋伏季休渔与闽江流域禁渔制度，深化渔港“封港清查”行动，清理“三无”船舶，重拳打击各种非法捕捞方式，维护渔业秩序。

8.3.2 建立健全绿色低碳循环发展的经济体系

一要提升养殖业绿色发展水平。借鉴并推广海上养殖综合治理的“宁德模式”，鼓励采用环保型塑胶渔排、深水抗风浪网箱等现代化养殖设施，以及工厂化循环水养殖技术，同时加强养殖尾水处理设施建设。实施生态健康养殖模式推广、养殖尾水治理、养殖用药减量等五大绿色养殖行动，促进养殖业绿色发展。鼓励并支持海水养殖向远海、外海拓展，特别是在福州、宁德、漳州等地，通过稳步开发深水大网箱与浮式养殖平台，将养殖活动推向更深更远的海域，以缓解近海养殖的压力，并有效地促进海洋生态平衡。

二要加快现代海洋牧场建设。因地制宜地探索我省海洋牧场产业化新模式。用足用好国家级省级海洋牧场的平台集成作用，推动海上牧场观光体验区、海上餐饮宴会厅、岸上配套服务等相关设施建设，加快注册渔家乐、休闲垂钓、旅游观光等品牌，从而推动海洋牧场融合发展产业化，促进海洋渔业资源养护。比如，以福清东瀚国家级海洋牧场为重点，探索建立“海上风电＋海洋牧场”相结合的示范项目，培育独具特色的海洋生态牧场综合体，促进海洋牧场与海洋工程设备、海上风能发电以及休闲旅游等多个领域的综合发展。

三要延长养殖产业链条。持续发掘福州、宁德、莆田、漳州等地在沿海渔业资源和其他自然资源方面的优势，重点发挥连江、霞浦、南日岛等地渔村的自然资源和海洋文化的特色和优势，有序地开展大黄鱼、鲍鱼、海带、紫菜等重点水产品精深加工，加快引导其自主融合养殖、制造、加工、储运、贸易、休闲等渔业一产、二产和三产，并以发达的一产和二产为基础支撑，重点发展休闲渔业等三产，致力于打响“水乡渔村”品牌；发展水产品电子商务，完善水产冷链物流体系，打造“福渔”品牌，以不断提升产品的科技含量和附加值，从而促进海洋经济高质量发展。

8.3.3 积极发展海洋碳汇产业

一要大力推动海洋碳中和试点工程。根据碳达峰、碳中和等战略目标及任务要求，积极建设不同类型的海洋碳汇研发平台，重点开展渔业碳汇、海洋牧场碳汇和海洋微生物碳汇等相关的系列方法学研究和标准制定工作，对海洋碳汇的交易模式、交易主客体、交易价格形成机制等进行探讨和界定，以期实现海洋碳汇资源的有序开发利用。可依托厦门全国首个海洋碳汇交易服务平台——厦门产权交易中心（厦门碳和排污权交易中心），做到有序开发海洋碳汇工作并深入推进海洋碳汇市场交易，努力打造集碳汇权属登记、查询、交易、托管、融资、披露、培训等在内的“一站式”绿色要素综合服务平台。

二要前瞻性地开展海洋碳汇研究，助力碳中和目标实现。应抢占海洋负排放国际大科学计划在厦门落地实施的先机，加快海洋负排放研究中心、蓝碳监测和评估中心等基地（平台）建设，加强海洋碳汇观测网络建设与数据库构建，探索海洋增汇的新途径，为国家碳中和战略目标实现贡献力量。同时，设立平潭海洋碳汇示范区，实施系列海洋碳汇示范工程。重点聚焦于盐沼、红树林、海草床、微型生物及渔业等多元化蓝碳资源，深入研究其碳汇潜力和应用前景，努力构建一个蓝色碳汇的创新高地，为蓝色海湾的可持续发展贡献智慧与力量。

三要支持海洋碳汇产业化发展。积极推动涉海产业龙头与高等院校、科研院所之间的深度融合，共同探索海洋生态系统的碳汇分布规律，并启动一系列增汇试验项目，涵盖海水养殖、滨海湿地、红树林保护以及海洋微生物增汇等多个领域。重点关注盐沼湿地和海草床的固碳状况，推动海洋碳汇科技创新，同时建立完善的海洋与渔业技术推广体系，持续推进高固碳能力的海洋修复工程，为碳汇型海洋牧场发展提供技术支持。

8.3.4 强化适应气候变化的海洋灾害防范

一要重点加强海洋灾害预警预报保障。各级海洋业务主管部门需承担本级行政区近岸海域生态灾害监测工作，各海区局承担近岸海域以外和跨区域生态灾害的应急监测。同时，相关部门积极探索“卫星海联网”“5G＋智慧渔业”的应用，持续完善海洋渔船安全专项预警预报产品，建立健全精细化、智能化的海洋监测预警体系。

二要着力提高海洋风险防范数字化能力。以风暴潮、海浪、绿潮、赤潮等灾害的防范为重点，开展气象信息、水文信息、台风信息、灾情信息、预警专报等多样化的预警预报服务。例如，及时更新赤潮防范的应急预案，开展赤潮高风险区立体监测，掌握赤潮暴发的种类、规模、影响范围及危害大小等情况，以提高预警预报的针对性和准确率。

三要强化监测评价和预警成果的产出。持续拓展预警信息的传递渠道,及时将海洋预警预报信息准确地传递到全省沿海一线的重点区域和重点人群。各类监测数据成果应逐级汇交、集成至海洋生态预警监测信息化平台,以实现对海洋生态信息的集中管理和共享服务,并据以开展海洋生态的监管督察、资源环境承载力的监测预警和沿海城市体检评估等工作。

8.3.5 加快推进海洋生态系统修复恢复

一要推进人工岸线生态化建设。以恢复海域生态系统完整性、提升生态功能、提高灾害防御能力等为目标,进一步落实和完善海洋生态保护红线制度,严厉打击违规违法用海行为,有计划分批次地实施海域、海岸带、海岛等海洋环境综合整治与生态修复项目,全面保护海洋渔业资源和生态环境。

二要恢复修复典型海洋生态系统。以提升海洋生态系统的质量和稳定性为目标,重点修复恢复闽江口、九龙江口、漳江口、厦门湾、兴化湾、泉州湾等主要海湾、重点河口、滨海湿地与珊瑚礁、红树林、浅海草场等典型海洋生态区域。严格限制顺岸平推式围填海,以保护重要自然岸线和滨海湿地,分类处置好围填海等历史遗留问题,坚决整改对海洋生态环境有严重影响的已围填区域,重点加强对厦门湾、三沙湾、泉州湾和诏安湾等海湾的综合整治,推进同安湾、兴化湾滨海湿地和闽江口、九龙江口、漳江口等河口湿地修复,最大限度地保护好滨海湿地生态系统。

三要加快海岛生态修复与保护。持续开展生态海岛建设,对岸滩、岛体受损和生态功能退化的有人居住海岛,重点修复改善海岛生态环境和基础设施,恢复提升海岛生态环境的品质和周边海域生态环境的整体功能。对于那些地处鸟类等重要生物物种迁徙通道上的海岛以及具有重要生态价值的岛屿,要加强对海岛的管理和保护,严控人类的违法用岛活动。

8.4 加快合作开放，拓展海洋经济高质量发展的空间

8.4.1 深度参与融入海洋开放合作新格局

一要高效利用开放合作平台，拓宽国际海洋合作网络。充分利用“海创会”“海博会”和“海洋周”等开放合作的平台。发挥世界航海装备大会、海峡（福州）渔业周・中国（福州）国际渔业博览会、21世纪海上丝绸之路博览会、中国侨智发展大会、数字中国建设峰会等国际性和全国性的展会、活动，邀请更多的《区域全面经济伙伴关系协定》（Regional Comprehensive Economic Partnership，RCEP）成员国家的企业到福建参展参会，并与其共襄盛举，不断深化双向经贸合作，拓宽市场渠道。同时，借助世界城地组织（世界城市和地方政府联盟）21世纪海上合作委员会秘书处永久落地福州市的契机，构建高层次、宽领域的海洋交流合作平台，促进全球海洋资源的优化配置。

二要深化“海丝”合作机制，打造海洋合作新高地。充分发挥福建省海洋资源禀赋方面的优势，高质量举办“海丝”系列博览会、海洋周、论坛、电影节、旅游节、艺术节等各项相关活动，增强自贸试验区的示范引领作用，推动政策、设施、贸易、资金等领域的全面互联互通。特别是推动马尾—马祖跨境电商货物流通以及“小三通”海上货运直航，促进区域经济一体化。此外，依托中印“两国双园”平台，鼓励企业拓展境外渔业基地，深化与印尼及周边国家海洋产业的互利共赢合作。

8.4.2　不断拓展海洋开放合作

一要拓展国际海洋开放合作，共筑蓝色伙伴关系。实施“生态海丝”行动，持续深化与“21世纪海上丝绸之路”沿线国家和地区之间的交流合作，共同应对海洋挑战，分享海洋发展机遇。加快远洋渔业发展步伐，出台更加有力的扶持政策，推动福州（连江）国家远洋渔业基地建设，努力将其打造成为具有国际影响力的远洋渔业母港。同时，支持远洋渔业企业兼并重组，扩大作业范围，开发新渔场，深化南极磷虾资源利用及境外水产养殖合作。利用厦门特区、福州自贸区的制度创新优势，举办高端涉海论坛，提升海洋开放合作水平，为构建世界海洋命运共同体贡献力量。

二要深化闽台海洋产业融合。发挥福建对台合作交流的独特优势，不断强化闽台在海洋资源开发、海洋环境保护、海洋综合管理等方面的交流合作，构建紧密的闽台海洋产业合作体系。重点推进渔业设备、海工装备、海洋药物与生物制品、海洋环保、海洋科技等领域的对接合作，通过优势互补提升闽台海洋产业的竞争力。同时，创新闽台合作交流模式，坚持线上线下相结合，进一步办好海峡论坛、海峡青年节等各项交流活动，持续深化民间互动交流，以增进两岸同胞的情谊和福祉。

三要构筑海上开放合作大通道，建设海上运输网络。积极响应“21世纪海上丝绸之路”倡议，充分发挥福建作为“海丝”核心区的重要作用，聚焦关键通道、节点城市和重大项目，加快沿海港口、交通干线、物流基地及口岸通关设施建设，推动航运物流服务业的转型升级；有效整合涉海各类资源，建设水产品交易集散中心，拓展水产养殖加工、远洋渔业等领域的国际合作；促进高端临海工业和海洋新兴产业的协同发展，构建开放型、多层次、宽领域的海洋经济合作圈，以更好地推进福建省海洋经济高质量发展。

8.4.3 促进海洋产业交流合作

一要进一步做大做强远洋渔业。通过整合提升各类涉海园区和市场，拓展远洋渔业等对外交流合作，构建海洋经济合作圈。持续推动远洋渔船装备升级更新，加速远洋渔船装备的现代化进程，构建一支高效、先进的远洋渔业船队。鼓励涉外海洋企业勇于探索，开辟新渔场，特别是力争在南极磷虾资源的开发利用上取得突破性进展。与此同时，加快福州（连江）国家远洋渔业基地的建设步伐，全方位提升远洋捕捞、精深加工、冷链物流、码头设施及渔船修造等产业链的各个环节，以实现远洋渔业全链条的高质量发展。

二要支持海洋新兴产业"出海"合作力度。进一步做优做强海洋工程装备、临海石油化工等优势产业，不断发展壮大海洋生物医药、海洋信息等新兴产业，鼓励相关的企业合作建立中外海洋产业园区和境外经贸合作区，并推动建立"21世纪海上丝绸之路"沿线国家或地区海洋高新技术产业带和区域经济一体化示范基地，从而为福建海洋经济高质量发展提供产业支撑。

三要致力于延伸航运物流服务的价值链，推动海运企业向规模化、专业化方向迈进。福建省要集中精力吸引国内外大型航运企业落户省内，并进一步培育壮大专业化的运输船队，促进船舶制造、航运、货主之间的深度合作，构建更加紧密的供应链伙伴关系。要特别鼓励发展中转配送、流通加工等增值服务，促进航运公司、代理、运输、仓储等多方联动，形成高效协同的航运物流生态系统。

8.5 推进共享发展，实现海洋经济高质量发展的目标

8.5.1 逐步完善新型的软硬件基础设施

一要构建海洋“信息高速”。加快5G网络和“千兆城市”建设，积极探索100 km及更远的海域5G覆盖，综合运用“5G网络＋海缆＋卫星”多形态设施，将人、厂、船、港、设施等要素全量、无缝、广泛地连接起来，致力于打造“覆盖更远、速率更高、连接更多、质量更优”的空天地一体化覆盖方案。

二要强化海洋大数据平台赋能海洋产业智慧升级。以举办“数字中国建设峰会”为引擎，支持福州和厦门布局建设集海洋科技服务、海洋环境监测、海洋经济统计分析、海洋信息分析为一体的综合性海洋大数据共享服务平台。重点推进智慧海洋大数据中心、渔业渔政综合管理平台等综合服务平台项目建设，建设台湾海峡海洋综合感知网，完善海上安全应急通信网，并试点推广船载高通量卫星通信设备，促进海洋数据资源的深度整合与高效利用。

8.5.2 有效提升海洋公共服务保障能力

一要建立海洋灾害预警预报系统，提升防灾减灾能力。进一步强化海洋观测网建设，提升灾害预警预报和精细化服务能力，构建集远程实时监控、AI预警、远程喊话提醒于一体的防护监测预警系统。同时，加强赤潮灾害预防和防汛防台风等工作的部署，全面开展海洋灾害综合风险普查，为科学决策提供坚实的数据支撑。

二要实施平安海洋保障工程。重点实施海堤强化加固工程，在统筹考

虑自然条件和防潮安全的基础上，对标准偏低、毁损严重的海堤进行除险加固，并进一步健全海岸、海岛和入海河流的防洪防潮工程。持续开展沿海防护林建设，进一步加强沿海基干防护林带的培育和保护，突出沿海基干林带的修复和提升，及时开展老林带的更新修复，全面提升沿海防护林的生态防护功能，进一步增强其防灾减灾能力。

三要强化海上搜救应急体系，保障海上作业安全。针对海上搜救的紧迫需求，重点建立健全基层海上搜救机制，聚焦商船和渔船防碰撞、乡镇基层船舶管理、海上新业态资源开发利用等风险点，实施集中防控策略。加强应急联动机制建设，有效整合海事、海渔和东海救助局及沿岸地方政府等多方救援力量，实现统一指挥、联合调度，并为专业搜救团队提供有力的支持，以确保海上应急处置工作高效、有序地进行。

8.5.3 持续完善海洋文化公共服务体系

一要大力推进具有东南沿海特色的海洋文化建设，塑造独特的海洋文化品牌。从文化导向和文化主题定位确立海洋文化的特点，深入挖掘福建海洋文化的独特魅力，如“福”文化、莆田妈祖文化、马尾船政文化和朱子文化等，并通过舞台剧、音乐剧、影视作品等精品文艺创作形式加以体现，以展现海洋文化的深厚底蕴。同时，整合多元海洋文化领域，通过以游客需求为导向的规划，打造“全面覆盖市场、精准提炼特色、通俗展现个性”的海洋文化品牌，以吸引国内外游客共赏福建海洋文化的独特风采。

二要稳步增加海洋文化载体。建设一批海洋科普文化馆、海洋虚拟场馆、博物馆、展览馆等，并推动各类海洋场馆等海洋文化载体向社会公众开放，以实现普及海洋知识和提升社会公众海洋意识的目标。同时，结合各地海洋经济发展实际需要，推广海洋文化节庆活动，持续举办“大黄鱼节”“鲈鱼节”“海钓大赛”等渔业节庆活动，开展“国际游艇帆船展”“中国俱乐部杯帆船赛”

“海峡杯帆船赛”等展会赛事，以切实提升福建省海洋文旅产业的影响力。

三要实施福建文化标识体系构建行动，推动海洋文化国际传播。依托国际友城及福建文化海外驿站、福建旅游海外合作推广中心等平台，深入挖掘独具特色的船政文化、昙石山文化和郑和下西洋文化等海洋文化内涵，并加强福建海洋文化对外传播交流，提升福建海洋文化的国际影响力。打造具有鲜明区域特色的海洋文化标识，促进“影视＋海洋文旅”的深度融合，培育影视旅游、摄影旅游等新兴业态，助力福建海洋文化走向世界舞台。

8.5.4 深度挖掘滨海旅游资源

一要发展特色涉海休闲活动，打造滨海旅游新亮点。依托福州、厦门、泉州等地的海洋旅游影响力，整合“山海”“江海”资源，开发海上垂钓、海洋牧场、水上娱乐、沙滩运动、特色餐饮等多元化休闲项目，构建集休闲、度假、娱乐于一体的特色滨海旅游带。通过丰富多样的活动形式，满足游客对海洋旅游的多样化需求，从而提升滨海旅游的吸引力和竞争力。

二要推广海洋旅游精品路线，共享海洋发展红利。依托宁德霞浦、福州晋安、平潭海坛岛、莆田湄洲岛、泉州惠安、厦门集美和漳州东山等独具特色的滨海休闲旅游示范区，以及 15 个集聚发展片区，重点打造系列涉海康疗养生旅游产品，如沿海浪漫海岸线徒步游、滨海湿地游、海上夜间游和海岛游等。并通过推广上述这些精品旅游路线，让全民共享海洋发展的成果与红利，以提升福建海洋旅游的知名度和美誉度。

三要挖掘海洋旅游文化资源，扩大海洋文化旅游影响力。办好“海上丝绸之路”（福州）国际旅游节等海洋文化旅游重点项目，不断加大宣传引导力度，扩大省内外游客的参与度。同时，加强福州台江码头至马尾船政文化旅游等观光线路的推广，提升海上研学活动的知名度，进一步弘扬福建海洋文化，满足游客对海洋文化旅游的多元化需求。

下篇

专题研究

9 加快推进福建省现代海洋产业高质量发展体系建设

海洋产业作为海洋经济持续发展的基石，对于推动海洋经济高质量发展具有举足轻重的作用。当前，福建省海洋产业正面临转型升级的关键时期，亟须发掘新的主导产业，以提升整体产业发展质量。福建省海洋产业的高质量发展包括各类海洋产业及相关经济活动的深度开发和高效利用，而增强福建省海洋产业竞争力及构建完善的产业运行体系是确保高质量发展的核心要素。因此，在当前福建省"海洋强省"战略实施的大背景下，加快推进福建省现代海洋产业高质量发展体系建设，深入推动海洋产业的高质量发展，对于政府相关职能部门的决策制定和实务部门的实践工作开展均具有十分重要的理论指导和实践参考价值。

9.1 构建"蓝色牧场"，推动福建省海洋种业提质增效

党的二十大报告明确提出，要深入实施种业振兴行动，确保中国人的饭碗牢牢地端在自己手中。福建是海水养殖大省，2023 年福建省海水养殖的产量和养殖规模、水产品人均占有量、水产品出口额等指标均居全国首位。[①]

① 数据来源：http://hyyyj.fujian.gov.cn/xxgk/zfxxgk/zfxxgkml/tyabl/zxwyta/202406/t20240605_6460596.htm；https://news.xmnn.cn/fjxw/202408/t20240820_224654.html。

海洋种业是构建“蓝色牧场”和“海上粮仓”，实施“藏粮于海”战略的硬核“芯片”。发展海洋种业，已逐步成为保障国家粮食安全、加快海洋渔业发展转型升级的重要抓手。近年来，虽然福建省海洋种业已经形成了“保、育、测、繁、推、加、用”一体化发展体系，但与全省的海水养殖水平仍不相匹配。当前，如何发挥福建省海洋资源优势，推动海洋种业提质增效，对深入践行大食物观、提升海洋渔业现代化水平、助力“海洋强省”建设具有重要意义。本部分通过深入分析福建省海洋种业的发展态势及主要短板，旨在提出加快海洋种业高质量发展的对策建议。

9.1.1 福建省海洋种业的发展态势及其主要短板

第一，水产品种质资源丰富，但种质资源的保护和开发力度仍然不够，水产新品种“良种不良”现象普遍。近年来，福建省实施水产种业振兴行动，推进首次水产养殖种质资源普查，已普查主体8791个，初步摸清了水产种质资源的家底。截至2022年，全省大黄鱼、鲍鱼、牡蛎、花蛤、白对虾、海带、紫菜等大宗养殖良种规模化育苗供应量均保持全国第一，主要养殖品种良种覆盖率突破70%[①]，其中连江是全国最大的海带育苗基地。但福建省原种的资源量日益衰减，且尚未对水产种质资源的资源总量、空间分布、遗传基因信息等家底进行有效普查，部分具有重要经济和遗传价值的物种面临消失的风险。水产新品种“良种不良”现象普遍，抗病性差、抗逆性差、产量低和品质差等问题依旧存在，其中三文鱼、对虾、扇贝和牡蛎等重要品种均明显依赖国外引进种，部分品种亲本质量不稳定，仍须持续进口原种作为补充。一旦国外的供应商因各种原因停止或限制供应，都将直接引发上游产业的苗种数量减少，且会间接影响下游产业的生产与经营活动，从而对全省

① 数据来源：由调研团队实地调研获取。

海水养殖业产生不利的影响。

第二，水产种质技术实现突破发展，但种业产业技术创新深度不足，现代育种技术的创新能力亟待加强。目前我国关于水产苗种的科学研究居于世界领先水平，而福建省则通过不断地革新大黄鱼的育种工具和育种技术体系，初步形成了一批规模化、集约化、标准化的种苗生产基地。如将“大黄鱼育种国家重点实验室”重组为“海水养殖生物育种全国重点实验室”，建立并不断完善大黄鱼遗传育种中心；同时，成功研发坛紫菜、海带、鲍鱼、牡蛎、对虾、河鲀等一批新品种、新品系，有效地缓解了福建省海水养殖产业的“卡脖子”问题。虽然全省水产品育苗已培育出120多个品种，但多数水产种业企业的发展尚处于引种育苗或标粗培育的初级阶段，育种研发与自主创新能力仍然较弱，分子标记辅助选育、基因组选择、基因组编辑、保种维持技术等现代育种技术在水产种质资源中的应用还相对有限。

第三，渔业种业呈现产业化连片发展趋势，但水产育种体系竞争力相对不足，尚未建立以种业企业为主体的商业化运行体系。企业是种业自主创新的主体，福建省已建成水产苗种场2300多家、省级水产原良种场40家，拥有育繁推一体化的水产种业龙头企业25家、种业创新优势团队50多个[①]。但全省水产种业企业的整体规模偏小，如莆田市现有渔业企业151家，其中苗种企业仅18家，年产值500万元以上的渔业企业仅有24家，而苗种企业年产值500万元以上的数量更是微乎其微(林章武，2021)。同时，福建省水产苗种企业参与培育水产新品种的数量不断增加，但大部分新品种仍由高等院校和科研院所等为主要牵头单位进行培育，专利也集中于少数具有优势的高校和科研院所，水产商业化育种体系亟须建立和完善。

第四，水产品质量安全保持较高水平，但苗种质量监管制度尚不健全，部分病害防控依然存在困难。近年来，福建省不断强化水产品质量安全监

① 数据来源：https://kjt.fujian.gov.cn/xxgk/gzdt/mtjj/202204/t20220414_5892325.htm。

督抽查，多次开展省部级产地水产品质量安全监督抽查，并多批次组织开展水产品质量安全市场例行监测、贝类卫生监测、织纹螺毒素风险检测和水产品药残快速检测等各类监测检查。近十年全省水产品的监督抽检合格率均达到97％以上，如2020年产地水产品质量安全抽检合格率达99.88％。但福建省沿海绝大部分的县（市、区）尚未建立起较为完善的水产苗种检验检疫体系，苗种质量监管制度尚不健全，同时渔业种苗所有权主体缺乏知识产权保护意识等问题仍然存在。一些品种的病害防控依然存在困难，尚未找到较好的防治方法，这对苗种的安全培育产生了较大的影响。政府或行业相关管理部门在苗种检疫、渔药残留等方面还存在一些监管方面的漏洞，并由此引发了一定的风险。

9.1.2 加快福建省海洋种业高质量发展的对策建议

第一，强化种质资源保护，保障渔业良种可持续发展。一是实施水产种业振兴计划。拓展水产养殖种质资源普查成果应用，充分挖掘福州、宁德、莆田、漳州等地的海水养殖特色优势品种，开展水产种质资源的登记和名录发布，实现水产种质资源信息化管理。二是借助数字化技术，支持建设一批遗传育种中心和种质资源库。利用已经建好的国家遗传育种中心、国家级现代渔业种业示范场以及国家和省级原良种场，创建国家级鲍鱼、海带和紫菜等核心品种的种质资源数据库，重点开展养殖品种遗传多样性与种质资源的调查、评价、发掘、巡护、规划制定和环境监测等方面的基础研究。三是实行保护和引进相结合的策略。继续实施扩大增殖放流规模、养殖尾水排放监测整治、禁渔期制度建设等保护措施，进一步加大对西施舌、双线紫蛤、泥东风螺、半刺厚唇鱼、细鳞鲴、大刺鳅等地方特色种质资源的保护力度。同时建立领先的网络化省级种质资源信息基础数据库和智能化管理平台，以加快推动大黄鱼、鲍鱼、海参、缢蛏、文蛤、鳗鱼等品种种业产业化，切实加强种质资源的引进、交换和利用。四是着重开展海洋水产生物优质高效突破性新品种培育工作。加快自主培育优良品种，重点围绕大黄鱼、对虾、石斑鱼、鲍鱼、牡蛎、海带、坛紫菜、海参等重点海水养殖种类，选育优质、高效、多抗、安全的水产养殖新品系和新品种。

第二，聚焦自主创新攻关，焕发渔业良种“芯”动力。一是持续加强海洋水产种业自主创新。紧抓“打好种业翻身仗”的机遇，采用“揭榜挂帅”和“赛马制”等攻关模式，积极参与“种业自主创新”“蓝色粮仓科技创新”等国家重点研发计划，重点突破大黄鱼遗传选育、石斑鱼杂交新品系、对虾自主选育优良品系等种业“卡脖子”技术，以提高种业科技创新能力。二是推进种业领域重大创新平台建设。打造“政产学研用”新型协同创新中心，支持福州、连江、莆田等地发展特色水产种业研究中心，着力提升种业创新攻关能力，推动各地龙头企业建立海洋种质资源、高新育种技术、新品种培育、规模化测试等板块运作模式，加快构建区域特色鲜明的一体化水产种业研究体系。三是不断拓宽科技成果转化资金的投入渠道。推动育种团队以“现金＋股权＋期权”等方式参与组建渔业种业龙头企业，创新“科技＋金融”种业发展模式，着力提高渔业育种成果的转化率。

第三，培强扶优种业主体，提高渔业良种核心竞争力。一是优选具有商业化开发前景的品种，打造一批有影响力的特色种业品牌。诸如石斑鱼、东方鲀、真鲷、凡纳滨对虾等品种，依其具有商业化价值高、高质量供需等特点，应通过财政补助、税收优惠等方式给予支持，从而加快形成品牌效应。二是做大做强优势种业产业，加快培育一批现代渔业种业领军企业。充分发挥连江官坞、霞浦一嘉、宁德官井洋、宁德富发等渔业种业企业的作用，持续打造大黄鱼、鲍鱼、海参等全产业链产值超百亿元的优势特色产业，形成集科研、生产、加工、营销、技术服务等多种功能于一体的种业主体。三是完善水产商业化育种体系。积极推进福州连江、福清和宁德蕉城、霞浦、福鼎等地建设海水养殖优良种质研发中心和良种基地，构建以水产遗传育种中心为龙头、苗种企业为骨干的原良种繁育技术体系，以提升苗种企业的保种、育种、供种能力。

第四，强化质量监管体系，推动渔业良种健康发展。一是持续深化水产苗种智慧监管平台建设。以福州市连江县智慧养殖管理系统为试点，重点加强对海水养殖苗种种质、质量、疫病和药残等智能检验检疫工作，进一步落实水产苗种产地检疫，并以苗种生产许可为纽带，持续推进合格证及"一品一码"追溯体系建设，从源头上保障养殖健康发展和水产品的质量安全。二是科学规划海水养殖优势区。明确现阶段福建省海水养殖主推品种和主推模式，加快推进规模经营主体按标生产养殖，致力于建设一批国家级水产健康养殖和生态养殖示范区。同时，借助在线监测系统对苗种的质量和性状等作出具体规划，并严格把控种苗生产和交易的各个环节。三是加大渔业种业知识产权保护力度。依托福建省"智慧海洋"大数据中心，推动全省渔业苗种信息平台建设，重点支持海洋渔业苗种监管和服务等相关体系建设，防止种质资源流失和自主知识产权丧失，以营造健康有序的渔业种业市场环境。

9.2 耕牧"海上粮仓"，保障福建省海洋食品高效供给

增加海洋食品供给是保障粮食安全、改善国民营养和膳食结构的重要举措。福建省海洋资源丰富，2023 年，福建海洋产业生产总值约 1.2 万亿元，水产品总产量 890 万吨，水产品人均占有量 200 余公斤，均居全国前列，[①]福建省建设"海上粮仓"已取得初步成效。立足新发展阶段，以丰富的

---

① 数据来源：http://www.fujian.gov.cn/zwgk/ztzl/sxzygwzxsgzx/sdjj/hyjj/202408/t20240820_6503930.htm。

海洋资源为依托，积极向广袤的蓝色空间要食物，全力耕牧“海上粮仓”，从而切实保障海洋食品的高效供给，推动海洋经济的高质量发展。

9.2.1 把握种业安全，筑牢海洋食品供给的基础

近年来，福建省将海上养殖整治与渔业转型升级齐抓并举，目前全省已建立了11个国家级水产种质资源保护区。尤其2018年以来，福建省宁德市按照福建省委省政府的统一部署，组织开展了海上养殖综合整治工作，强力推进海水养殖业的高质量发展，取得了良好的成效。但全省海洋渔业资源衰退的迹象仍然较为明显，种质污染、遗传多样性丧失的风险加大，良种覆盖率相对较低。基于此，应采取以下举措：

一是不断加强水产种业自主创新。采用“揭榜挂帅”“赛马制”等攻关模式，积极参与“种业自主创新”“蓝色粮仓科技创新”等国家重点研发计划，重点突破大黄鱼遗传选育、石斑鱼杂交新品系、对虾自主选育优良品系等种业“卡脖子”技术。

二是积极推进海水养殖优良种质研发中心和良种基地建设。重点推进福州连江、福清和宁德蕉城、霞浦、福鼎等地建设海水养殖优良种质研发中心和良种基地。力争创建国家级鲍鱼、海带和紫菜核心品种种质资源库，推动良种研发、亲本保存、苗种繁育、疫病防控等功能集聚。

三是强化推广优质苗种。持续对大黄鱼、对虾、花蛤、海带、紫菜等传统养殖品种进行提纯复壮。如宁德、福州和漳州等海水养殖区域，免费提供部分优质苗种给养殖企业和养殖户进行对照试养，以提升养殖企业和养殖户对优质苗种的信任度和养殖率。

9.2.2 建设海洋牧场,促进海洋渔业资源养护

截至2024年7月,福建省拥有国家级海洋牧场示范区3个,生态效益明显。但与山东省的71个和辽宁省的40个相比,福建省在海洋牧场建设方面的步伐远远不如其他沿海省份,[①]全省海洋围网、深水网箱等新型养殖面积、体积较少,海洋牧场产业化开发受限。对此,建议如下:

一是加快推动发展深远海养殖。支持福州、宁德和漳州等地开发深水大网箱和浮式养殖平台等离岸养殖,并引导向外海化、大型化发展。

二是延长养殖产业链条。纵向发掘福州、宁德、莆田、漳州等地渔业资源和自然资源优势,充分发挥连江、霞浦、南日岛等地渔村的自然资源和养殖文化,开展鲍鱼、大黄鱼、海带、紫菜等重点水产品精深加工,加快引导其自主融合制造、储运、贸易、休闲等渔业二产、三产,提高产品的附加值。

三是因地制宜地探索我省海洋牧场产业化新模式。用足用好国家级省级海洋牧场的平台集成作用,推动海上牧场观光体验区、海上餐饮宴会厅、岸上配套服务等相关设施建设,加快注册自身在渔家乐、休闲垂钓、旅游观光等方面的品牌,推动海洋牧场融合发展产业化。

9.2.3 培育预制菜产业,实现海洋食品多元化供给

福建省海洋资源丰富、食品加工企业众多,当前预制菜产业发展已步入快车道。据不完全统计,2023年福建省位列"2023年度中国各省预制菜产

---

① 数据来源:http://www.moa.gov.cn/govpublic/YYJ/202407/t20240726_6459815.htm;http://p.shandongnet.com.cn/shandong/shandongfabu/52631.html;http://news.cnnb.com.cn/system/2024/07/18/030601629.shtml。

业发展水平排行榜”第八位①。但目前福建省海洋预制菜产业以初级加工和代加工为主，产品卫生标准与加工规范相对缺乏，技术领域的研究较为薄弱。为此，建议采取以下三点措施：

一是打造优势海洋食品产业集群。重点强化苗种、养殖、饲料、动保等环节产业集群，加快推进海洋食品“生产＋加工＋科技＋品牌”一体化发展，努力打造福州佛跳墙预制菜进出口贸易区、宁德大黄鱼预制菜美食之都、厦门滨海海产品预制菜产业园区、漳州海洋预制菜美食国际城等园区，大力推动海洋预制菜企业和产业链上下游配套企业集中入园发展，形成预制菜产业的集聚效应。

二是加快推进海洋预制菜标准化体系建设。围绕原料标准、配方标准、工艺标准、物流标准、储藏标准、质量标准和安全标准等重点内容，支持开展海洋预制菜生产的标准化工作。加快推动福州、泉州、漳州、宁德等地区规划建设一批特色鲜明的海洋预制菜标准化示范基地，重点培育安井、金盛等海洋预制菜示范企业及其品牌，从而引领提升海洋预制菜按标准生产水平。

三是加大对海洋预制菜的研发力度。加快搭建海洋预制菜科研平台，缔结海洋预制菜产业技术联盟，以海洋预制菜研发重点实验室、海洋预制菜工程技术研发中心、预制菜全产业链研发平台等形式，加速协同推进海洋预制菜的研发和成果转化，扩大海洋预制菜的产业化规模。

9.2.4 强化流通预警体系，理顺海洋食品供应链

由于海洋食品十分讲究“保鲜和安全”，因而对其流通效率和预警体系要求较高，但目前福建省海洋食品行业供应链尚未有效形成，在储备、运输、销售等环节不够稳定，还需进一步加强。为此，应落实好以下三点举措：

---

① 数据来源：https://ranking.iimedia.cn/ranking/30/376。

一是加快建设陆海联动的高效冷链物流体系。在海上发展超低温冷藏运输加工业务，重点支持建造超低温冷藏运输加工船，用于高端远洋渔获的冷藏运输和海上加工。在陆地依托福州马尾和福清的国家骨干冷链物流基地，建设冷藏保鲜库、气调贮藏库、通风贮藏库和小型流动仓储保鲜冷藏运输设备，以促进海陆物流无缝衔接。

二是创新海洋产品绿色电商模式。持续推动福清元洪国际食品展示贸易中心、福州连江海产品贸易中心建设，创新海洋产品绿色电商模式，重点发展连锁经营、直销配送、互联网营销、第三方电子交易平台等新型的流通业态，以切实降低流通成本。

三是加强海洋灾害预警预报以保障流通安全。探索“卫星海联网”和“5G+智慧渔业”的应用，建设精细化、智能化的海洋监测预警体系。以风暴潮、海浪、绿潮和赤潮等海洋灾害为重点，提供气象信息、水文信息、台风信息、灾情信息、预警专报等专业化服务，着力提高海洋食物供应链风险防范的数字化能力。

9.3 着力“科技兴海”，加快福建省海洋高新产业发展壮大

海洋高新产业是未来海洋经济发展的重要支撑。当前福建省委省政府高度重视海洋经济强省建设，先后出台了一系列政策措施，并取得了显著的成效。同时，当前福建省还存在着海洋高新产业尚处于培育期、海洋科技创新能力不够强、海洋科技人才与产业发展需求不够匹配等问题。为此，基于前期相关的调研，围绕如何加快培育壮大福建省海洋高新产业，从三个方面提出对策建议。

9.3.1　夯实海洋高新产业发展的“基础支撑”

依托福建省得天独厚的海洋资源禀赋，大力推进现代海洋产业体系建设，着重支持发展海洋高端装备制造、海洋生物、海洋新材料、海洋电子信息、海洋清洁能源等“蛙跳产业”，聚力形成若干千亿百亿级的海洋高新产业集群。为此，重点要抓好以下五项工作：

一是推动打造海洋高端装备制造产业集群。支持通过收购、技术合作、引进专利等形式深化与国际一流设备厂商或研发机构之间的合作，推动福州、厦门、宁德高技术船舶及海洋工程装备产业集群形成，重点打造海峡西岸船舶与海洋工程装备制造基地，鼓励以总承包为牵引，带动发展一批高精尖企业，形成具有全球竞争力的海洋工程装备产业集群。

二是积极做强海洋生物产业集群。深入实施“蓝色药库”开发计划，持续推进石狮海洋生物科技园、厦门海沧海洋生物产业园区、诏安金都海洋生物产业园等一批海洋特色产业园区建设，吸引国内外知名海洋企业总部落户福建，建设集科学研究、孵化中试、生产服务于一体的国内一流的蓝色生物医药产业基地，以实现海洋资源高质化与高值化综合利用。

三是加快培育海洋新材料产业集群。聚焦海洋工程和生物材料等目前进口依赖严重的关键领域，重点推进闽台（福州）蓝色经济产业园、友谊新材料科技工业园、福安青拓特钢新材料项目、连江可门高端新材料产业基地等项目建设，重点开展海洋密封材料、组织工程材料等方面的研发，打造福州、宁德海洋新材料产业集群。

四是打造海洋电子信息集群化示范基地。以福州和厦门为核心，积极引进华为海洋网络公司、中兴通讯、中铁福船海洋工程等海洋电子信息领域国际知名企业，重点突破水下电子信息核心技术，努力形成以船舶电子、海洋探测、海洋电子元器件、海洋软件和海洋信息服务业为特色的产业体系，致力于把福建打造成全国重要的海洋电子信息集群化示范基地。

五是重点打造海洋清洁能源新高地。依托福建三峡海上风电国际产业园、兴化湾—平海湾海上风电产业园等园区，加强海上风电机组关键技术攻关，逐步形成独具特色的海上风电产业集群；依托福清东瀚国家级海洋牧场示范区项目建设，探索建立“海上风电＋海洋牧场”示范项目，培育独具特色的海洋生态牧场综合体；大力发展太阳能海上应用开发，推进水光互补、渔业互补等试点工程，形成产业发展与推广应用相互配套、协同发展的建设新格局。

9.3.2 抢抓海洋高新产业发展的“窗口机遇”

(1)积极抢占海洋高新产业变革的制高点

变革是海洋高新产业衍生的风口，占领海洋碳汇制高点是培育海洋高新产业的基础与关键。而抢占海洋碳汇制高点的基础工作是海洋碳汇的标准体系建设，核心工作是深入推进海洋碳汇市场交易，保障工作是开展海洋碳汇投融资机制的相关工作。具体要抓好以下三个方面的工作：

一是建设海洋碳汇研发平台，加强海洋碳汇的监测与核算。支持厦门大学、自然资源部第三海洋研究所的海洋碳中和研究中心建设，加快建立我省海洋碳汇基础数据库，加强碳汇方法学研究，进一步完善海洋碳汇的调查评估和监测方法。试点研究生态渔业、大型藻类和贝类养殖的固碳机制、增汇途径和评估方法，建立海洋碳固定或储存的模型和参数、海洋碳汇计量监测体系框架、海洋碳汇数据库等，加快形成规范的海洋碳汇标准体系。

二是推动海洋碳中和试点工程。首先，依托厦门全国首个海洋碳汇交易服务平台，开展海洋碳汇市场交易工作。通过对交易市场要素、制度框架、外部保障机制等进行预先规划，重点对海洋碳汇交易的交易模式、交易主客体、价格形成机制等进行具体规定，努力打造集碳中和登记、查询、交易、托管、融资、披露、培训等于一体的“一站式”绿色要素综合服务平台。其次，建立并完善蓝碳统计调查及监测体系，支持全面开展蓝碳资源调查。建议由省自然资源厅牵头，协同多方成立联合调研组，对福建省所管辖范围内的海域蓝碳本底资源进行全面的调查，摸清“家底”。最后，加快推进平潭海洋碳汇示范区，实施海洋碳汇示范工程。重点研究盐沼碳汇、红树林碳汇、海草床碳汇、微型生物碳汇和渔业碳汇等各类蓝碳的发展潜力和应用前景。

三是建立持续共赢的海洋碳汇投融资机制。学习借鉴广东省广州市、浙江省湖州市等地的绿色金融改革试点政策。加快福建省绿色金融改革创新试验区建设，依托中国农业发展银行、兴业银行、厦门国际银行、海峡银行等金融机构资源，发展海洋碳汇领域绿色金融及其衍生品，探索建立海洋碳汇投融资标准规范，填补海洋碳汇投融资标准的国内空白。

(2)把握数字化变革的高新产业融合点

一是融入数字化，全力建设“智慧海洋”新工程。抢抓数字产业“头雁”培育的“时间窗口”，开拓“智慧海洋”新天地。持续引进“福建省海洋信息网络综合系统”等项目，启动“清华—福州数据技术研究院”建设，重点打造海洋环境监测、海况视频、海洋物联网等应用服务平台，加快形成物联网、云计算、通信网络、遥感检测等新一代信息技术与海洋产业之间的深度融合。借鉴浙江省温岭市的“海洋云仓”模式体系，充分借力“物联网＋区块链”技术，实现船舶污染物收集处置一站式、全流程智慧数字化治理。

二是积极推进涉海智慧数据服务平台建设。充分利用政府部门、涉海高校、企业涉海数据等资源，支持构建集海洋环境监测、海洋科技服务、海洋经济统计分析、海洋信息分析为一体的国家海洋大数据东南分中心。加快与福建省星云大数据公司等服务企业的合作，重点推动海丝卫星数据服务中心、智慧海洋大数据中心、海洋数据综合服务平台、海洋云服务平台等建设。探索建立与浙江、广东和江苏等相邻省份之间的海洋数据资源整合共享机制，并拓展全国海洋数据的业务收集和综合处理。

三是以“海洋＋科技”模式，着力打造海洋新兴产业链。以海洋科技产业与人工智能产业为核心，鼓励企业出题出资，委托高校或科研院所的各级重点实验室等科技创新平台围绕产业发展需求来开展相关研究工作和提供各类服务。支持厦门亿联网络技术、福建安井食品等涉海企业与国家海洋局海岛研究中心(平潭)、自然资源部第三海洋研究所等科技创新平台联合开展基础研究。重点发展水下机器人、无人船、无人水声探测仪、深海传感器、海底能源和海水电池等关键装备和核心技术，打通福建省海洋高新产业的“大动脉”，着力培育“科技兴海”产业链示范基地。

9.3.3 扭住海洋高新产业发展的“牛鼻子”

(1)落好海洋科技创新的“关键子”

要育好育优福建省海洋高新产业，必须紧紧抓住科技创新这个“牛鼻子”，依靠科技唤醒“沉睡的海洋资源”。

一是高起点谋划建设具有国际竞争力的海洋科技研发中心。立足福建省创建具有全球特色海洋中心城市的契机，鼓励自然资源部第三海洋研究所、厦门南方海洋研究中心、福建东海海洋研究院、福州海洋研究院、福建水产研究所等研发平台发起和牵头国际海洋科技合作计划，共同承担科研任务。重点推动海洋生物制备技术国家地方联合工程实验室(厦门大学)、智能海洋工程装备、海洋功能材料重点实验室等科技创新平台建设，着力打造福建海峡“蓝色硅谷”。

二是积极培育海洋科技型企业主体。聚焦领军企业培育，在海洋生物与新医药、海洋工程、海上风电、海洋新材料等各个细分产品领域支持1～2家龙头企业优先发展，重点提升龙头企业的行业影响力与集聚力；支持现有涉海科技型中小企业、创新型企业、涉海农业产业化省级重点龙头企业做大做强。着力培育“产学研用”紧密合作的技术创新体系，重点引导宏东渔业、立晶光电（厦门）、厦门四信通信和致善生物科技等涉海省级龙头骨干企业创建高新技术企业，打造海洋产业创新联盟，承担产业共性技术研发重大项目。

三是着力打造海洋科技成果孵化转化基地。依托海峡技术转移公共服务中心、厦门海洋经济公共服务中心等平台，构建多元化、多层次的海洋科技成果转化公共服务平台，打造我省海洋科技成果孵化转化基地。充分发挥省中小企业服务中心、汇银资本、中国风险投资福建基金、厦门海安捷航标技术工程有限公司等海洋科技中介机构和服务组织的功能，构建全省统一的综合性海洋科技成果转化服务平台。用足用好福建海洋虚拟研究院协同创新平台，促进海洋科技成果与企业对接，以更好地促进和实现海洋科技成果的转化与应用。

四是完善金融支持方式，着力提升海洋科技创新及其成果转化效率。一要通过体制机制创新，加大对海洋高新技术产业科技创新及其成果转化的信贷支持力度，积极争取国家开发银行、中国农业发展银行等政策性金融机构的信贷资金支持，专门设立海洋高新产业金融服务事业部，通过推广“船舶抵押贷”“渔保卡”“海洋助保贷”等金融创新产品及服务，支持海洋高新技术产业科技创新及其成果转化。二要构建海洋蓝色金融体系。充分发挥“海峡基金港”作用，大力发展涉海金融服务平台，建立优质项目数据库，为涉海高新产业科技创新及其成果转化提供投融资、结算、风控、保险、信息等全方位的金融服务。三要进一步完善多层次的信用担保体系，建立健全符合海洋高新产业特点的知识产权担保制度，积极探索海域使用权抵押等方式以支持海洋高新产业发展，重点支持海洋高新技术产业的科技创新及其成果转化工作，以促进海洋科技成果转化效率的稳步提升。

(2)破解海洋高新产业发展的人才瓶颈

高新产业是典型的人才密集型产业,也是标准的以才兴业领域。为此,要重点破解海洋高新产业发展的人才瓶颈。

一是打造海洋高新人才培育新高地。首先,大力推进福建高等院校海洋学科专业建设,重点扶持厦门大学、集美大学和福建农林大学等涉海院校创建世界一流海洋学科;其次,积极支持国内国际等知名海洋大学来闽办学,鼓励全省涉海高校与中国海洋大学、上海海洋大学、广东海洋大学、浙江海洋大学等高水平涉海学校开展合作培养,重点培养复合型海洋科技和海洋碳汇研究方面的人才,力争形成具有较高水平和办学特色的海洋高新人才培养体系;最后,建设海洋高新产业人才培训中心。建立以海洋高校为中心的海洋高新产业人才培训中心,积极承担全省海洋技术和海洋管理等方面人才的培训任务,建议由省级政府每年拨专款或提取发展基金,作为相关专业人才的培训费用。

二是打好海洋引才育才组合拳。把海洋人才引进与培育作为引进新变量、创造新组合、培育新优势的重要抓手。以集聚海洋高端人才为突破口,依托福建省培育和引进高层次人才的相关政策,用好"引才引智"工程,大力培育和引进国际一流的海洋创新人才和高水平创新团队,持续推动对海洋高层次人才和紧缺人才给予个人所得税、职称晋级和荣誉奖励等方面的优惠政策,以夯实海洋高新产业发展的根基。

9.4 深耕"蓝海装备",提升福建省海洋工程装备产业竞争力

海洋工程装备产业是发展壮大海洋经济的支柱,一个国家或地区耕海探洋的步伐与其海洋工程装备产业的发展密切相关。2022年福建省规上船

舶工业企业共完工船舶 157 艘、74.9 万载重吨，位居全国前列；[1]海上风电装机规模不断增长，并率先实现了租赁模式渔旅融合深海养殖装备的创新；海洋资源优势逐步转化为经济优势和高质量发展优势。为此，亟须通过不断深耕海洋工程装备产业，全面提升海洋工程装备竞争力，为发挥福建省丰富的海洋资源优势奠定坚实的基础，以更好地助力“海洋强省”建设。

9.4.1 抢抓发展机遇，推进海工装备产业提质增效

近年来，福建省海工装备产业发展迅猛，在大型海洋工程船舶、海上风电装备、电动船艇等领域取得了初步成效，呈现出以福船集团为龙头、民营船企协同发展的产业格局。但与上海、广东、山东等省份相比，福建省海工装备产业发展基础仍较为薄弱，产业规模偏小，产业生态尚未有效地形成。为此，建议做好以下三个方面工作：

一是加快实施海工装备产业链提升扶持计划。鼓励东南造船厂、三优光电、新诺北斗等企业聚焦海洋船舶、海上风电、深海采矿、海洋油气化工等领域，不断优化海工装备产品结构，加强智能船型、中小型气体运输船、水下机器人和无人航行器等新型装备的开发，并不断延伸发展其上下游配套产业，从而提升产业竞争力。

二是实行“领军企业＋优势产业集群＋特色园区＋专班推进”模式。加快组建海工装备领军企业阵容，构建以龙头骨干企业为引领，大、中、小企业协同发展的海工装备产业生态；加快形成一批百亿级、千亿级的海工装备制造产业，谋划建设集船舶制造、深海探测、海洋工程等关联性较强的国家级海工装备产业集群；推动福州海工装备制造基地、厦门海洋装备产业园、漳州海洋探测集聚区、宁德海洋工程特种装备产业园的建设，着重做精、做强

① 数据来源：https://baijiahao.baidu.com/s? id=1759392607823854951&wfr=spider&for=pc。

各类海洋特色产业园。

三是加快培育海工装备产业生态系统。首先，积极推进招商引资、招商引技工作。建议由省发改委牵头组建招商专班，精准地引进美国 Le Tourneau、韩国三星重工、新加坡胜科海事等世界级海洋工程龙头企业，重点引进一批投资强度高、产出效益高和科技含量高的海工装备项目，据以带动和提升全省海工装备产业的创新能力水平。其次，加强标准建设，不断优化海洋制造标准体系。重点支持马尾造船厂、宁德未来船艇等企业围绕智能船舶、智能制造等重点涉海领域开展相关标准研究，并积极参与国家级行业标准的制定和修订等工作，以更好地提升福建省在海工装备市场的竞争话语权。

9.4.2 攻克核心技术，塑造海工装备产业的强力支撑

当前福建省海工装备核心技术研发最突出的问题是高端海洋工程装备研发设计能力较弱；海洋工程核心装备的国产化率不高，核心技术主要依赖国外；海工装备产业发展缺乏试验基础研发条件，福建是全国沿海省份中为数不多的缺乏基础试验平台的省份之一。基于此，建议采取以下三点措施：

一是强化问题导向，积极攻克“卡脖子”技术。围绕海洋高新产业技术需求，滚动编制海工装备领域关键核心技术攻关清单，重点突破深海关键技术与装备、海洋雷达监测技术、高技术船舶、海洋智能化装备等“卡脖子”技术；并设立海工装备科技专项，有针对性地实施重点项目的“揭榜挂帅”制度，面向社会公开征集海洋工程装备领域的重大技术需求和重大科技成果转化需求；支持海工装备企业认定高新技术企业、“小巨人”企业、专精特新企业、隐形冠军企业、雏鹰企业等称号。

二是打造海工装备产业创新联盟。以厦门海洋高新产业园、闽台蓝色经济产业园（福州）和高端海洋装备智能制造产业园（漳浦）等海工装备企业集聚区为基础，以厦门大学、集美大学、自然资源部第三海洋研究所和福建

绿色智能船舶研究分院等涉海高校和科研院所，以及厦船重工、豪氏威马等海工装备制造企业为主体，集中力量打造海工装备产业创新联盟，共建管理、科研、成果、人才等海洋高端装备公共服务平台，并给予一定的财政资金支持，促使其承担产业共性技术研发重大项目，并依托其构建创新联合体。

三是加强合作，打造高水平省级及以上海洋创新平台体系。加强与中国船舶集团等央企合作，实施海工装备产业重大科技创新工程，在电力船舶、海上风电、深海采矿、海洋数字化等领域开展前瞻性研究。鼓励海洋生物制备技术国家地方联合工程实验室等平台与海洋工程国家重点实验室、深海载人装备国家重点实验室等科研平台建立海洋科技合作机制。重点围绕海洋工程、水下工程、新型深海开发装备、绿色高性能船舶等方向开展联合创新攻关，打造智能海洋工程关键技术转化和商业化应用载体，构建"小核心＋大网络"的海洋高端装备科技开放协同创新平台体系。

9.4.3 聚焦资源优势，争当深远海养殖装备制造的先行者

当前福建省正大力发展深远海养殖产业，福建连江海域已成功投放了11台深远海养殖平台，其投放数、投产数均位居全国第一。但与山东、海南等省份相比，福建省深远海养殖装备制造仍处于起步阶段，在核心装备设计和配套装备技术上直接拿来和借用的技术较多，集成的技术少。为此，建议抓好以下三项工作：

一是全力推进深海养殖装备科技创新。基于福建省沿海台风灾害多发的现实情况，以闽投深海公司为依托，与中国水产科学研究院深入合作，重点加强对抗风浪养殖装备、高强度防附着网衣、智能管控海工设备、安全环保设备的技术研发，并积极推动适用于福建海域特色的大型智能化深远海养殖平台、养殖工船等渔业关键装备的研发与推广应用。

二是深化产学研平台建设，聚焦"百台万吨"发展计划。以举办中国海

洋装备博览会为契机，依托福建省智慧海洋联合实验室，与马尾造船厂、泰源船业等企业进行产学研合作，深入实施“百台万吨”深远海养殖平台工程，重点做好视频监控、鱼种和水质监测、5G通信基站、水下机器人等关键设施装备建设，实现全程机械化生产和智能化管控。

三是加大深远海养殖发展支持力度。参照国家、福建省相关措施，研究设立省促进深远海装备发展专项资金。依托福建省渔业互保协会，与中国人寿财产保险股份有限公司、中国人民保险集团股份有限公司和福建省农村信用社联合社等保险及金融机构深化合作，重点探索“深海网箱养殖装备保险＋信贷”等金融保险产品，实行“保险＋科技＋防灾”协同模式，为福建省深远海装备建设构建起“保防救赔”一体化服务体系。

9.5　打造“智慧海洋”，加快福建省海洋通信产业优化发展

福建是海洋资源大省，其优势在海、潜力在海，具有发展海洋经济得天独厚的优势。“十三五”期间，福建省海洋经济的综合实力就已跃居全国前列，并着力规划“一带两核六湾多岛”的海洋经济发展总体空间布局，重点聚焦“一网一中心”，加快海洋信息通信基础设施升级，有效地推动了“智慧海洋”的建设与发展。但目前福建省海洋通信产业支撑海洋强省建设的潜能尚未充分发挥，同时还存在着海洋通信领域相关产业的体量和规模普遍偏小、海洋通信技术的国产自主研发能力有待加强、海洋通信产业管理政策亟待完善等问题。基于此，当前福建省要重点关注海洋通信产业发展“瓶颈”问题并持续发力攻坚克难，以更好地支撑海洋经济高质量发展。为此，主要从以下三个方面提出发展建议。

9.5.1 做好项目文章,培育产业发展增长点

一是着力实施渔船通导建设项目。重点加快推进厦门市海洋渔船通导(渔港监控)项目和智慧海上福州服务系统建设项目。聚焦在海洋渔船部署“5G+北斗”融合终端,推动北斗系统在福建省海洋渔业、航运导航和定位领域的应用,以实现全省海洋渔船位置信息服务全覆盖。

二是以新基建赋能传统基础设施建设,提升传统基础设施服务效能。首先,完善全省沿海区域的岸基、岛礁、船载4G/5G基站建设。重点以5G为突破口,依托福建移动,根据海面传播模型及海岛分布情况建设5G超远覆盖站点,充分利用5G多频段组合优势努力实现福建沿海区域50公里海域信号全覆盖。其次,着力加快建设“宽带入海”工程。依托福州、莆田、漳州卫星应用产业园,持续推动福建省海洋渔船卫星互联网测试项目、“海丝”卫星应用技术服务中心等项目建设,支持福建移动、华为等运营商共同完善福建沿海区域卫星互联网建设,努力构建海洋“信息高速”,重点加快推进船联网建设,从而让更多的渔船等用户能够真正地享受智慧海洋建设所带来的成果。

三是加快构筑5G智慧海洋系统,重点打造无人岛智能化监控平台、船舶定位系统、智慧渔排等“5G+智慧海洋”应用样板。依托宁德全国首个5G海域网络样板区,加大与海康5G视频监控设备和AI摄像头、华为海域5G网络建设等方面的合作力度,着力解决海上网络信号“覆盖距离、传输带宽、传输速率”等技术难题,努力打造体验最佳的5G海域精品网络,加快落地5G智慧海洋综合平台。

9.5.2 做好科技文章,集聚创新发展驱动力

科技创新是推动海洋通信产业不断发展壮大的有力抓手。为此,要重点做好科技文章,集聚创新发展驱动力,主要应做好以下几项工作。

一是抓龙头实现关键突破。培育福大北斗、福建飞通通讯科技、厦门亿联网络技术、厦门四信通信科技等一批涉海通信技术领先的龙头企业，着力促进龙头企业与国际一流海洋通信设备厂商或研发机构之间的合作，重点推进海洋卫星通信关键核心技术（天线、芯片、射频模块、基带算法、应用平台）的自主研发和产业示范，努力打造具有国际影响力的涉海"蓝色品牌"。

二是建设顶尖海洋通信产业协同创新平台。充分发挥厦门大学、集美大学、福建省卫星海洋遥感与通讯工程研究中心等涉海高校和科研机构的基础和优势，结合智慧海洋卫星通信、移动通信、海洋通信系统建设等方面的需求，以海洋通信重大专项和重大工程为突破口，高标准建设省级乃至国家级的涉海通信产业协同创新平台。

三是支持组建海洋通信产业创新联盟。依托数字福建（长乐）产业园、中国国际信息技术（福建）产业园等载体，以涉海通信科研院所和涉海通信企业为主体，加快打造海洋通信产业创新联盟，并依托联盟集中承担海洋通信模块、终端设备及软件应用平台等共性技术的研发重大项目，加快构建具有福建特色的海洋通信创新联合体。

9.5.3 做好管理文章，确保政策支持到位

一是充分发挥政策引导作用。首先，创新海洋通信行业项目推进机制。政府相关管理部门要对涉海通信项目实行动态调整、分类管理，既要给予开放海域资源、通信装备站点选址等方面的支撑，又要对涉及国家重大建设和福建省通信产业扶持的项目建立绿色审批通道，助力海洋经济"数字起飞"。其次，壮大海洋信息通信服务业。重点培育和引进一批海洋信息和物联网科研机构、海洋信息应用软件开发企业和大数据服务供应商，自上而下地探

索推进涉海政务管理、生态保护、资源开发、防灾减灾、海上救援、服务保障等领域的应用开发和增值服务。

二是灵活夯实金融支撑。充分发挥“海峡基金港”作用,根据项目储备情况持续推动“海上福州”海洋经济产业投资基金,并以基金平台引导国内和国际资源进入福建,建立优质项目数据库,从而努力推动福建省海洋通信产业项目做大做强。

三是强化海洋通信产业合作保障。通过整合各部门管理需求,汇聚海域各要素、各领域的数据,打破海洋信息壁垒,构建一体化的智慧海洋创新体系,加快建设福建省沿海区域水下探测感知系统,补齐福建海洋通信产业安全保护的短板。同时,扎实推进“智慧海洋”工程,着力建设通信海缆专用管廊,推动海洋通信基础设施的合作共享,努力推动形成体系化的海洋通信产业数字化、智能化的平台布局。

9.6 建设“蓝色药库”,加快福建省海洋生物医药产业转型升级

海洋是“蓝色药库”,是福建省海洋经济新的增长点。近五年福建省海洋生物医药产业增加值年均增速达13.4%以上,总产值超过190亿元,显示出强劲的增长势头。[①] 但与广东和上海等相比,福建省海洋生物医药产业也存在着体量偏小、布局不合理、科技创新水平低等明显的短板或弱项。当前加快发展福建海洋生物医药产业,需持续优化产业发展布局,不断提升品牌影响力及科技创新水平,深化多元合作并加强人才队伍建设,以切实提升全

① 数据来源:http://hyyyj.fujian.gov.cn/xxgk/zfxxgk/zfxxgkml/tyabl/zxwyta/202407/t20240722_6486822.htm。

省海洋生物医药产业的经济总量，从而推动该产业乃至海洋经济的高质量、跨越式发展。

9.6.1 优化海洋生物医药产业发展布局

目前福建省正持续推进厦门海沧和欧厝、福州高新区、漳州诏安、泉州石狮等海洋生物医药产业园区的建设，但因产业分布较为分散导致集聚不足、竞争力不强。而山东省则已构筑了“三核三带多点”的格局，即以济南、青岛、烟台为三核，集聚蓝色海洋健康带、运河养生健康产业带与鲁中南山区健康产业带，并推动潍坊、泰安、威海、临沂等多节点支撑海洋生物医药产业发展。当前优化福建省海洋生物医药产业发展布局是推进产业集聚、提高产业竞争力的重要路径。为此，建议做好以下各项工作：

一是聚焦海洋靶点药物、医学组织工程材料、特殊医学用途食品和功能性食品，在福厦重点产业园区引进阿斯利康、住友制药、辉瑞制药等跨国药企研发中心，紧盯获得临床批件、完成Ⅰ期Ⅱ期临床试验的大品种，扎实推进抗三阴性乳腺癌、抗结肠癌靶点新药等海洋药物的临床研究和产业化过程。

二是重点发展特色园区，如依托石狮海洋生物科技园做大做强替抗型绿色养殖用制品等，依托诏安金都海洋生物产业园发展以牡蛎、龙须菜等地方特色海洋生物资源为原料的海洋中药，利用三都澳海洋资源推动安发（福建）生物科技有限公司开发海洋钙源、海洋胶原蛋白和糖类等海洋生物保健品。

9.6.2 提高海洋生物医药品牌影响力

目前福建省的海洋生物医药产业大多以中小企业为主，年销售额大多低于5亿元，尚未形成强有力的品牌效应。2023年中国医药工业百强榜单中未有福建省海洋生物医药企业入选。全世界上市的海洋药物企业有15家,其中国内仅有2家,均在山东省青岛市。以青岛明月海藻集团为例,其借助海洋区位优势,着力推进海藻酸盐和功能糖醇两个基础产业发展,构建了以海藻功能原料产业、海藻健康产品产业、海藻文化旅游产业等一体化的全产业链产品运营策略,形成了较大的品牌影响力。为此,建议采取以下各项措施:

一是持续做大做强蓝湾科技、金达威、国控星鲨等全省重点品牌骨干企业,支持其在海洋药物、生物医用材料、生物酶制剂、日化生物制品和环保制品等方面开展重大技改,促使其尽快地融入"智慧海洋"工程,加快构建以智能超算虚拟快速筛选为代表的海洋生物医药创制技术体系。

二是加快新型疫苗、基因工程蛋白药物产业化,支持大北农、天马科技、厦门鲎试剂等企业加快推进肿瘤疫苗、单克隆抗体、干细胞、基因测序产品等方面的研发和产业化。

三是加大对海洋生物医药产业品牌的宣传力度。用足用好厦门海洋周、渔业周·渔博会、21世纪海上丝绸之路博览会暨海交会、中国·海峡创新项目成果交易会等平台,支持海洋生物医药企业开展品牌新闻发布、广告投放、渠道建设宣传等品牌推广活动,以提升海洋生物医药产业的品牌影响力。

9.6.3 提升海洋生物医药科技创新水平

近年来,欧美等国家的生物技术产业化率高达30%,而我国目前仅为5%左右。我国现有海洋生物医药的高端产品主要依靠进口,中低端产品主要以仿制为主,海洋生物医药科技创新能力亟待提升。近年来我国主要沿海省市在海洋生物医药科技创新方面积极作为,已经取得了一定的成效。上海绿谷制药有限公司联合中国海洋大学和中科院上海药物所,重点对具有自主知识产权且产品竞争优势明显的重点产业化项目开展联合攻关，共同研制出拥有自主知识产权的甘露特纳胶囊等创新药，成效显著。为此，建议采取以下各项举措：

一是打造福厦泉海洋生物医药产业创新走廊。重点依托厦门大学、自然资源部第三海洋研究所、福建省水产研究所等涉海高校及科研院所的创新资源打造海洋生物医药产业创新走廊。首先，福州市要重点推动高新区和仓山区发展药物研发等海洋生物医药产业链条，致力于打造福州首个新一代海洋生物医药专业园区；其次，厦门市要加快厦门(欧厝)海洋高新产业园建设，并鼓励园区采用“创业培训＋孵化服务＋创业加速＋资本支持”的模式；最后，泉州市要依托石狮海洋生物科技园，以“小而精、实而强”为目标，专注培育高科技海洋生化产品等。

二是加速重点海洋药物产品创新研发。可依托福建省立医院、福建省肿瘤医院、福建医科大学附属协和医院、福建医科大学附属第一医院、厦门大学附属第一医院和厦门大学附属中山医院等省内老牌“三甲”医院，联合建立省级乃至国家级的海洋生物医药临床医学研究中心，重点加快抗菌、抗病毒、抗肿瘤、生育力保护等新药、特药产品的创新研发。

三是加快构建“企业＋科研机构＋中试平台＋成果转化平台＋产业基地”协同创新体系。支持自然资源部第三海洋研究所和自然资源部海岛研究中心争创海洋生物资源开发利用国家级科技创新平台，重点打造福建省海洋生物药源材料工程技术研究中心、海洋生物高值高质化利用技术创新服务平台、福州市海洋生物资源利用公共服务创新平台、福州市海洋药物研发行业技术创新中心等核心基地，着力支持“福建海洋生物活性肽新品”“海洋微藻高值化产品开发及产业链建设”“海藻源生物活性物质抗应激与强免疫制剂的研发及应用示范”等项目，努力形成具有福建特色的海洋生物医药产业研发成果。

9.6.4 深化拓展海洋生物医药产业多元合作

当前福建省海洋生物医药产业的研发平台与企业、市场之间的对接不够紧密，与国内其他沿海省市在海洋药源开发等方面的合作也不足，制约了全省海洋生物医药产业的发展。而上海市则主要以中国科学院上海药物研究所为龙头，与中国海洋大学和上海绿谷制药联合开发海洋药物 GV-971，并建有新药研究国家重点实验室、国家新药筛选中心和国家化合物库等国家级新药研发平台，着力推动海洋药物的研发，助力海洋生物医药产业发展进入快车道。为此，应重点做好以下工作：

一是充分发挥泛珠三角区域合作、闽浙赣皖区域协作等平台作用。通过与广东、浙江等周边沿海省份共建海洋生物医药研发链和产业链的合作示范区，加快建立由涉海高校、科研院所和海洋企业等密切对接的生物医药大数据库等联合体，并以市场需求为导向，实现技术、产能与订单等资源的共享，从而加快提升区域海洋生物医药产业的国际竞争力。

二是加强金砖国家在海洋生物医药领域的合作。在厦门海沧生物医药港或福州高新区等地共建金砖国家生物技术转移中心与医药创新协作平台，重点打造区域性生物技术和生物医学国际科技创新中心。努力推动福建省涉海企业与南非 Aspen 等世界知名药企合作，联合开展科技项目攻关等相关合作，以实现科技创新成果在福建省落地转化。同时，重点加强与俄罗斯巴普洛夫国立医科大学、莫斯科谢东诺夫国立医科大学等高校合作，建立生物技术数据库、科研仪器库、生物种质库等科技资源数据库，全力打造信息多元、服务专业、良性合作的海洋生物医药科技资源共享平台。

9.6.5 强化海洋生物医药产业人才队伍建设

当前福建省海洋生物医药产业相关人才的总量不足，尤其缺乏在国际上有影响力的高层次专业技术人才。从培养规模及层次来看，近年来福建省各高校海洋相关专业的硕博士研究生每年毕业人数基本上保持在200人左右。而广东省则以广州、深圳为中心，依托中山大学、中国科学院南海海洋研究所、华南理工大学、深圳大学、南方科技大学等高校和知名科研机构，拥有较为扎实的科技基础和研究成果，并形成一套相对完整的涉海科技人才培养体系。山东省拥有中国海洋大学这一我国海洋领域最高学府，其在人才培养方面的优势更是十分突出。与广东、山东等海洋重点省份相比，福建省海洋高层次人才供给显得后劲不足。为此，应采取以下各项措施：

一是加强海洋生物医药人才引进工程建设。积极推动福建省"引才引智"计划，持续推动对海洋生物医药领域紧缺急需人才在创业扶持、个税优惠、人才住房、子女配偶等方面给予充分扶持，着力探索人才服务外包、"候鸟型人才"和"银发人才"挖掘、跨区人才合作等人才引进模式。

二是扎实推进高等院校、研究机构和高新企业之间的深度合作，着力培养海洋生物医药人才。首先，支持厦门大学、福建农林大学和集美大学等高校重点提升海洋生物医药相关学科的建设质量，着力打造国内一流乃至世界一流的海洋生物医药学科新高地，争取增加海洋生物医药相关专业的博士硕士学位授权点设置，以扩大高层次海洋生物医药人才的培养规模。其次，以海洋生物制备技术国家地方联合工程实验室、福建省海洋生物资源开发利用协同创新中心等重点实验室（研究中心）为基础，建设海洋生物医药领域现代产业学院和未来技术研究院，并与涉海企业深入合作，共同培养海洋生物医药领域的各类专门人才。最后，依托厦门海洋职业技术学院等涉海高职院校，逐步完善涉海生物医药职业技术教育体系，着力支持厦门创建涉海职业教育示范区，培养一批海洋生物医药方面的高技能人才。

三是推动海洋生物医药人才交流合作。举办金砖国家和“21 世纪海上丝绸之路”沿线国家生物医药高峰论坛，邀请我国及金砖国家、“21 世纪海上丝绸之路”沿线国家生物医药领域的专家学者参与讨论福建省海洋生物医药产业创新发展。加大与太阳药业、鲁宾、雷迪博士实验室、西普拉等印度知名制药公司的合作交流，通过设立工作和科研部门等方式，吸引金砖国家和“21 世纪海上丝绸之路”沿线国家的生物医药管理与科研人才来福建省开展海洋生物医药领域的合作。

9.7 做活“蓝色文旅”，加快福建省海洋文旅产业创新发展

当前，海洋文旅产业作为我国海洋经济的重要载体，正释放出巨大的潜力和强大的动能。近年来，福建省文旅经济展现出强劲的增长态势，2023 年全年总产值达到了 1.38 万亿元，同比增长 8.8%。同时，福建省文旅经济的增加值为 5458 亿元，增长率高达 9.5%，约占全省地区生产总值的 10%。[①]福建省的海洋文化旅游资源十分丰富，海洋文旅产业发展具有良好的基础和巨大的空间。当前福建省正加快发展海洋文旅产业，这不仅有利于促进海洋经济与文旅经济的融合发展，而且有助于提升海洋强省的软实力。

9.7.1 激发海洋文旅产品供给潜能

当前福建省海洋文旅资源的数量富足，但海洋文化资源的利用程度参差不齐，尚未形成较为成熟的海洋文旅产业体系，为此应不断提升海洋文旅

① 数据来源：https://wlt.fujian.gov.cn/zwgk/ztzl/fjswljjfzdh/cgzs/wltpyyxczx/202404/t20240417_6431993.htm。

产品的供给潜能，为海洋文旅产业体系构建奠定坚实的基础。为此，建议做好以下各项工作：

一是重点推出一批海洋文旅精品线路。以“滨海旅游风景道”串联为基础，依托海湾、海岸、海岛、海洋等涉海空间，打造多元化的海洋文旅精品项目。首先，持续建设1号滨海风景道，不断完善包括宁德山海大观度假线、福州人文海峡度假线、泉州海丝文化度假线和厦漳泉闽南风情度假线等在内的滨海旅游风景道建设，并推动平潭海峡国际旅游城和福州琅岐国际生态旅游岛建设，努力建设一批具有区域乃至全国影响力的海洋文旅精品线路；其次，坚持“一岛一景”，重点抓好平潭岛、东山岛、湄洲岛、嵛山岛等重点海岛的软硬件建设，着重培育三都澳、坛南湾等滨海旅游目的地，努力打造海洋文旅精品海岛游。

二是做大做强一批海洋文旅节庆活动或赛事。首先，重点支持宁德市举办“大黄鱼节”“鲈鱼节”“海钓大赛”等特色渔业节庆活动，着力提升涉海节庆的文化品质，努力形成独特的海洋渔业文化资源，积极推进海洋文旅活动向市场化、专业化和品牌化方向发展；其次，鼓励厦门市办好国际游艇帆船展、中国俱乐部杯帆船赛、海峡杯帆船赛等展会赛事，深入营造帆船游艇文化氛围，重点打造高端海洋文旅全产业链；最后，持续办好世界妈祖文化论坛、海上丝绸之路国际旅游节、厦门国际海洋周等海洋文旅精品节庆活动，扩大福建省海洋文旅产业在国内外的影响力。

三是加快打造一批海洋特色文旅产业平台和基地。首先，依托福建省海洋传统文化资源，鼓励厦门大学、集美大学、自然资源部第三海洋研究所与自然资源部海岛研究中心等高等院校及科研院所联合设立海洋特色文化创意设计和产品研发中心等涉海平台。其次，高水平建设平潭“68”文旅小镇、莆田两岸文创部落、厦门沙坡尾渔人码头、澳头渔港小镇等一批海洋文创基地园区。最后，重点创新“博物馆＋”模式，着力打造海洋文旅新地标。不断提升中国海上丝绸之路博物馆、厦门大学海洋科技博物馆、厦门海防博物馆、泉州海外交通史博物馆等海洋文旅公共设施的服务能力，通过举办海洋文旅主题陈列展览活动，重点打造大黄鱼、海带、紫菜、海参、鲈鱼、鲍鱼等一批特色水产品博物馆，全面展示福建省海洋文旅的新业态。

9.7.2 探索海洋文旅产业的多元融合发展

当前福建省海洋文旅产业的资源融合还不够充分、融合的层次还不够高，尤其是与新媒体的融合程度还有待提升，为此要重点探索海洋文旅产业的多元融合发展。为此，建议采取以下各项措施：

一是积极培育海洋文旅新兴业态。首先，依托妈祖文化、船政文化、"海丝"文化等具有福建特色的海洋文化资源，丰富游艇旅游、研学游、"渔港＋旅游"等多产业融合的新业态产品；其次，紧抓滨海低空旅游发展的契机，推动低空旅游与滨海水上运动、极限运动、康体养生等滨海旅游业态相结合，重点发展低空飞行及其所带动的滨海潜水、冲浪和沙滩运动、帆船运动等"海洋体育＋旅游"产业，并积极筹建福州马尾区、宁德福鼎市、莆田秀屿区、漳州东山县等沿海低空旅游营地。

二是积极推动海洋文旅与科技深度融合。首先，用足用好福建省文旅厅新媒体平台、省移动"云 VR 平台"和省旅游 VR 产业运营服务等相关平台，不定期发布《妈祖回家》《造桥记》《大海承诺》《山海的交响》《乡愁》等具有福建沿海地域特色的实景剧、歌舞剧和舞台剧等，并充分利用 VR 等技术打造福建海洋文化音乐舞蹈节等特色公共文化服务品牌，以增强交互式、沉浸式智能化文化旅游体验。其次，持续深化与福建移动、华为、海康威视等高科技企业的物联网基础设施合作，重点提升海洋文创园区、旅游景区、旅游度假区等各类重点区域 5G 网络的覆盖水平，推动智慧景区、智慧酒店、智能导览系统、AI 客服、大数据监控与指挥平台、生物识别电子门票等 5G 应用场景的落地，加快构建智慧旅游产业生态体系。

三是加快培育原创海洋特色文化IP,推进海洋文旅产品的融合创新。加快推动厦门"5G+VR"电竞动漫文化岛、福州长乐海西动漫创意园区等项目建设,鼓励厦门一品威客网络科技股份有限公司、天翼爱动漫文化传媒有限公司、福建游龙网络科技有限公司、德艺文化创意集团股份有限公司、福州文化旅游投资集团有限公司等文化创意企业,持续创作海洋旅游、海洋教育等涉海动漫游戏产品和数字虚拟旅游产品,并通过场景转换或提升等方式将文化资源融入相关的旅游项目之中,重点推进游乐、动漫等产业与海洋旅游融合发展。

9.7.3 强化海洋文旅产业人才队伍建设

人才是当前决定福建省海洋文旅产业发展的关键,近年来虽然福建海洋文旅产业的从业人员逐年递增,但海洋文旅人才的数量与质量均无法满足产业高速发展的需求,尤其是从事海洋文旅产业的高层次领军人才、学科专业带头人和研究型人才等明显不足。为此,建议做好以下各项工作:

一是优化海洋文旅人才的分类培养和联合培养。一方面,支持厦门大学、福建师范大学、华侨大学、集美大学等具有博士学位授予单位的高等院校重点培育建设海洋文旅高峰高原学科,并加强相应的高层次学科专业带头人队伍建设,重点培养研究型和管理型的高层次海洋文旅人才,以满足不断发展的海洋文旅产业对高素质人才的需求。另一方面,支持厦门海洋职业技术学院、福建船政交通职业学院、泉州海洋职业学院、福建艺术职业学院等海洋类和艺术类高职院校与海洋高新技术企业合作,共同推进海洋文旅技能型人才的培养,并注重与技能型人才培养密切相关的培训基地和实习见习基地的建设。重点加强海洋文旅技术推广和运营人才的订单式培养,并建立校企联动机制,以提升技能型人才的业务能力和适应能力。此外,还应不断加强对福建省海洋文旅产业从业人员的后续培训和再深造、再教育,以提升现有从业人员的文化素质与业务技能。

二是加大海洋文旅领军人才的培养和柔性引进力度。推行"人才+项目"的育才和引才模式，采用项目聘任、客座邀请、定期服务、项目合作等多种形式培育和引进海洋文旅领军人才及团队，并在文化名家暨四个一批、宣传思想文化青年英才等相关的人才评选方面给予必要的优惠政策。

三是加强与沿海其他省份的海洋文旅人才交流。一方面，与广东、江苏、浙江等相邻沿海省份建立合作联席会议机制，不定期组织海洋文旅领军人才、急需紧缺人才和智慧海洋技术人才的产学研用交流，着力打造全国海洋文旅高端人才的聚集地。另一方面，深度拓展闽台海洋文旅人才合作。依托闽台（厦门）文化产业园区、海峡两岸龙山文创园、平潭台湾创业园、漳平台创园等园区，用足用好自贸试验区"先试先行"政策，吸引来自台湾的滨海旅游、生态旅游、渔村文化等相关的专业人才来闽创业就业，努力推进闽台海洋文化和旅游人才的交流与合作。

9.8 开发"蓝色文化"，促进福建省海洋文化品牌培育提升

福建省作为我国海洋资源最丰富的省份之一，拥有辽阔的海域面积，在长期的海洋经济发展过程中积淀了深厚的海洋文化，并形成了相应的海洋文化品牌。福建的海滨沙滩、海蚀地貌景观、岛屿风光和极为丰富的海洋生物资源等为滨海旅游等海洋文化品牌培育提供了多样化的资源基础；而独具特色的沿海宗教祠庙、海岛建筑和渔乡风情等，也为海洋文化品牌的培育提供了独具特色的人文景观。可见，福建具有开展海洋文化品牌培育与海洋强省建设的诸多优势条件。当前，要建设"海洋强省"和推进海洋经济高质量发展，海洋文化品牌的培育与提升势在必行。

9.8.1 海洋文化品牌对福建“海洋强省”建设和海洋经济高质量发展的重要支撑作用

海洋文化品牌的培育与提升是建设“海洋强省”和推进海洋经济高质量发展的重要途径，福建省海洋文化品牌培育对“海洋强省”建设和海洋经济高质量发展有着极为重要的支撑作用。具体包括以下四个方面。

一是福建海洋文化品牌建设能为“海洋强省”建设和海洋经济高质量发展提供精神动力。海洋文化品牌培育的前提条件是充分地开发当地具有特色的海洋文化资源，弘扬目光远大、开拓进取、勇于冒险的海洋文化精神。在海洋文化品牌培育的过程中，必然伴随着海洋文化的挖掘及其相关科学技术、法律和政策规章等方面的配套发展，有助于转变海洋经济发展方式，寻找适合福建省海洋经济发展的战略模式，为福建“海洋强省”建设和海洋经济高质量发展提供精神动力、价值指引和智力支持。

二是福建海洋文化品牌建设有利于提升海洋强省建设和海洋经济高质量发展的核心竞争力。海洋文化既是海洋经济核心竞争力的源泉，又是其重要的组成部分。长期以来，海洋经济建设重物质投入而忽略文化培育，为了弥补文化建设的不足，福建省长期致力于开发和培育海洋文化品牌，力求通过其导向、凝聚、激励和约束功能，有效地提升海洋经济软实力，从而为“海洋强省”建设和海洋经济高质量发展提供核心价值。当前，海洋强省建设、海洋经济高质量发展与海洋文化品牌培育协同发展，有利于经济和文化相互促进，也有助于在新时期谋求更大的发展空间，从而使福建省在区域竞争和高质量发展中处于有利位置。

三是福建海洋文化品牌建设丰富了“海洋强省”建设和海洋经济高质量发展的内容。海洋文化对“海洋强省”和海洋经济高质量发展的影响是多方面的，具体涉及海洋景观建设、饮食习惯、服饰设计、交通工具等。以培育海洋文化品牌为契机，全面开发海洋文化资源，包括海洋特色生物文化资源和港口文化资源，以及以此为基础的海洋建筑文化、海洋宗教文化、海洋民俗风情等文化资源，并将其融入人们日常的衣食住行之中，使“海洋强省”建设和海洋经济高质量发展更有立体感和形象感。

四是福建海洋文化品牌建设有助于“海洋强省”和海洋经济的可持续发展。一方面，海洋文化品牌培育有助于推进海洋产业结构调整和经济发展方式的转变。过去很长的一段时间内，福建省海洋产业发展主要以要素投入和规模扩张为主，即发展的过程中常伴有高能耗、高投入甚至高污染等问题，这种粗放型的经济发展方式往往会对海洋资源开发利用和海洋生态环境造成破坏。而海洋文化开发，旨在培育海洋文化品牌，形成海洋文化产业和滨海旅游业，并以此带动海洋服务业的发展和促进海洋经济发展的转型升级，从而助力实现绿色“海洋强省”建设和海洋经济高质量发展。另一方面，海洋文化品牌培育有助于加深人们对海洋文化知识的理解，不断提高人们的精神素养和环保意识，以保护海洋环境和促进可持续发展。

9.8.2 福建海洋文化品牌培育的核心内容

海洋经济是中国当前最具发展前景的新经济增长点，海洋文化及其品牌建设与海洋经济发展之间有着十分密切的关系。党的十八大报告明确提出中国要“建设海洋强国”和“增强文化整体实力和竞争力”；党的二十大报告进一步明确强调要建设“海洋强国”和“文化强国”。福建省也相应提出了建设“海洋强省”“文化强省”和海洋经济高质量发展的目标。因此，培育福建省海洋文化品牌势在必行，具体可从以下六个方面着手：

一是培育福建省特色海洋生物资源文化品牌。福建省海洋生态系统复杂，生物多样性丰富，蕴藏着巨大的海洋生物资源，拥有官井洋大黄鱼天然产卵场（省级自然保护区）、福鼎野生紫菜和厚壳贻贝自然繁殖区，以及全球天然分布最北端的红树林保护区。福建的独特资源禀赋孕育了宁德大黄鱼、连江海带以及莆田南日鲍等具有较高知名度和品牌价值的海洋生物资源。除了上述这些海洋生物资源品牌之外，其他如霞浦海参、漳州石斑鱼、莆田花蛤、福州鱼丸及烤鳗等属于福建特色海洋品牌产品。今后，这些特色海洋生物资源都可以从文化品牌的视角不断地提升其附加值，力争打造独具特色的海洋生物产业链。

二是培育福建省海洋港口文化品牌。福建省拥有众多著名的海洋港口，这些港口逐渐发展成为连接国内外的重要枢纽，见证了海上丝绸之路的繁荣与辉煌，共同构成了福建省海洋港口文化的丰富内涵。主要包括：(1)泉州港。泉州港是我国古代海上丝绸之路的起点，被誉为“东方第一大港”。泉州港见证了中国古代海洋贸易的繁荣，也留下了许多珍贵的文化遗产，如市舶司遗址、泉州湾宋代海船等。(2)福州港。福州港历史悠久，早在汉代就已经成为中国东南沿海的重要港口。在福州港的发展历程中，福州人民创造了独特的港口文化，如造船技术、航海文化等。(3)厦门港。厦门港是福建省现代化程度较高的港口之一，也是全球重要的集装箱运输港口之一。厦门港不仅承担着福建省及周边地区的货物运输任务，还积极参与国际航运合作与交流。厦门港的快速发展不仅推动了福建省海洋经济的繁荣，也促进了海洋港口文化的传承与创新。

三是培育福建省海洋建筑文化品牌。福建省海洋建筑文化是福建省海洋文化的重要组成部分，具有独特的历史背景、建筑类型和建筑特色。福建省海洋历史建筑遗址较多，且多为古时军事防御古堡。据《福宁府志》记载，福宁府建有37处城堡。经文物普查资料显示，霞浦古堡遗址现存有明代卫、所、堡22处，寨1处，烽火台9处。比较典型的如三都澳福海关、霞浦大京古堡、福鼎冷城古堡、秦屿土堡以及周宁浦源郑氏宗祠等古色建筑无不彰显着闽东文化中对海洋的尊崇。这些古代的海防古堡对于研究福建古代的军事工程建筑、防御设施及其布局提供了实物依据，也是进行爱国主义教育和海洋文化教育的形象教材。

四是培育福建省海洋名人文化品牌。福建省涉海历史人物主要可分为三类:(1)治理和发展福建的历史人物,如五代时期的“闽王”王审知治闽。(2)抗击倭寇、驱逐外敌的民族英雄和平叛内乱的革命志士,如明代围剿倭寇英雄戚继光。(3)引进和传播海外文明的学者和传教士,如郑和的航海活动不仅促进了中国与海外国家的经济交流,还加强了文化、宗教和技术的交流与传播,对全球海洋文化产生了深远的影响。郑和的系列航海活动进一步巩固了福建作为海上丝绸之路起点的地位,使得福建的海洋文化更加璀璨夺目。

五是培育福建省海洋宗教文化品牌。福建省的海洋宗教文化呈现出多元共存、和谐共生的特点。宋元时期的泉州,是被誉为“市井十洲人”的万国之都,吸引了来自世界各地的商人、旅行家、传教士等,他们带来了伊斯兰教、印度教、基督教、摩尼教等多种宗教文化,这些外来的宗教文化与本土的宗教文化相互融合,形成了独特的海洋宗教文化景观。福建省的海洋宗教文化具有强烈的海洋性,在福建省的宗教文化中,往往可以看到海洋元素的融入,如海神信仰、海洋神话等。妈祖作为海神信仰的代表,其相应的妈祖文化在福建乃至全球华人中都具有广泛的影响力;再比如陈靖姑、林默娘等母性崇拜亦是极具地方特色的海洋宗教文化及信仰的重要组成部分。

六是培育福建省海洋民俗风情文化品牌。地处沿海的福建省很早以前就有人类活动的遗迹,当地不少民俗风情均与海洋相关,其中更是融合了海陆文化,从而形成了自身的民俗风情文化特色。如为了适应沿海的生产与生活,闽东人“习于水斗,便于用舟”且不断创新改良,很早就学会“水密隔舱”等造船技术,“温麻会船”历来享有盛名。如今,闽东的造船业已成为全国三大民间船舶修造基地之一(谢岩福,2013)。泉州蟳埔女特有的发饰“簪花围”就是福建海洋民俗文化的独特体现,她们将花苞串成花环围在脑后,形成了独特的发饰风格,已成为当地的文化名片和旅游热点。

9.8.3 福建海洋文化品牌培育中存在的主要问题及其原因分析

海洋文化品牌培育对“海洋强省”建设和海洋经济高质量发展具有十分重要的支撑作用，对于海洋资源禀赋优渥的福建省而言，应大力推进海洋文化品牌培育。但在海洋文化品牌的培育过程中，福建省还存在以下四个方面的问题：

第一，海洋文化品牌少且影响力亟待提升。当前福建省虽拥有“中国大黄鱼之乡”“中国鱼丸之乡”“中国紫菜之乡”“中国海带之乡”等多个海洋相关的著名文化品牌，但其品牌获得时间不长，品牌的知名度还有待提升。除此之外，鲍鱼、海参等海产品都还没有真正地发展为驰名的海洋品牌，更谈不上海洋文化品牌。与环渤海湾、长三角和珠三角等相比，当前福建省的海洋文化品牌主要局限于海洋生物方面，不仅数量相对较少且其影响力也显得不足。

第二，海洋文化品牌的内涵挖掘不够。福建省在海洋资源和海洋文化资源方面均具有突出的优势，然而目前对海洋文化资源及其品牌内涵的挖掘还十分有限，全省各地的海洋文化资源大都还停留在博物馆和观光旅游的层面上，尚未达到超越实物资源的文化和精神层面。海洋生物资源文化、海洋港口资源文化、海洋宗教文化、海洋人物文化等海洋文化资源都有待分类拓展和纵向深入挖掘。

第三，海洋文化品牌的特色不明显。我国国内的大连、青岛、三亚等沿海城市均较好地利用了自身的滨海优势，形成了特色鲜明的海洋文化。而福建省虽然在海洋生物资源、滨海港口资源、滨海旅游资源、海洋宗教文化、海洋人物文化等方面均具有自身显著的特色，但目前发展较好且被外界所公认的仅有宁德大黄鱼、福州鱼丸、连江海带等，其他重要产品的特色尚未得到很好的开发和利用，且海洋资源方面的优势尚未真正转化为经济优势和文化优势，因而易与其他沿海城市出现雷同问题。

第四，海洋文化品牌培育缺乏创新性。首先，因受到历史、地理和文化等方面的因素影响，福建省海洋文化品牌的发展与国内先进省市相比存在差距；其次，在海洋文化资源方面，福建沿海各设区市之间具有许多类似之处；最后，相对于山东、浙江、广东这三个海洋大省和海洋强省而言，福建省在海洋文化品牌培育的整体性和科技创新的支撑度等方面还存在着一些不足与问题。

导致上述问题的主要原因，有如下五个方面：

第一，对海洋文化品牌的培育意识不强。中国长期处于农业社会发展阶段，受农耕文化影响显著，重陆轻海的观念较为严重，相对缺乏海疆、海运和海防等海洋意识，海洋国土意识、海洋主权意识、海洋资源意识、海洋强国意识、海洋安全意识、海洋通道意识、海洋生态意识等相对薄弱。

第二，与海洋文化品牌相关的法律法规不完善。当前，与海洋相关的法律法规体系虽已初步建立，但其中海洋文化产品及其品牌保护方面的相关政策规章和法规条例都显得比较分散。无论是国家还是省市等各级地方政府均相对缺乏专门的关于海洋文化方面的法律法规，即当前的海洋文化品牌培育缺乏必要的法律法规和政策规章的保障，这极不利于海洋文化保护及其品牌培育，亟须制定和实施具有较强针对性的专门的法律法规和规章制度。

第三，各地在海洋文化品牌的培育过程中缺乏必要的协调和整合。文化具有个性，因而要注意文化在不同区域和不同发展条件下的作用，努力做到文化资源的合理配置。当前福建省海洋文化资源开发的基础仍然比较薄弱，且不同的海洋文化资源之间未协调一致，缺少优化组合，因此未能形成具有较大影响力的海洋文化品牌和文化精品；而且，福建省各地在海洋资源开发和海洋文化品牌培育过程中大多各自为政，尚未形成“全省一盘棋”的协同营销意识，缺乏相互之间的协作，尚未形成一个有机的整体，不少地方甚至出现恶性竞争等相关问题。

第四，海洋文化品牌建设所需的人力资源相对不足。当前，海洋服务业的人才分布呈现向海洋自然科学领域集中的趋势，而在海洋人文社会科学领域，如滨海旅游、海洋物流和海洋文化等方面，则面临着人才短缺的问题。这种人才总量不足、结构相对单一且整体综合素质有待提升的问题，限制了包括海洋文化品牌培育等在内的海洋服务业的发展。

第五，海洋文化品牌培育所需的基础设施建设相对滞后。当前，虽然福建省的经济结构开始转向以第二、第三产业为主，但包括部分沿海城市在内的不少地方的基础设施尤其是海洋基础设施以及海洋文化设施建设仍然相对滞后。比如自然条件极为优越的闽东港口，其实际的港口货物吞吐量远小于福州港、厦门港和泉州港，是当地海洋经济高质量发展和海洋文化品牌建设所面临的主要“瓶颈”之一。

9.8.4 加快福建海洋文化品牌培育的对策建议

针对上述问题及其相应的原因分析，以下分别从各级政府、涉海企业以及社会公众等三个不同的层面和视角对如何加快福建海洋文化品牌培育提出对策建议。

(1)基于政府视角的政策建议

第一，营造海洋文化品牌培育的浓厚氛围。首先，在基础教育中增加关于海洋意识和海洋文化品牌培育方面的内容。福建省当前应大力开展关于海洋经济、海洋生态环保、海洋科技创新及推广、海洋文化品牌培育等相关知识的普及教育，具体可采用举办青少年夏(冬)令营活动等多种形式。其次，充分运用各种有效的传播媒介，尤其是电视、互联网和手机等主要媒介，宣传海洋文化产品及其品牌培育等相关内容。最后，通过必要的行政手段，鼓励相关行业积极地参与海洋文化创新，挖掘海洋文化名片，打造海洋文化品牌，如可通过政府文件形式鼓励各地因地制宜地发展海洋文化创意产业。总之，通过协调各方力量，选择各种便捷的途径，促使民众积极参与海洋文化品牌的培育工作。

第二，建立和完善与海洋文化品牌培育相关的专门法律法规或政策规章。具备制定法律法规或政策规章权利的各级政府及其立法部门应适时地制定或修订完善与海洋文化品牌培育相关的法律法规或政策规章，并促使其发挥应有的作用。这些新制定或修订完善的专门法律法规或政策规章的作用主要有：首先，有助于保护海洋知识产权。建立由政府牵头、以企业为主体、相关行业组织和专家学者共同参与的产权保护机制，并发挥其应有的鼓励和保护创新的作用。其次，有助于保护海洋文化产业及产品贸易。通过禁止不正当和非法贸易，鼓励企业之间通过各种合法方式开展公平有序的竞争。再次，有助于保护和开发海洋文化资源。应明确海洋文化资源的范围，禁止不合理的资源开发，以免造成海洋文化古迹和自然景观的破坏。最后，强化对海洋文化行业的监管，规范各类主体依法依规开展工作。

第三，进一步加大对海洋文化品牌培育的财税和金融支持力度，为其提供必要的资金保障。海洋文化品牌的培育需要必要的资金支持，因而福建省应根据海洋文化品牌培育的实际需要，并结合不同类型的品牌培育需要，适时加大资金投入力度，尽快形成“以政府投入为主导、企业投入为主体和社会资本为补充”的多元化投入机制，以支撑和保障海洋文化品牌培育的实际需要。

第四，进一步做好海洋文化品牌培育的基础设施建设工作。福建省今后应主要从以下几项措施入手，以做好海洋文化品牌培育的基础设施建设工作。首先，致力于园区的集聚工程建设，加快建设若干个国家级和省级海洋文化产业示范园区或示范基地；其次，建设国家级海洋文化博物馆，建立海洋文化交流、研究基地和信息中心，建设集海洋文化观光、体验、环保于一体的主题公园等；最后，积极设立海洋非物质文化遗产项目的讲习所和培训班等，支持非物质海洋文化遗产的代表性传承人开展授徒、传艺、交流等活动，并强化对非物质海洋文化遗产的普查、挖掘和提升力度。

第五，积极促进海峡两岸在海洋文化品牌培育方面的合作。福建省具有良好的对台地理区位优势，应与台湾地区加强交流与合作。为此，可采取以下措施：首先，以海洋文化为纽带，大力开展与台湾海洋文化产业之间的合作与交流，对接互通各自的优势品牌培育经验，增强海洋文化企业竞争力，从而建立双方的磋商协调机制；其次，尽快与台湾高校和科研院所及其专家学者共同组织建立"海峡两岸海洋文化产业交流协会"等民间组织，并通过建立和畅通民间联系渠道，共同商讨海洋文化品牌培育事宜，定期举办两岸高层论坛、专家研讨会和博览会等；最后，加大政府财政对海峡两岸海洋文化品牌培育合作的资金支持力度，通过海洋产业博览会、网上推广、专项开发小组等多样化方式，鼓励和支持台湾文化产业资本积极地参与海洋文化品牌培育，以促进福建省海洋文化产业发展。

(2)基于涉海企业视角的政策建议

第一，打造各类海洋文化精品并加强宣传。培育海洋文化品牌应以企业为主导、全社会共同参与，而非单品发展、一枝独秀。因此各涉海企业可通过广播、电视等传统媒体，以及手机报纸、手机电视、网络电视、多媒体阅报栏等新兴传播载体，宣传和推广海洋文化品牌，实现数字化、网络化和高清化，方便民众获取信息。同时，要积极促进各级各类媒体制作能力的提升，鼓励打造品牌栏目，加强民众对海洋文化品牌内容的认识。

第二，提升企业的创新意识以打造创意海洋文化品牌。为了提高创新意识，打造创意海洋文化品牌，涉海企业应从以下三方面着手：一是加强对历届"6·18"签约项目的跟踪落实，促进企业与一批具有较好产业化前景的海洋科技成果的对接；二是加强与科研院所之间的合作，深入落实与自然资源部第三海洋研究所、中国科学院上海高研院、中船九院等海洋科研机构签订的合作协议，推动一批先进适用技术、海洋共性技术成功对接；三是引进和培养一批海洋科技领军人才和研发团队，建立一批以企业为主体的涉海科研创新平台，推动建设海洋文化创新战略联盟。

第三，充分挖掘海洋文化品牌的内涵以提升品牌特色。当前福建省涉海企业要根据当地的海洋资源和特色海洋文化，大力推进海洋文化创新，重点打造具有代表性、示范性、引领性和保护性的福建海洋文化名片；要鼓励涉海企业投资创作一批能够代表福建海洋文化的文学、戏剧、音乐、美术、书法、摄影、舞蹈、广播、影视等文化品牌精品；相关的涉海企业进一步挖掘和充实涉海景点、景区的文化内涵，加大文化与旅游融合的力度，实现旅游产业特色化；要在当地海洋文化中融入畲族文化和红色文化等特色文化，从而力求品牌更加旗帜鲜明和更具地方特色，与其他地区品牌相比具有差异化优势。

第四，逐步壮大涉海企业海洋文化品牌培育的人才队伍。人才对企业海洋文化品牌培育的作用至关重要，涉海企业可采取以下措施培育和引进人才：首先，制定企业海洋文化品牌培育的人才需求计划，并重点解决人才培养和人才引进过程中的相关问题；其次，改革企业人才引育制度，建立规范的人才引进和培育机制，努力创造一种有利于人才成长和发展的良好机制；最后，企业与省内高等院校联合开设涉海相关专业，共同培养所需人才。目前福建海洋文化品牌创意人才、经营管理人才、技术开发人才、市场营销人才等均十分紧缺，尤其是既懂文化又懂经营的复合型高级人才更是稀缺。因此，涉海企业与高校要共同致力于营造一种有利于人才成长的环境，协同培养一批出类拔萃的海洋文化领域的专业人才，特别是海洋文化品牌培育和创建方面的高级人才。

(3)基于社会公众视角的对策建议

第一，形成全民爱海和科学用海的意识。只有通过弘扬海洋文化，提高民众的海洋意识，包括海洋国土意识、资源意识、环境意识、权益意识和科技意识等，才能促进海洋经济的持续繁荣，并带动海洋相关产业的不断发展壮大，并力争培育出具有竞争力的海洋文化品牌。此外，全社会要牢固树立海洋环保理念，加强海洋资源保护，依法有序、科学合理地开发利用海洋资源，走科技含量高、资源消耗低、环境污染少、经济效益好的海洋经济可持续发展道路，从而为海洋文化品牌培育和海洋经济高质量发展创造良好的氛围。

第二，自觉遵守与海洋文化品牌培育相关的法律法规和政策规章。每个公民都应遵纪守法，当前中国海洋文化品牌培育方面的法律法规不完备，这就要求人们更应自觉地遵守现有的法律法规及相关的政策规章。当前要重点做好以下几方面工作，以更好地促进海洋文化品牌培育行动：首先，在涉海相关法律法规的制定和修订的过程中，应积极听取和吸纳社会公众的意见和建议；其次，积极参与海洋环保行动，自觉保护海洋自然资源和文化古迹，严禁人为毁坏海洋遗址，从而为海洋文化品牌培育提供必要的资源基础；最后，在全社会形成尊重创新者劳动成果和尊重知识产权的良好氛围，不仿冒和伪造产品，以维护整个行业的公平竞争环境。

第三，积极参与海洋文化品牌的培育。强化海洋文化品牌培育，建设“海洋强省”和推进海洋经济高质量发展是福建人民的共同责任，因此广大社会公众要积极地参与其中。首先，要有主人翁精神，自觉树立海洋文化意识，通过参观海洋知识展、海洋文化宣讲会和定期收看相关的电视节目等各种形式以了解福建海洋文化；其次，要具有创新意识，积极投身于海洋文化产品和品牌的创新活动，力争能够创作出喜闻乐见的优秀品牌；再次，应作为海洋文化品牌的宣传者，为福建海洋文化品牌增添魅力；最后，要主动担当海洋文化品牌培育的监督者，提高海洋文化产品质量。

10　加快推进福建省海洋经济高质量发展保障体系建设

在探索海洋经济新蓝海、推动高质量发展的进程中，一系列科学、系统且富有前瞻性的保障措施显得尤为重要。为海洋经济高质量发展提供有效的保障不仅是对既有海洋经济发展成果的巩固与深化，更是对未来海洋可持续发展路径的精心策划与布局。本部分在前文分析当前福建省海洋经济发展所面临的新形势、新挑战的基础上，提出一系列针对性强、操作性高的保障举措，以期为福建省海洋经济高质量发展注入强劲动力，从而积极引领海洋经济迈向更加繁荣、更加环保、更加可持续的未来。

10.1　加快港口基础设施建设，打造现代化福建港口群

作为现代海上运输方式的汇合点和枢纽，港口不仅承载着畅通国内国际双循环的重要纽带和基础支撑作用，而且是构筑福建对外开放和两岸交流的重要门户。福建省的港口等基础设施近年来保持着稳健的发展态势，不仅在货物吞吐量和集装箱吞吐量上取得了显著成绩，还在港口建设投资和重点项目推进上取得了重要进展。2024 年上半年，福建省沿海港口货物吞吐量完成 3.68 亿吨，其中福州港完成港口货物吞吐量 1.68 亿吨，同比增

长3.2%，福建省沿海港口集装箱吞吐量完成873.88万标准箱，与上年同期基本持平，其中福州港完成集装箱吞吐量189.77万标准箱，同比增长11.5%。此外，2024年上半年福州港完成港航建设投资19.16亿元，占年度计划37亿元的51.8%，超序时进度1.8个百分点；重点港区江阴、罗源湾、三都澳共完成投资14.03亿元。福州港松下港区元洪作业区新建2万吨级和3万吨级多用途泊位各1个以及相应的配套设施，设计年吞吐量248万吨，项目概算总投资约9.11亿元。[①]

虽然福建省港口企业资源整合已初步完成，但全省港口管理仍然存在港口通过能力、港口统筹发展、港产城融合、港口转型升级和要素保障等方面的相关问题。为此，在调研的基础上，本书提出加快港口基础设施建设的对策建议，对促进全省港口资源整合、实现港口联动、港产城深度融合具有一定的现实意义。

10.1.1 港口基础设施建设存在的主要问题

当前福建省沿海各县（市、区）不少港口的基础设施建设相对滞后，影响其运输集约化水平，导致全省的沿海港口发展面临着不少困境，主要体现在以下五个方面：

第一，福建省的港口通过能力存在总体富余、局部不足的结构性矛盾。尤其是宁德漳湾、泉州石湖和石井作业区等区域经济较好的港口，长期处于超负荷运行状态。当前宁德漳湾港口后方产业运输需求旺盛，但漳湾作业区吞吐量已远超设计能力，处于超负荷运转状态，船舶经常出现滞港现象。与此类似，泉州石井作业区作为世界上最大的石材加工生产基地，运输需求旺盛，但目前只有2个5000吨级散杂货泊位，通过能力严重不足，需要建设

---

① 数据来源：福建省交通运输厅官网。

4～6个5万～10万吨级散杂货泊位。[①] 此外，古雷石化、莆田石门澳化工新材料产业园等新的重大临港产业落地发展同样急需建设配套码头，以满足原材料和产成品运输的需求。

第二，福建省内的厦门、福州、莆田三大核心港区统筹联动不足，部分港口航线布局不够集中、整体连片开发不够。比如，目前厦门海沧和东渡港区的集装箱吞吐量已接近规划设计值，但尚未有新岸线可建设集装箱泊位，目前这两个港区主要从事煤炭等污染较大的散杂货运输，明显与未来港区整体定位不相符合。因此，亟须对厦门港区的总体功能进行有效整合。

第三，福建省内部分港口面临集疏运的问题。一方面，目前省内一些港口与周边腹地经济的联动性不足。其中福清江阴、长乐松下等港区后方的用地空间十分缺乏，极大地制约了相关港区的吞吐能力和业务拓展能力。另一方面，省内部分干线铁路货运能力对港口的支撑力度不够，现有疏港铁路与干线铁路仍然面临着衔接不畅的困境。比如，福州江阴港和罗源湾港区的疏港铁路均通过福厦铁路(动车线)与干线货运铁路相连，但由于福厦铁路客运已非常繁忙，货运只能集中在凌晨时段开行。此外，省内部分疏港铁路建设滞后、末端与港区仍未充分衔接，比如海沧港区疏港铁路专用线目前没有直达集装箱码头内部，导致海铁联运业务存在“港”“站”分离问题，极大地增加了转运成本和时间成本。

第四，福建省大部分港口面临转型升级的严峻挑战。目前福建省大部分港口的主要利润仍来自装卸等传统业务，在航运代理、金融保险、海事仲裁、船籍登记、海事技术服务等高端航运服务业的发展程度仍然不足。据实地调研了解，全省仅平潭籍船东注册在全国各地的泊船动力就超过1900万载重吨，但在国际航行船舶加油补给的发展进程相对缓慢，尤其是与上海港、宁波舟山港相比，福建省在大数据、机器人、人工智能等方面在港口中的

① 数据来源：由调研团队实地调研获取。

应用还有较大的提升空间。

第五，福建省港口建设仍然面临要素保障的主要困境。一方面受严控用海审批影响，部分项目推进困难。近年来国家严控围填海审批，除国家重大战略项目之外，现阶段全面停止新增围填海项目审批。而福建省港口绝大部分码头建设项目亟须通过填海形成港区陆域，而现阶段严格的用海政策造成涉及填海的港口项目前期工作难以推进，其中厦门港翔安港区、福州港江阴港区、泉州港泉州湾港区、围头湾港区石井作业区等均无法推动整体连片开发，极大地制约了港口基础设施的建设能力。另一方面受资源管控影响的项目建设进度受限。随着国家对自然资源管控的力度不断加强，各地严控矿山开采和海河采砂等自然资源采掘活动，航道建设项目疏浚物纳泥区难以得到有效落实，导致港航建设项目及已建航道、港池的维护工程进展缓慢，部分项目处于停工或半停工状态，建设成本费用大幅提高。

10.1.2 加快港口基础设施建设的对策建议

福建省要坚持以问题为导向，以“重中之重”项目为突破口，全力提升全省港航基础设施建设水平，具体措施如下：

第一，积极推动港口运作一体化。如厦门市要着力打造国际集装箱干线港，突出抓好海沧集装箱重点港区的开发，扩大“丝路海运”品牌的影响力，构建通往全球主要港口的航线网络，形成世界一流现代化智慧港口。福州市要建设国际深水大港，打造大宗散货接卸转运中心、规模化工业和公共服务港区，并积极发展集装箱干线运输。同时，着力推进湄洲湾港南北岸合理布局和泉州港重点港区统筹开发，进一步发展能源和原材料等散货的运输和内贸集装箱运输。

第二，优化全省港口集疏运体系。要重点推进一批疏港铁路通道建设，有序推进沿海重点港区铁路进港，加快推进铁海联运、公海联运、江海联运等多式联运模式。支持“陆地港”“飞地港”建设，促进港口经济腹地向内陆省份延伸，持续扩大“借闽出海”的通道效应。

第三，延伸航运物流服务价值链。推动海运企业规模化发展，积极吸引境内外大型航运企业落户福建，发展大型和专业运输船队，支持造船企业、航运企业和货主企业建立紧密的合作关系。鼓励发展中转配送和流通加工服务，支持船运公司和代理、运输、仓储等企业联动发展，探索“物流＋互联网”等特色模式。

第四，聚焦“港产城融合”。持续优化三大港口功能定位和资源配置，提高港口支撑能力，提升港产城发展能级。加快码头配套建设，朝着“运输港＋工业港＋商贸物流港和供应链重要节点”转变，积极发展港口装卸、仓储、运输、工业、商贸、旅游等相关的功能，构建高效多形式的联运网络，拓展更大范围的腹地经济。实地调研中，不少港区的负责同志认为除了发展铁水联运之外，水水中转的成本是最低的，因此建议要积极研究发展水水联运模式。不少企业认为可借鉴粤港澳湾区“组合港”（一次申报、一次查验、一次放行）的通关模式，以提升物流时效性和节约物流成本。

第五，强化资源统筹，切实保障重大项目建设。一方面，努力化解港口围填海项目的审批难关。合理安排规划港区内的相关项目建设时序，优先推动不涉及围填海审批或已取得用海手续的项目建设。涉及难以批复用海的项目，可以考虑先建码头后建陆域分期实施的方案，优先考虑采用凸堤式码头结构或桩基式码头结构，并鼓励与相邻泊位共用陆域。涉及无法避免填海的重点项目，相关单位和政府部门通过各种渠道合力争取列入国家重大规划项目库，以支持用海审批。另一方面，多渠道保障地材供应及纳泥区。进一步加强省市重点项目的推进和协调力度，充分发挥地方属地管理责任，加强航道疏浚物综合利用，作为回填料利用于需要回填的周边码头以及相关工程，对于那些纳泥区确实难以得到落实的航道项目，可采取分期分段实施方案。

10.2 建设福建省海洋科技创新高地，构建专业化人才培养体系

福建省海洋资源极为丰富、区位条件十分优越、海洋生态环境良好，具有加快发展海洋经济的巨大潜力。当前全省正大力赋能海洋经济高质量发展，在推进海洋科技创新与人才培养方面有着迫切的需求。为了大力支持海洋科技创新高地的建设，福建省不仅制定海洋经济科创高地实施方案，而且通过设立专项资金，大力支持海洋科技创新和人才培养。但总体而言，福建省在海洋科技创新方面仍然面临驱动力不足等困境，需要引起重视并采取有效措施加以解决，以加快海洋经济强省建设和海洋经济高质量发展的步伐。

10.2.1 福建省海洋科技创新及专业化人才培养取得的成效

(1)坚持科技兴海，不断释放海洋价值

按照习近平总书记"以科技为先导""创新驱动发展"的重要指示精神，推动福建省海洋科技创新发展。

一是坚持科研赋能，推动海洋经济发展提质增效。具体可学习借鉴福州市经验，构建"1＋6＋4"特色海洋科创体系，推动海洋科技向创新引领型转变，即做大做强福州海洋研究院，高位嫁接深海养殖、水产种业、水产品精深加工、生物制药、智慧海洋、海工装备等六大产业联合研发中心，积极培育海洋科创成果集中转化区。

二是坚持数字赋能，推动海洋经济管理能力提档升级。坚持发展数字

渔业和智慧渔港，推动海洋渔业向数字化、智能化方向转型。通过“宽带入海”实现海陆互联网全覆盖，建立健全福州市远洋渔船安全监控及服务管理平台，为远洋渔业行业监管赋能、赋智，旨在建成海洋防灾减灾综合立体观测网，力争形成全天候、全时域、全方位的主动探测的海上立体观测系统。

(2)运用“引育结合”模式，打造海洋科创人才新高地

一是多形式招引海洋高端人才，通过设立首席科学家制度，举办海洋经济专场人才项目对接会，设立人才引荐奖等多种形式，鼓励海洋领域的人才、团队来闽创新创业。

二是成立科创联盟和产业基金，紧扣“科技＋产业”，高位嫁接六大产业联合研发中心以及引进相应的各中心学科专业带头人。

三是培育涉海科技型企业，促进各类创新要素向涉海企业集中集聚，并逐步完善涉海科技企业的人才培养体系。

10.2.2 福建省海洋科技创新及专业化人才培养所面临的主要困境

(1)海洋科技创新支撑不足

目前，福建省涉海创新资源比较分散，涉海企业的技术创新活力不足，自主创新能力有待进一步激发，对海洋领域的产学研用之间的合作重视不够；海洋产业链深度不足，海洋创新产品线不够丰富。

(2)海洋科技高端人才紧缺，科创能力不够

与当前国内其他沿海主要省份涉海的高校和科研院所相比，山东省青岛市拥有约占全国20%的涉海科研机构、超30%的部级及以上的涉海高端研发平台，同时还聚集了全国超30%的海洋领域院士、近50%的海洋科技人才；而作为海洋资源大省的福建省，目前仅在厦门(自然资源部第三海洋研究所)、平潭(自然资源部海岛研究中心)各有一个国家级的涉海科研院所

和2名海洋领域的院士，省会城市福州市目前还没有真正意义上的国家级涉海科研院所，从而严重地制约了海洋科技人才的引进和科创能力的有效提升。

10.2.3 进一步提升福建省海洋科技创新能力及专业化人才培养的对策

（1）坚持科技先导，加快发展海上新质生产力

一是高标准建设海洋科创系统。持续发挥国家级、省部级海洋重点产业联合研发中心的作用，加强海洋领域关键核心技术（难题）征集和科研攻关，持续实施海洋产业"揭榜挂帅"项目，并加速推进海洋科创成果转化落地。重点支持福州市鼓楼区海洋科创高地、国家远洋渔业基地等海洋科创孵化基地和成果转化区建设，着力打造海洋经济创新发展集群高地。

二是持续探索海洋渔业技术开发与利用。重点强化深海和远海养殖平台等专项预报服务，争取实现全省海域海洋预警预报全覆盖。持续推进赤潮等自然灾害预测技术研究和水生动物疫（疾）病监测工作，全方位保障海洋渔业生产安全。

（2）高起点激发海洋科创新动能

一是积极培育海洋科技型企业。以资源培育、加强培训等为抓手，积极培育和认定涉海科技型企业群体。实施海洋经济高新技术企业倍增计划，加强对成果转化项目的摸底排查、跟踪服务，建设海洋高新技术企业培育库，培育和认定涉海国家高新技术企业、涉海科技型企业，培育形成一批"科技小巨人"企业、"单项冠军"企业、专精特新企业和"独角兽"企业。

二是推动产业链、"新赛道"与创新链融合发展。准确聚焦海洋产业发展方向，加快形成"里＋外"有机衔接，推动一批海洋经济科创项目从科创高地研发、孵化到在集中区推广落地、成长为科技型企业的高质量海洋经济发展通道。

三是提高创新开发利用海洋资源能力。进一步推动涉海高校、科研院所等智力资源加快整合，培育发展海洋药物与生物制品、海洋新材料等海洋新兴产业，积极对接中国科学院、中国水产科学研究院等海洋领域的“大院大所”，争取成立海洋领域重点实验室、研究所(室)、研究中心、成果转化中心等，开展综合交叉前沿研究。

(3)创新海洋人才引进模式

一是大力引进海洋经济方面的高层次、高技能人才。着力支持海洋产业领军团队建设，为涉海高端人才提供包括创业扶持、金融服务、技术转化服务和引才政策等在内的服务保障。重点借鉴山东省省外或境外研发中心和海洋创新基地聘用高层次人才视同省内工作等“柔性引才”经验，探索“候鸟型”人才引进、跨区人才合作等多种灵活多样的模式，打造海洋人才“蓝色港湾”，力争成为海洋创新领域专业化人才的摇篮。

二是优化海洋人才工作环境。积极建设省级海洋高端人才库和海洋高端人才公共信息平台，尽量放开目前涉海单位引进人才的限制。同时破除涉海优秀人才荣誉及待遇终身制，加快形成以工作成果为导向的考核机制。

10.3 构建海洋污染防治新格局，助推福建省海洋生态文明建设

海洋是福建省最具潜力的资源宝库与广阔的发展空间引擎，其健康与否直接关系到经济社会的可持续发展与生态文明建设的整体效果。针对全省不少沿海区域尤其是宁德等地曾备受瞩目的岸滩垃圾污染问题，以及“十三五”期间虽有所遏制但仍不容忽视的海湾生态系统退化趋势，我们应深刻

地意识到，保护并修复海洋生态的任务既紧迫又艰巨。长期以来，海湾滩涂湿地等宝贵资源遭受了围填海等活动的严重侵蚀，导致海洋生物生态空间急剧萎缩，泉州湾滩涂湿地面积锐减，其中东海区主要海湾水域面积亦在25年间缩减近一成，闽江口红树林面临碎片化危机，互花米草等外来物种入侵更是加剧了生态系统的脆弱性。在此背景下，如何强化海洋环境保护，不仅是维护海洋经济高质量发展的基石，更是推动福建向海洋强省迈进的必由之路。

基于此，必须坚定不移地践行“绿水青山就是金山银山”的绿色发展理念，将对海洋生态环境的珍视提升到前所未有的高度。为此，基于深入调研，特提出以下五方面的策略性建议，旨在构建绿色、可持续的海洋生态环境，从而力争将来自环境的挑战转化为发展契机，以开创全省海洋污染防治与生态文明建设的新篇章，并为全省海洋经济高质量发展创造良好的条件。

10.3.1 以“1234”为核心构建海洋污染防治新格局

一是确立“1”个宏伟的愿景。即以“水清滩净、鱼鸥翔集、人海和谐”为愿景，全力推进美丽海湾建设，致力于海洋生态环境的持续优化与升级，不断增进民众临海而居、亲海而乐的幸福感与获得感，让海洋成为福建生态文明建设的一张亮丽名片。

二是实施“2”大核心策略。首先，强化海洋环境保护的法律基石，依托《福建省海洋环境保护条例》等相关的法律法规，并不断织密海洋保护方面的法律网络，以确保海洋环境保护有法可依、有法必依和执法必严。其次，深化海洋生态环境综合治理战略，依据《福建省重点海域综合治理攻坚战实施方案》，巩固并拓展闽江口、九龙江口及厦门湾等关键区域的治理成效，不断加大资金投入与科技赋能，以期显著提升海洋环境治理的效能与精准度。

三是聚焦“3”项关键任务。首先，全面升级入海排污口的监管体系，实施精细化排查与整治，建立"一口一档"的动态管理机制，确保源头管控。其次，强化入海河流的综合治理，有效削减陆源污染负荷，以保障海洋水质。再次，学习借鉴省内海漂垃圾治理的先进经验，持续深化海洋垃圾清理工作，构建覆盖全省大陆岸线及有居民海岛的海上环卫体系，实现海漂垃圾治理的全域化和常态化。最后，重视海洋生态系统的保护与修复，维护生物多样性，加强自然保护区与特别保护区的建设与管理，筑牢海洋生态安全屏障。

四是构建"4"大支撑体系。首先，不断建立和完善海洋环境保护的法规政策体系，为污染防治提供坚实的法律法规和政策规章后盾。其次，不断加强海洋环境科技创新及研发，利用遥感、无人机、大数据、人工智能等前沿技术，不断地提升环境监测与监管的智能化水平。再次，不断加大海洋污染防治的资金投入，并探索建立多元化的投融资模式，以吸引社会资本广泛参与，形成治理合力。最后，强化海洋环保宣传教育，提升社会公众的海洋保护意识，鼓励社会各界积极参与海洋环境保护与监督，共同营造全社会共治共享的良好氛围，从而为福建海洋生态文明建设贡献力量。

10.3.2 推进陆海污染协同防治

一是深化海域污染治理，创立并推广"海上环卫"制度，力争成为海洋垃圾治理的先行者。在全省各关键港口全面推行船舶污染物接收、转运、处置的闭环监管模式，依托联单制度以确保每一步操作均透明可追溯。同时，在港口周边科学规划并建设船舶污染物接收、转运、处置一体化设施，构建高效运转的污染处理体系。深入实施湾长制，实施"一湾一策"定制化治理方案，加速推进重点海湾的污染综合整治与生态修复工程，恢复受损砂质海滩与亲水岸线的自然风貌，不断拓宽公众亲海空间，努力打造一批集"水清滩净、鱼鸥翔集、人海和谐"于一体的美丽海湾先行示范区。

二是构建"流域—河口(海湾)—近海—远海"全方位、多层次的系统保护与污染防治联动网络。通过全链条管理体系，实现对污染源的精准追踪与有效控制。实施重点海域入海污染物总量控制策略，不断加大对河流入海口、关键海湾及近岸海域的综合治理与监管力度，全面清除非法及不合理设置的入海排污口，科学规划沿海各县（市、区）的入海排污口布局。同时，不断深化“海上环卫”制度实践，依托海洋综合立体观测体系，显著提升海洋生态环境监测的科技含量与覆盖范围。定期开展重点污染源排放监测、近岸海域环境质量评估及海洋生态质量调查，建立健全海洋资源环境承载力预警机制。对盗采海砂、违法倾倒、偷排污水、非法捕捞等违法行为保持零容忍态度，不断地优化监管手段，实现疏堵结合的精准管理。

三是强化陆海环境污染的联防联控机制，确保陆源污染与海洋污染治理的紧密衔接与协同作战。聚焦重点流域、区域及海域，明确污染防治目标，遵循“查、测、溯、治”的科学路径，对入海河流、入海排污口及其他入海排口进行全面摸底排查，建立详尽的“一口一档”管理档案，并纳入福建省生态云平台，实现信息的实时共享与高效管理。加速推进闽江、九龙江、晋江等主要江河入海口的污染治理与生态修复项目，严控入海河流污染源。加强对主要入海河流污染物、重点排污口及海漂垃圾的实时监测与溯源分析，明确责任主体，强化监督力度，促进涉海部门之间的监测数据共享、定期通报及联合执法机制的深化落实，共同织就一张紧密无间的陆海污染防控网。

10.3.3 升级海洋保护利用效能

一是强化海洋空间资源的保护与修复策略。秉持开发与保护并重的原则，深化海洋“两空间一红线”的精细化管理，推动海域、海岛、海岸线实现分区分类的科学保护与合理利用。同时，坚持以自然恢复为主、人工干预为辅的生态修复理念，深入实施生态修复项目，重点加强海洋生态区保护与生态廊道建设，强化渔场渔业资源的养护与恢复。

二是针对历史围填海遗留问题，科学划定“三生空间”，加快审批流程，积极引进重大产业项目，统筹推进基础设施建设、土地更新、综合整治与生态修复工程，全面加强历史围填海区域的生态修复工作。

三是深化海洋生物多样性保护。通过整合优化海洋自然保护地体系，科学划定保护地功能分区，建立一批高质量的海洋自然保护区和海洋自然公园，重点保护海洋生态系统、自然遗址、地质地貌、种质资源、红树林、珍稀濒危物种及滨海湿地等宝贵资源。重点加大对红树林、珊瑚礁等典型生态系统的保护研究力度，并适时开展台湾海峡生物资源调查，为海峡两岸的相关合作奠定基础，推进水产种质资源保护区的保护工作。同时，严格控制近海的海洋捕捞强度，持续加强水生生物资源的增殖与保护，规范实施水生生物的增殖放流活动，促进海洋重要渔业资源的有效恢复。

四是推进受损滨海湿地的恢复与修复工作。加强滨海湿地的调查监测与科学评估，因地制宜实施滨海湿地修复工程。重点在泉州湾、厦门湾（含九龙江口）、漳江口等关键区域开展红树林的保护与修复工作，在有效保护红树林湿地资源的同时，科学种植红树林，进一步扩大红树林面积和质量，推进红树林生态系统的全面恢复，以提高增强滨海湿地生态系统的稳定性和生物多样性。采用物理、化学、生物等多种手段综合治理互花米草问题，并在适宜红树林生长的区域统筹恢复候鸟栖息地。此外，开展红树林植被、底栖生物等变化趋势的监测工作，制定湿地生态状况评定标准，对重要湿地的生态功能进行监测评价，以全面提升湿地生态系统的健康水平。

五是加强受损海岸线及滨海沙滩的整治修复力度。对海岸线实施分类管理策略，将具有典型地形地貌景观和重要滨海湿地景观的岸线纳入严格保护范畴，以确保自然岸线保有率符合国家要求。坚决清理非法占用生态保护红线区内岸线的活动，并遵循自然恢复为主、人工修复为辅的原则，深入推进岸线的整治与修复工作。通过实施岸线生态化工程、临海侧裸露山体修复工程及沙滩整治修复工程等一系列精细化工程，重点应对海岸侵蚀、海水入侵等生态敏感区域的挑战。同时，持续加强滨海沙滩的保护与修复工作，编制滨海沙滩保护与修复规划，打造一批“美丽滨海沙滩”品牌。

六是深化海岛生态建设与整治修复工作。在针对无居民海岛和有居民海岛的整治修复上，采取差异化策略以确保修复工作的针对性和有效性。对于无居民海岛，应集中力量开展海岛植被的恢复与多样性提升，并加强淡水资源的保护与管理，以及潮间带生态系统的修复与重建，为海岛生物提供适宜的栖息环境；而对于那些有居民的海岛，则应重点实施污染处理、饮水安全、供电保障及交通改善等民生工程。重点加大无居民海岛保护区的建设力度，通过设立海岛保护区来有效地保护海岛生态资源。同时，建立全省生态岛礁工程项目库并实施开放式滚动管理机制，继续推进牛山岛、琅岐岛等生态岛礁工程的建设工作，并推动台山列岛、四礵列岛等海岛实施典型生态系统和物种多样性保护工程。

10.3.4　完善海洋生态补偿机制体系

一是构建完善的海洋生态保护补偿管理体系。推动制定《福建省海洋开发利用活动生态保护补偿管理办法》，以明确补偿机制的相关内容。加快构建上下联动的财政资金保障体系，包括完善转移支付制度，整合并规范现有的保护修复补偿渠道，力争形成科学合理的差异化利益补偿标准。同时，确保国土整治修复专项资金的稳定投入，为各项生态修复项目提供坚实的资金保障。

二是深化海洋碳汇科学研究，推动技术创新。深入开展海洋碳汇科学研究，支持厦门大学碳中和创新研究中心的建设，并深化对海洋人工增汇、海洋负排放等相关规则和技术标准的研究。此外，推动创建国家重点实验室、海洋碳汇基础科学中心。同时，支持自然资源部第三海洋研究所“福建省海水养殖碳中和应用研究中心”的建设，促使其重点开发养殖碳汇监测技术体系及相关规程，探索建立海水养殖碳汇核算标准，重点开发海水养殖增汇技术。

三是推动海洋碳中和试点工程，积极探索海洋碳汇交易机制。重点开展海水养殖增汇、滨海湿地和红树林增汇、海洋微生物增汇等试点工程，以切实提高海洋固碳增汇能力。同时，探索制定海洋碳汇监测系统和核算标准，并积极开展海洋碳汇交易试点。积极参与制定海洋碳汇交易规则，推动海洋碳汇交易基础能力建设，并在海水贝类和藻类养殖区开展碳中和示范应用。

四是优化滨海人居环境，推动海洋绿色发展。在毗邻的城市海湾，实施水污染治理和环境综合整治工程，坚持“源头治理、统筹发展”的原则，逐步优化滨海环境。坚持以绿色发展理念推动生态优势向经济优势转化，以期不断优化投资环境，为优质产业发展提供优良的生态空间。同时，在不断提升经济发展“绿色含量”的过程中，推动产业升级，加速迈向精细化、智能化和绿色化的目标。推动形成绿色生产方式和生活方式，以实现人与自然和谐共生和经济发展与生态环境保护的“双赢”。

10.4　加强财政政策支持，助力福建省现代海洋产业发展

海洋是支撑我国未来发展的重要战略空间，海洋经济是持续推进沿海区域经济高质量发展的重要组成部分。当前，福建省正处于全方位推动海洋经济高质量发展超越和海洋强省建设的重要阶段，需要政府财政发挥重要的支撑和导向作用。近年来，福建省积极统筹省级及以上财政资金，重点用于推动现代海洋经济产业转型升级、海洋基础设施建设、海洋生态环境建设等项目建设，较好地保障和推进了海洋经济的高质量发展。但当前福建省仍

然存在着财政资金导向不明确、财政支持海洋科技创新不足、财政支持现代海洋产业人才力度有待提升等问题。为此，在调研的基础上，本章主要围绕财政政策支持福建省现代海洋产业发展这一核心领域，从 2 个方面提出对策建议。

10.4.1 福建省财政政策支持海洋经济发展的现状及存在问题

(1)福建省财政政策支持海洋经济发展的现状

现阶段，财政专项资金及税收优惠是福建省财政政策支持海洋经济发展的主要方式，其主要做法如下：

一是设立福建省海洋产业发展专项资金。统筹全省各级相关职能部门现有的涉海专项资金，重点用于支持现代海洋服务业、海洋新兴产业和现代海洋渔业等相关的重点产业发展，以集中财力加强海洋关键技术的研发、科技创新能力的培养、科技创新成果的有效转化以及大力完善海洋公共服务平台和涉海配套基础设施建设，并重视对符合条件的湾外造地等沿海土地整治等方面工作的支持，从而更好地保护海洋资源和生态环境。

二是实施税收优惠政策。首先，对于主营海洋新兴产业的高新企业，按 15％的企业所得税优惠税率计征；海洋企业新工艺、新技术、新产品的研发支出，按照相关要求在税前加计扣除，并按照规定实施固定资产的加速折旧；贯彻国家风力发电税收政策，对符合要求的风力发电、进口风力发电等设备，按有关规定给予减免增值税等优惠。对于经营远洋捕捞的企业，在符合条件的情况下，免征企业所得税；从事海水养殖符合规定的给予减半征收企业所得税。其次，对地处海岛地区的国家重点支持的公共基础设施项目的投资运营收入和从事环保节能节水项目的营业收入，从项目取得第一笔生产经营收入所属纳税年度起，3 年内免征企业所得税，第 4～6 年减半征收企业所得税；根据国家产业政策和有关标准所生产的产品，在应纳税计算时可减计收入；对于综合配置海岛地区资源从事项目，如农业、林业、畜牧业以及渔业的企业经营收入，可以扣除、豁免企业所得税；对在海岛地区新设立的海洋新兴产业和现代海洋服务业企业，确实存在纳税困难的，经过批准可以酌情减免城镇土地使用税和房产税。最后，大力鼓励优势海洋企业实施强强联合以实现规模化拓展和进行跨地区兼并，在企业改制期间，承继原有企业土地和房屋权属的，可免除契税。

(2)福建省财政政策支持海洋经济发展存在的主要问题

虽然现阶段福建省财政政策支持海洋经济发展已取得了初步的成效，但依然存在一些困难与问题亟待解决：

一是海洋安全装备补贴和资金来源不足，即财政支撑海洋经济高质量发展的“底盘”不够扎实。在现有海洋综合管理与行业管理并存的体制下，当前海洋渔业安全装备建设长期被忽视，一定程度上也束缚了福建省海洋经济发展的速度与质量。

二是支持海洋经济发展的财政政策体系不够完善，即财政政策转向海洋经济高质量发展的“方向盘”不够精确。当前福建省海洋经济的财政补贴和税收政策有待进一步完善，虽然部分海洋新兴产业享受到相应的财政补贴和税收减免政策，但目前补贴和减免力度仍然不够且政策执行力度不足，从而制约了海洋新兴产业的发展壮大。

三是海洋科技创新能力有待提升，即财政投入推动海洋经济高质量发展的“发动机”不够有力。与其他先进的沿海省份相比，当前福建省财政支持海洋科技创新的力度仍然不足，尤其在海洋科研队伍建设和海洋科研成果转化等方面有待进一步提升。

四是海洋环境资源保护不够充分，即财政政策保障海洋经济高质量发展的“车身”不够结实。虽然现阶段福建省对海洋领域的预算支出在逐年增加，但与其他领域相比，海洋资源环境保护的财政支出仍然存在不足。

五是海洋经济开放程度不足，即财税政策助力海洋经济高质量发展的

"汽油"不够足。虽然当前政府给予不少资金与信息支持，但全面铺开还有待时日，且尚未形成长效的合作机制，亟待进一步建立系统的财政扶持政策，以促进福建省海洋经济的对外开放。

10.4.2 福建省海洋经济高质量发展的财政政策优化建议

(1)释放财政政策红利，夯实现代海洋产业发展的"底盘"

要在努力争取国家和省级财政进一步加大投入的同时，不断调整和优化财政支出结构，重点支持构建现代海洋产业体系，以稳固的"底盘"保障现代海洋产业发展的列车向着高质量发展方向全速前进。重点应抓好以下几方面的工作：

一是用足用好海洋渔业资源养护补贴和中央渔业发展补助资金，着力促进海洋渔业加快转型升级。重点增加对海洋基础设施建设、渔业资源养护和环境保护补贴、海洋捕捞禁休渔期渔民生活补贴等方面的财政支持，尽量采取"隐性补贴"的方式支持提升水产养殖的精准化和机械化生产水平，着力推进渔业良种化，加快养殖业"蓝色转变"，聚力打造海洋"千亿产业链"。

二是采用贷款贴息、奖励资金、专项补助、税收减免优惠等财政辅助手段，支持海洋工程装备制造、海洋牧场等"蛙跳产业"发展。一方面，依托省国投公司、省产投公司等国有龙头企业，重点引导中国重工、国瑞科技、亚星锚链等知名企业加大对福建省海洋工程装备制造产业领域的投入力度；另一方面，鼓励福清东瀚国家级海洋牧场、连江现代化海洋牧场、福建霞浦"海上牧场"等发展海洋文旅和深海养殖项目，全力推动海洋高新产业全产业链发展。

三是积极发挥福建省海洋经济产业投资基金的引导带动作用，采用"母基金+子基金"的合作模式，设立"海洋生物医药产业子基金"，将资金重点投向海洋生物园区的早中期、初创型生物医药类创新型企业，并落实海洋生物类公司研发经费投入分段补助、研发费用税前加计扣除、海洋高新技术企业所得税减免等惠企举措。

四是用好用足产业发展专项资金，积极发展海洋文化、滨海低空旅游等投资项目证券化产品，通过发行政府一般债券、专项债券以及债权转股权等多种方式，重点支持企业通过股权、债权融资，并积极吸纳民间资金、创业投资基金等参与海洋文旅产业的建设和发展。

(2)加强财政政策激励引导，启动现代海洋产业发展的"发动机"

一是以财政政策为导向，高效打造海洋创新实验室，支持海洋技术创新及成果转化公共服务平台建设。首先，政府可采用财政拨款、政府采购、政府风投等方式，对具备实力申报国家级创新平台的海洋企业或地区予以支持，引导海洋科学创新走向。尤其对于涉海领域国家级实验室，应建立以市为主、省级财政按照结果导向给予奖补的经费保障机制。其次，以优惠政策促进海洋科技成果转化平台的建设与发展。政府财政要集中财力支持线上、线下科技成果交流平台、信息发布平台建设，对不同层次的平台采用梯度培育补助的方式。同时，增强对海洋科学技术转让、科技成果孵化等中介机构的税收优惠力度，逐步形成包括研究、开发、推广等全过程的海洋科技服务中介机构体系。最后，建立完善的财政资金保障体系，加速海洋科研平台与实验室的科研经费管理改革。通过精简预算科目、下放科研项目预算调剂权、提高间接费用核定比例、科研经费"包干制"、鼓励聘用科研财务助理等一系列创新举措，增强海洋科研机构经费使用的自主性与灵活性。

二是通过财政激励政策推动涉海企业加大科技创新投入力度。一方面，灵活应用财税优惠政策，加强涉海企业技术研发及技术转化环节的激励力度。对于需要投入大量成本的海洋高新技术企业，根据实际研发技术时间给予适当延期缴纳企业所得税的优惠政策。提升涉海高新企业技术在研发阶段的税收减免政策的执行力度，建立涉海企业研发投入后补助机制，可按企业上一年度享受研发费用加计扣除政策后的实际研发投入新增部分的10%予以补助。另一方面,利用政府集中采购政策,加大涉海技术产品销售阶段的激励力度。建议由省财政厅牵头,专门制定政府采购自主创新产品目录,针对海洋工程装备制造、海上通信、海洋生物医药等关键涉海产业,实施精准的政府采购与补贴政策,培育并拓展海洋技术创新产品的市场潜力。

三是积极拓宽海洋科技创新资金渠道,加快培育科技型海洋企业主体。首先,稳步拓展我省涉海科技型中小微企业贷款。扩大科技贷服务范围,引导金融机构支持涉海高新产业技术领先的龙头企业和"专、精、特、新"企业发展。其次,大力支持科技金融创新。学习借鉴江苏省政银合作科技金融产品的做法,推出"闽科贷""创业担保贷""商贸贷""闽微贷""股权质押贷款"等金融产品,按照"财政引导、市场运作、风险共担"的原则,对合作银行产生的逾期贷款,由政府分别给予一定比例的风险代偿,引导金融机构加大对科技型海洋企业的信贷支持力度。最后,充分借鉴山东省的"创新券"制度的成功经验,设立具有福建特色的"创新券"制度,将涉海科技型中小企业在科技服务方面的支出纳入省级科技补助范畴,以进一步激发企业创新活力。

(3)完善人才财政政策体系,培育现代海洋产业发展的"驾驶员"

人才是发挥创新动力的第一资源,坚持激活存量与做大增量相结合,着力培养优秀的"驾驶员",从而专业驾驭现代海洋产业发展的高速列车。主要应从以下两个方面加以努力:

一是全力抓好现代海洋产业人才培育。一方面,重点支持厦门大学、福建农林大学、集美大学、闽江学院、宁德师范学院等省属高校将涉海技术"单项冠军"作为现代海洋产业人才培育的重要方向,采取"一事一议"的方式对学校建设及运营给予财政支持,从而为福建省现代海洋产业和海洋经济高质量发展示范区建设提供人才支撑。另一方面,进一步优化调整职业培训补贴资金，持续推进厦门海洋职业技术学院、福建船政交通职业学院等涉海高职院校与中国船舶集团有限公司、广东海大集团等海洋高新技术企业构建现代学徒制、企业新型学徒制技术技能人才培养模式，积极探索并构建“学生—学徒—准员工—员工”四位一体、三段制的人才培养新模式，为海洋经济的可持续发展提供坚实的人才支撑。同时，持续加强与自然资源部第三海洋研究所战略合作，把“1＋X证书”制度融入海洋生物医药、海洋工程技术、海水养殖等产业的复合式技术技能人才的培养体系之中。

二是依托财政支持逐步健全涉海领域引才留才激励机制。一方面，以“个税＋融资＋团队”政策体系为涉海高端人才提供全方位支持。探索将涉海高端人才个税征收精细化为梯度渐进增长模式，采用涉海领域科学家实验室、高端人才工作室等方式以实现涉海领军人才的团体式引进，开辟无需依托承担单位来申请基金项目、人才计划等绿色通道，并在人才落户、子女教育、就医看病、交通出行等方面建立阶梯式支持机制。另一方面，着力建设现代海洋产业人才流通体系。通过与广东、江苏、浙江等相邻沿海省份建立合作联席会议机制，定期组织现代海洋产业领军人才、急需紧缺人才和智慧海洋技术人才的产学研用交流，并建立统一的现代海洋产业人才流通体系，着力打造全国现代海洋产业高端人才聚集地。

10.5 用好海洋金融工具，助推福建省海洋经济高质量发展

面对新时代的发展要求，福建省对海洋经济产业的高质量发展给予了前所未有的重视，而金融工具的深度参与则成为关键驱动力。海洋金融的蓬勃发展，不仅为海洋经济活动注入了强劲的资金动力，更是海洋强省战略实施与“海洋命运共同体”建设的重要基石。然而，与山东、广东、江苏等沿

海海洋强省相比,当前福建省在海洋金融发展过程中,还存在着金融支撑力度不够显著、政策和市场规则体系不够完善、金融工具的运用不够充分等相关的问题。为此,在调研的基础上,本书从以下三个方面提出对策建议,以期为“海洋强省”战略和海洋经济高质量发展注入创新金融力量。

10.5.1 优化涉海金融支持方式

海洋经济发展的金融支持离不开政策层面上的支持,当前福建省仍存在着金融支持海洋科技创新不足和海洋保险业市场发育不够充分等问题。为此,主要应从以下三个方面加以努力:

一是积极发挥福建省海洋经济产业投资基金的示范带动作用。如通过设立“海洋生物医药产业子基金”,将资金重点投向海洋生物园区的早中期、初创型生物医药类创新型企业。具体可以根据海洋经济的不同发展阶段和特色产业,采用“母基金+子基金”等合作模式,有针对性地设立专项基金。例如,通过设立“海洋生物医药产业子基金”,将宝贵的资金资源重点投向海洋生物园区内那些处于早中期、具有显著创新能力和成长潜力的生物医药类创新型企业。诸如“海洋生物医药产业子基金”的设立,可以为这些企业提供必要的资金支持,以助力其加速现有科技成果的转化与应用,从而推进海洋经济高质量、可持续发展。

二是鼓励和支持各金融机构联合成立省级蓝色金融科技实验室。集中优势技术资源攻克远洋及深海设备信用评估难题,主要包括船舶运输、深海养殖与远洋捕捞等领域。具体可通过物联网、远程监控、大数据及区块链等先进技术的融合应用,创新风险管理手段,提高保险产品的智能化、定制化水平,为海洋产业发展提供更加精准、高效的风险管理服务,为海洋经济的高质量发展提供强有力的金融支撑。

三是建立和完善海洋产业发展风险防范保障机制,拓宽保险业务领域,研发创新型险种。针对海洋产业的特殊性，保险公司应深入调研海洋产业的生产特点、风险分布及潜在损失情况，并据此设计一系列适合实际情况的保险产品。这些产品不仅要覆盖传统的海水养殖业务的风险，还应针对新兴的海洋产业领域，如海洋生物医药、海洋新能源等，并有针对性地开发专属的保险服务，以确保海洋产业的各个关键环节都能得到充分的保障。在保险业务创新方面，应鼓励保险公司与科研机构、高等院校等密切合作，共同研创新型险种，如海洋生态损害责任险和海洋环境污染责任险等，以更好地应对日益严峻的环境风险和生态挑战。并加快成立省级海水养殖保险巨灾基金，建立健全巨灾风险分散机制，积极推广海洋产业互助保险，通过再保险、共担保等方式，将巨灾风险在更广泛的范围内进行分散和转移，以建立长效合理的共保和再保险制度，从而提高整个保险体系的稳定性和可持续性。

10.5.2 构建多元化海洋金融模式

由于海洋产业发展具有周期长、风险大、收益不确定等特点，导致银行对涉海领域的金融支持力度较小，现阶段银行对海洋产业的金融支持投资结构有待进一步优化。为此，要重点抓好以下三个方面的工作：

一是进一步畅通银行涉海领域融资渠道，着力提高银行涉海领域的参与度。借鉴威海蓝海银行的经验，加快设立定位服务海洋经济高新产业的金融机构，如建立专门的海洋银行。加强与国际金融公司等合作，积极争取国际组织项目资金支持，先行先试开展蓝色金融探索实践，积极推广基于福建省自贸区建设的蓝色金融业务，建设具有福建省自身特色的“蓝色银行”。银行可以针对涉海企业的特点和需求，开发专门的金融产品，如海洋产业贷款、船舶融资、海工装备融资租赁等，以更好地满足涉海企业的多元化融资需求。鼓励涉海企业通过发行债券等方式进行融资，银行可以作为承销商或投资者参与债券发行,为涉海企业提供更加多元化的金融支持,从而促进海洋经济高质量发展。

二是创新性地提供多元化的金融产品,积极鼓励各类金融机构积极探索发行各类蓝色债券、公募基金和金融衍生产品等,以丰富海洋经济融资工具的种类,拓宽融资渠道。针对投资周期比较长的海洋大型运输设备、海上风电等项目,既可以采用融资租赁的方式,也可以采用PPP模式,政府引导资金和社会金融资本可以共同承担海洋项目的投资、建设和运营风险,以期真正地实现优势互补和风险共担,从而不断地提高海洋领域金融投资资源配置的效率与精准度,最终提高项目的成功率和运营效率。

三是积极探索蓝色债券项目。加速推进基于蓝色债券的金融市场基础设施建设,并面向国际投资者推出创新性的蓝色债券产品与服务,重点聚焦于清洁供水、水处理、循环经济、海洋塑料污染治理、可持续渔业、海洋友好型生物制造业、绿色航运与港口物流、海洋生态修复与可持续旅游以及海洋可再生能源保护与开发等领域,以金融之力促进海洋经济的绿色转型与可持续发展。

10.5.3 探索海洋碳汇金融模式

在碳达峰、碳中和目标背景下,加快海洋碳汇开发得到了政府和社会各界的广泛重视。然而,福建省海洋碳汇金融的发展依然存在着创新不足、社会资金参与度不高等问题。为此,主要应做好以下三个方面的工作:

一是加快建立海洋碳汇产业引导基金。政府相关业务主管部门可牵头建立海洋碳资源保护基金,引导社会资本积极投身于海洋蓝碳资源的培育、保护及市场交易之中,推动全省海洋碳汇产业的市场化进程,从而为实现海洋经济的低碳、循环、可持续发展贡献力量。通过优化基金投资策略,精选投资项目,对海洋碳汇项目进行科学评估,重点选择那些发展潜力大、经济效益和社会效益均较为显著的项目进行投资；加强投资监管，建立健全投资监管机制，对投资项目的进展、效益和风险进行实时监测和评估，以确保投资资金的安全和高效使用。

二是加快推动“蓝碳＋金融”产品创新。着力推进福建省与海洋碳汇相关的信贷、债券、保险、基金等金融创新产品的发展，支持海洋碳汇开发多元化投融资机制，并积极引导国内外银行、信托、证券、保险和租赁等机构聚合在一起，积极参与蓝色金融实践，以培育多元化的蓝色金融生态圈。重点加强蓝碳项目与金融市场的对接，对福建全省范围内的蓝碳项目进行摸底调查，建立蓝碳项目库，为金融机构提供项目储备；同时，争取将蓝碳项目的未来收益转化为可交易的证券等形式，从而为投资者提供更多的投资选择。此外，不断加强政策的引导和支持，对“蓝碳＋金融”产品创新给予财政补贴和税收优惠，以降低创新成本，提高创新积极性。

三是建立蓝色金融信息共享机制。通过定期举办高规格的蓝色金融发展论坛，将福建省打造成为国际蓝色经济和蓝色金融合作的新高地，并切实讲好福建省的蓝色金融故事。搭建蓝色金融信息平台，涵盖蓝色金融的政策法规、市场动态、项目信息、风险评估等多方面的内容，为金融机构、企业和政府部门提供一站式的信息服务。在信息共享的过程中，应注重信息安全保护，防止信息泄露和滥用，可以采取加密技术、访问控制等手段，以确保信息的安全传输和存储。

参考文献

本刊编辑部,2023. 加快建设“海上福建”探索海洋经济发展新路径[J].发展研究,40(2):7-15.

曹正旭，张樨樨，2023. 中国海洋经济高质量发展评价及差异性分析[J]. 统计与决策，39(8):102-107.

陈婷婷,2022. 支持海洋经济高质量发展的蓝色金融路径分析:以福建为视角[J].福建金融(7):19-25.

陈颖,易文琴,叶华倩,2018.“一带一路”视域下福建省经济发展新机遇、挑战与完善[J].科技经济市场(4):111-113.

程曼曼,陈伟,杨蕊,2021. 广东海洋经济高质量发展指标体系构建及实证分析[J].海洋开发与管理,38(11):27-33.

程曼曼,陈伟,杨蕊,2022. 我国海洋经济高质量发展指标体系构建及时空分析:基于海洋强国战略背景[J].资源开发与市场,38(1):8-15.

程钰,李晓彤,孙艺璇,等,2020. 我国沿海地区产业生态化演变与影响因素[J].经济地理,40(9):133-144.

仇荣山,殷伟,韩立民,2023. 中国区域海洋经济高质量发展水平评价与类型区划分[J].统计与决策,39(1):103-108.

邓石军，2024. 海洋金融政策与涉海企业融资约束:谁能从中获益？[J]. 产经评论，15(3):110-126.

狄乾斌,高广悦,於哲,2022. 中国海洋经济高质量发展评价与影响因素研究[J].地理科学,42(4):650-661.

狄乾斌,万琳妮,2022. 基于新发展理念的海洋经济高质量发展评价研究:以环渤海地区为例[J].生产力研究(1):7-13,17.

狄乾斌,於哲,徐礼祥,2019. 高质量增长背景下海洋经济发展的时空协调模式研究:基于环渤海地区地级市的实证[J].地理科学,39(10):1621-1630.

丁黎黎,杨颖,李慧,2021. 区域海洋经济高质量发展水平双向评价及差异性[J].经济地理,41(7):31-39.

杜军,苏小玲,鄢波,2022. 海洋环境规制对海洋经济高质量发展的影响研究:基于空间计量模型的实证分析[J].生态经济,38(10):139-147.

杜强,2022. 深化我省海洋生态文明建设[J].海峡通讯(9):60-61.

杜强,2014. 推进福建海洋生态文明建设研究[J].福建论坛(人文社会科学版)(9):132-137.

伏开宝,丁正率,郭玉华,2022. 数字经济、产业升级与海洋经济高质量发展[J].价格理论与实践(5):78-81,205.

福建省国资学会福建省国资公司海洋经济课题组,2016. 福建省国资公司参与海洋经济发展的对策建议[J].发展研究(12):79-87.

付秀梅,付晨阳,2022. 山东经济高质量发展水平、区域差异及动态演进[J].中国海洋大学学报(社会科学版)(4):72-84.

傅梦孜,刘兰芬,2022. 全球海洋经济:认知差异、比较研究与中国的机遇[J].太平洋学报,30(1):78-91.

盖美,何亚宁,柯丽娜, 2022. 中国海洋经济发展质量研究[J].自然资源学报,37(4):942-965.

顾乃华,2024. 海洋经济高质量发展[J]. 产经评论,15(3):65-66.

韩增林,周高波,李博,等,2021. 我国海洋经济高质量发展的问题及调控路径探析[J].海洋经济,11(3):13-19.

胡春阳,刘秉镰,廖信林,2017. 中国区域协调发展政策的研究热点及前沿动态:基于CiteSpace可视化知识图谱的分析[J].华南师范大学学报(社会科学版)(5):98-109,191.

黄立业,李潇,史筱飞,等,2023. 山东陆海科技统筹发展路径探析[J].科技广场(3):15-23.

黄丽惠,2013. 加快福建海洋新兴产业发展的思考[J].闽江学院学报,34(1):28-31.

黄一丹,邱李彬,2020. 福建省东山县海洋生态保护与海洋经济发展的耦合协调性分析[J].台湾农业探索(4):28-34.

黄英明,支大林,2018. 南海地区海洋产业高质量发展研究:基于海陆经济一体化视角[J].当代经济研究(9):55-62.

戢守玺,冀显芳,2020. 大连海洋中心城市创建中的"智慧海洋"推进策略[J].辽宁行政学院学报(4):70-74.

孔昊,杨薇,罗美雪,等,2021. 基于CGE模型的CO_2减排对福建省海洋经济的影响[J].亚热带资源与环境学报,16(4):1-6.

李博,庞淑予,田闯,等,2021. 中国海洋经济高质量发展的类型识别及动力机制[J].海洋经济,11(1):30-42.

李博,史钊源,韩增林,2018. 环渤海地区人海经济系统环境适应性时空差异及影响因素[J].地理学报,73(6):1121-1132.

李博,田闯,史钊源,2017. 环渤海地区海洋经济增长质量时空分异与类型划分[J].资源科学,39(11):2052-2061.

李珂,2021. 我省出台建设海洋科技创新平台工作方案[N].福建日报,2021-10-08(002).

李睿宸,2024. 构建安全稳定海上环境 服务海洋经济高质量发展[N]. 光明日报, 2024-05-23(004).

李水根,2023. 福建大力推进深远海养殖的探索实践[J].中国水产(5):37-42.

李晓敏,2021. 美国海洋科学技术两个“十年”计划比较分析及对我国的启示[J].世界科技研究与发展,43(6):691-700.

李艺全,2023. 福建省海洋经济高质量发展水平测度及提升路径研究[J].海峡科学(4):82-88.

李仲才,2011. 发展海洋文化产业打造福建经济新增长点[C]//福建省海洋与渔业厅,福建省炎黄文化研究会,福建省社会科学界联合会,福建社会科学院.海洋文化与福建发展.福州市艺术创作研究中心:5.

林鹭航,2024. 扎实推动海洋经济高质量发展[N].福建日报,2024-07-23(09).

林香红,2021. 国际海洋经济发展的新动向及建议[J].太平洋学报,29(9):54-66.

林章武,2021. 福建省莆田市水产养殖种苗现状及发展对策[J].世界热带农业信息(5):46-47.

刘波,龙如银,朱传耿,等,2020. 江苏省海洋经济高质量发展水平评价[J].经济地理,40(8):104-113.

刘畅,刘耕源,廖少锴,等,2022. 海洋生态产品及其价值实现路径[J].中国国土资源经济,35(4):51-63.

刘俐娜,2019. 海洋经济发展质量评价指标体系构建及实证分析[J].中共青岛市委党校．青岛行政学院学报(5):49-54.

刘名远,卓子凯,2018. 福建省海洋战略性新兴产业发展路径研究[J].发展研究(11):54-60.

刘劭春,王颖,2019. 福建省海洋经济及其对区域经济的影响[J].海洋开发与管理,36(4):66-70.

刘曙光,黄悦,尚英仕,2023. 中国海洋经济高质量发展耦合协调度及其区域差异性研究[J].海洋开发与管理,40(10):3-11.

刘素荣,周昭,霍江林,2023. 数字经济、海洋科技创新与海洋经济高质量发展:基于面板门槛回归模型的实证检验[J]. 中国石油大学学报(社会科学版),39(3):71-81.

刘鑫,2022. 山东省海洋经济高质量发展水平评价与影响因素探讨[J].海洋开发与管理,39(12):60-68.

刘祎,杨旭,2019. 金融支持、海洋经济发展与海洋产业结构优化:以福建省为例[J].福建论坛(人文社会科学版)(5):189-196.

龙冬艳,2021. 促进福建海洋经济高质量发展的对策研究[J].海峡科学(11):106-108.

卢文雯,2019."一带一路"框架下拓展中国东南沿海省份与东盟海洋经济合作研究:以福建省为例[J].科技和产业,19(10):55-59.

鲁亚运,原峰,李杏筠,2019. 我国海洋经济高质量发展评价指标体系构建及应用研究:基于五大发展理念的视角[J].企业经济,38(12):122-130.

陆文彬,郑清贤,2023. 福建省海洋经济高质量发展保障机制构建研究[J].科技经济市场(5):57-59.

罗昕,魏远竹,林俊杰,等,2022. 福建省海洋经济高质量发展指标体系构建及综合评价[J].宁德师范学院学报(哲学社会科学版)(4):56-64.

马苹,李靖宇,2014. 关于中俄两国加强海洋合作的战略推进构想[J].东北亚论坛,23(5):60-70,128.

马苹,李靖宇,2014. 中国海洋经济创新发展路径研究[J].学术交流(6):106-111.

马文婷,邢文利,高若,2024 . 数字经济赋能海洋经济高质量发展[J]. 经济问题(6):42-50.

闵晨,平瑛,2023. 海洋经济高质量发展能力评价与提升路径研究[J]. 海洋开发与管理,40(5):120-128.

倪冉,关洪军,2023. 海洋生态安全与海洋经济高质量发展协同演化及交互响应[J].统计与决策,39(21):127-131.

潘常虹,2021. 辽宁省海洋经济高质量发展的影响因素分析及对策[J].物流工程与管理,43(7):136-139.

潘捷,2024 . 金融体系赋能海洋经济高质量发展的机制与路径[J]. 产经评论, 15(3):86-94.

乔雯, 王进华, 张涛,2023. 威海市海洋经济高质量发展路径思考[J]. 山东宏观经济(4):81-85.

秦琳贵,沈体雁,2020. 科技创新促进中国海洋经济高质量发展了吗:基于科技创新对海洋经济绿色全要素生产率影响的实证检验[J].科技进步与对策,37(9):105-112.

邱均平,沈恝谌,宋艳辉,2019. 近十年国内外计量经济学研究进展与趋势:基于 CiteSpace 的可视化对比研究[J].现代情报,39(2):26-37.

沈坤荣, 赵倩,2024. 江苏海洋经济高质量发展研究[J]. 江苏行政学院学报(3):39-46.

沈伟腾,陈琦,胡求光,2018. 贯彻新发展理念推进海洋经济高质量发展:2018 年中国海洋经济论坛综述[J].中国渔业经济,36(6):18-22.

盛朝迅,任继球,徐建伟,2021. 构建完善的现代海洋产业体系的思路和对策研究[J].经济纵横(4):71-78.

苏勇,2024. 海洋经济迈向深蓝的高质量发展:评《中国海洋经济高质量发展之路》[J]. 财经科学(6):149.

孙才志,张少芳,2023. 中国海洋经济包容性与效率的协同关系[J].经济地理,43(5):57-67.

田冬雨,2023. 向海经济背景下广西滨海旅游民宿产业发展研究[J].市场论坛,x(7):82-89.

涂佳琪,杨新涯,王彦力,2019. 中国知网 CNKI 历史与发展研究[J].图书馆论坛,39(9):1-11.

汪坚强,高学成,李海龙,等,2022. 基于科学知识图谱的城市住区低碳研究热点、演进脉络分析与展望[J].城市发展研究,29(5):95-104.

王昌林,盛朝迅,2021. 中国海洋战略性新兴产业发展现状、问题与对策探讨[J].海洋经济,11(5):9-17.

王春娟,刘大海,王玺茜,等,2020. 国家海洋创新能力与海洋经济协调关系测度研究[J].科技进步与对策,37(14):39-46.

王银银,2021. 海洋经济高质量发展指标体系构建及综合评价[J].统计与决策,37(21):169-173.

王英津,2023. 深化两岸各领域融合发展的意涵、意义和路径[J].台海研究(1):57-63.

魏广成,张曼茵,2022. 主要发达国家推进海洋制造业发展的做法及启示[J].中国发展观察(8):109-112.

吴崇伯,姚云贵,2018. 日本海洋经济发展以及与中国的竞争合作[J].现代日本经济,37(6):59-68.

吴淑娟,汤健华,黎敏敏,等,2023. 政绩考核竞争、海洋环境规制与海洋经济发展质量:基于空间效应视角[J].生态经济,39(1):189-196,222.

习近平,2017. 决胜全面建成小康社会,夺取新时代中国特色社会主义伟大胜利:在中国共产党第十九次全国代表大会上的报告[EB/OL].(2017-10-27)[2024-08-08].https://www.gov.cn/zhuanti/2017-10/27/content_5234876.htm.

新华社,2019. 习近平集体会见出席海军成立70周年多国海军活动外方代表团团长[N].人民日报,2019-04-24(1).

谢宝剑,李庆雯,2024. 新质生产力驱动海洋经济高质量发展的逻辑与路径[J]. 东南学术(3):107-118,247.

谢伶,王金伟,吕杰华,2019. 国际黑色旅游研究的知识图谱:基于 CiteSpace

的计量分析[J].资源科学,41(3):454-466.

邢文秀,刘大海,朱玉雯,等,2019. 美国海洋经济发展现状、产业分布与趋势判断[J].中国国土资源经济,32(8):23-32,38.

徐方,2023. 发挥临海临港湾区优势推进地方海洋经济发展:以福建省宁德市为例[J].财富时代(2):55-57.

徐璐, 赵明, 熊涛,2023 . 海洋经济高质量发展评价指标体系构建及实证分析:以青岛市为例[J]. 海洋开发与管理, 40(6):29-35.

许建伟,刘琨,2019. 海洋经济的结构分布与发展路径探析:以福建省为例[J].海洋经济,9(6):20-29.

许永兵,罗鹏,张月,2019. 高质量发展指标体系构建及测度:以河北省为例[J].河北大学学报(哲学社会科学版),44(3):86-97.

严圣明,陈朝宗,2013. 福建海洋战略性新兴产业发展对策探讨[J].发展研究(5):106-110.

颜澜萍,朱丽萍,陈平微,2021."海上福州"阔步而来[N].福州日报,2021-08-19(003).

杨卫, 周丹丹, 赵丹,2023. 我国数字经济和海洋经济高质量发展的耦合协调分析[J]. 海洋开发与管理, 40(7):98-106.

张所续,2020. 挪威海洋战略举措的启示与借鉴[J].中国国土资源经济,33(7):34-40.

张文娜, 张平, 叶芳,等,2023. 海洋经济高质量发展的标准化支撑路径研究[J]. 中国国土资源经济, 36(6):83-89.

张修玉,侯青青,郑子琪,等,2024. 建设绿美广东打造美丽中国先行区[J].中国生态文明(2):70-77.

张颖,林蔚,2022. 海洋经济逐梦深蓝[N].福建日报,2022-10-09(001).

张悦,许道艳,廖国祥,等,2021. 中国海洋保护区的生态环境监测工作[J].海洋环境科学,40(5):739-744.

张震，刘雪梦，2019. 新时代我国15个副省级城市经济高质量发展评价体系构建与测度[J].经济问题探索(6):20-31,70.

赵蓉英，曾宪琴，陈必坤，2014. 全文本引文分析：引文分析的新发展[J].图书情报工作，58(9):129-135.

郑珊，蔡雪雄，2016. 福建省海洋文化产业发展与海洋经济增长关系的实证分析[J].亚太经济(5):127-131.

郑丽庄，2020. 海洋经济与海洋环境治理中的政府行为分析：以福建省宁德市为例[J].湖北经济学院学报(人文社会科学版)，17(9):59-62.

郑英琴，陈丹红，任玲，2023. 蓝色经济的战略意涵与国际合作路径探析[J].太平洋学报，31(5):66-78.

中共福建省委政策研究室，宁德师范学院联合调研组，2024.加快建设海洋强省 打造更高水平的“海上福建”[J].学习与研究(9):38-41.

钟鸣，2021. 新时代中国海洋经济高质量发展问题[J].山西财经大学学报，43(S2):1-5,13.

朱锋，2022. 海洋强国的历史镜鉴及中国的现实选择[J].人民论坛·学术前沿(17):29-41.

ADAMS C M, HERNANDEZ E, CATO J C, 2004. The economic significance of the Gulf of Mexico related to population, income, employment, minerals, fisheries and shipping[J]. Ocean and coastal management, 47(11):565-580.

AN D, SHEN C L, YANG L, 2022. Evaluation and temporal-spatial deconstruction for high-quality development of regional marine economy: a case study of China[J/OL]. Frontiers in marine science, 9[2024-01-03]. http://doi.org/10.3389/fmars.2022. 916662.

BENNETT N J, DEARDEN P, 2014. From measuring outcomes to providing inputs: governance, management, and local development for more effective marine protected areas[J]. Marine policy, 50:96-110.

BONAR P A J, BRYDEN I G, BORTHWICK A G L, 2015. Social and ecological impacts of marine energy development[J]. Renewable and sustainable energy reviews, 47:486-495.

COLGAN C S, 2013. The ocean economy of the United States: measurement, distribution, & trends[J]. Ocean & coastal management, 71: 334-343.

EIKESET A M, MAZZARELLA A B, DAVÍðSDÓTTIR B, et al., 2018. What is blue growth? The semantics of "sustainable development" of marine environments[J]. Marine policy, 87:177-179.

FU X M, WANG L X, LIN C Y, et al., 2022. Evaluation of the innovation ability of China's marine fisheries from the perspective of static and dynamic[J/OL]. Marine policy, 139[2024-02-08]. http://doi.org/10.10/6/j. marpol.2022.105032.

LI B, LIU Z, 2022. Measurement and evolution of high-quality development level of marine fishery in China[J]. Chinese geographical science, 32(2): 251-267.

LI B, TIAN C, SHI Z Y, et al., 2020. Evolution and differentiation of high-quality development of marine economy: a case study from China[J/OL]. Complexity.(2020-07-11)[2024-02-08].http://doi.org/10.1155/2020/5624961.

LI J, LUAN S C, JIANG B, et al. , 2023. Industrialization process evaluation of marine economy in China[J/OL]. Ocean & coastal management, 231.(2023-01-01)[2024-02-24]. http://doi. org/10. 1016/j. ocecoaman. 2022.106416.

LIU P, ZHU B Y, YANG M Y, et al., 2024 . High-quality marine economic development in China from the perspective of green total factor productivity growth: dynamic changes and improvement strategies [J/OL]. Technological and economic development of economy.(2024-09-10)[2024-09-20]. https://www.semanticscholar.org/paper/High-quality-marine-economic-development-in-China-Liu-Zhu/b830f05d09cc7dbf4745796b43187b6b1a87487f. DOI:10.3846/tede.2024.22018.

LIU P,LIU X X,YANG H Y,2019. Evaluation of the marine economic development quality in Qingdao based on entropy and grey relational analysis[J]. Marine economics and management,2(1):29-38.

REN W H, JI J, JI J Y, et al., 2018. Evaluation of China's marine economic efficiency under environmental constraints—an empirical analysis of China's eleven coastal regions[J]. Journal of cleaner production, 184: 806-814.

RYABININ V, BARBIÈRE J, HAUGAN P, et al., 2019. The UN decade of ocean science for sustainable development[J/OL]. Frontiers in marine science, 6[2024-08-06].https://doi.org/10.3389/fmars.2019.00470.

STEBBINGS E, PAPATHANASOPOULOU E, HOOPER T, et al., 2020. The marine economy of the United Kingdom [J/OL]. Marine policy, 116[2024-08-06]. https://doi.org/10.1016/j.marpol.2020.103905.

STOJANOVIC T A, FARMER C J Q, 2013. The development of world oceans & coasts and concepts of sustainability [J]. Marine policy, 42: 157-165.

SUN C Z, WANG L J, ZOU W, et al., 2023. The high-quality development level assessment of marine economy in China based on a "2+6+4" framework [J/OL]. Ocean & coastal management, 244[2024-08-23].https://doi.org/10.1016/j.ocecoaman.2023.106822.

SUN Z, GUAN H, ZHAO A, 2023. Research on the synergistic effect of the composite system for high-quality development of the marine economy in China[J]. Systems, 11(6):282.

SURÍS-REGUEIRO J C, GARZA-GIL M D, Varela-Lafuente M M, 2013. Marine economy:a proposal for its definition in the European Union[J]. Marine policy, 42:111-124.

WANG S H, CHEN S S, ZHANG H Y, et al., 2021.The model of early warning for China's marine ecology-economy symbiosis security[J/OL]. Marine policy, 128 [2024-08-26]. https://doi. org/10. 1016/j. marpol. 2021.104476.

WANG S H, LU B B, YIN K, 2021. Financial development, productivity, and high-quality development of the marine economy[J/OL]. Marine policy, 130 (2021-08-01) [2024-08-26]. https://www. semanticscholar. org/paper/Financial-development% 2C-productivity% 2C-and-of-the-Wang-Lu/f7d761909014187fab53e4fda965a50e2afca7a5. DOI: 10. 1016/J. MARPOL. 2021.104553.

WU C, MAO Z L, ZHAN B Q, et al. , 2023. A quadratic fuzzy relative evaluation approach for the high-quality development of marine economy [J]. Journal of intelligent & fuzzy systems, 45(1):809-830.

WU F, WANG X G, LIU T, 2020. An empirical analysis of high-quality marine economic development driven by marine technological innovation [J]. Journal of coastal research(115):465-468.

YU H J, XING L L, 2021. Analysis of the spatiotemporal differences in the quality of marine economic growth in China[J]. Journal of coastal research, 37(3):589-600.

ZHANG R P, GAO Q, GAO K, 2024. Impact of marine industrial agglomeration on the high-quality development of the marine economy—a case study of China's coastal areas[J/OL]. Ecological indicators, 158[2024-08-29].https://doi.org/10.1016/j.ecolind.2023.111410.

ZHANG Y Z, XUE C, WANG N, et al., 2024. A comparative study on the measurement of sustainable development of marine fisheries in China[J/OL]. Ocean & coastal management, 247[2024-08-30].https://doi.org/10.1016/j.ocecoaman.2023.

ZHENG D C, CHEN D X, LIN Q, 2020. Research on the influencing factors of the development level of marine economy in Fujian Province[J]. Journal of coastal research, 115(SP1):434-437.

ZHOU Y, LI G, ZHOU S R, et al., 2023. Spatio-temporal differences and convergence analysis of green development efficiency of marine economy in China[J/OL]. Ocean & coastal management, 238[2024-09-07].https://doi.org/10.1016/j.ocecoaman.2023.106560.

后　记

本团队长期从事海洋经济发展、海洋产业建设和海洋资源环境等相关领域的研究工作，近年来陆续开展了大量相关的实地调研，承担并完成了一系列与本书内容密切相关的研究项目。随着本书的缓缓收尾，我们既有如释重负的轻松，也有对海洋经济未来发展前景的无限憧憬。这不仅是我们对海洋经济高质量发展的一次深入思考与探索，更是对"海洋强国"和"海洋强省"梦想的一份执着与追求。

首先，本书从最初的构思到最终的成稿，每一步都凝聚着团队全体成员的集体智慧与思考。团队负责人魏远竹教授，以其深厚的学术底蕴和敏锐的专业洞察力，从研究视角选择与定题、理论基础确定、分析框架的建立与完善，到全书的撰写、反复修改和最终统稿、定稿的全过程，都亲力亲为地负责推动和直接参与其中，从而保障了本书的撰写工作得以顺利开展和最终完成；团队核心成员张群教授和林俊杰副教授全程参加了数据搜集、课题调研以及本书的撰写、统稿等主要工作；团队成员福建农林大学周子渭博士、严颖峥博士和罗昕、王雨馨、陈梦玲、曹雅、杨瑾、许莹等硕士研究生，参与了本书的文献资料收集、课题调研和初稿写作等相关环节的工作。团队成员们多次就调研和写作展开深入细致的讨论，每一次激烈的讨论、碰撞的见解以及赞同的笑声，都将成为我们共同难忘的记忆。衷心感谢中共福建省委政策研究室、福建省新型智库建设工作领导小组办公室、福建省人民政府发展研究中心、福建省教育厅、福建省海洋与渔业局以及福建省沿海各地市海洋与渔业局的领导和工作人员为我们在开展海洋经济相关课题的调研、访谈和资料搜集过程中提供的全面、及时、到位的支持和帮助。感谢国家社会科学基金项目“新发展阶段下海域使用权流转定价机理及实现路径”(22CGL003)和宁德师范学院科研发展资金项目(2017FZ06、2021FZ09、2021FZ17、2023FZ05、2024FZ006)提供了一定的经费支持。

其次,在撰写本书的过程中,我们开展了大量的实地调研,见证了福建省沿海各地市海洋产业发展的蓬勃生机,也真切地认识到福建省海洋经济高质量发展所面临的机遇与挑战。这些经历使我们深刻地感受到了海洋经济高质量发展对于社会经济发展的重要意义,这些挑战要求我们必须以新发展理念来引领海洋经济的高质量发展。

希望本书的出版能够为政府相关职能部门的决策提供必要的参考与借鉴,为相关的海洋经营主体提供理论与实践方面的指导,为从事海洋经济发展相关领域研究的专家学者提供些许的思考和启示。同时,我们也非常期待能够收到来自各方主体的反馈意见和建议,这将是我们今后继续开展深入研究的重要依据和基础,也将有助于推动福建省海洋经济高质量发展研究的进一步深入和完善。

最后,我们要用一句话来结束:“深蓝未来,探索永不止步。”我们将继续秉持这份热情和信念,不断前行,在学术的道路上探索更多的未知与可能。愿我们携手共进,以新发展理念为引领,推动福建省海洋经济实现高质量发展。愿我们在共同探索海洋经济的“深蓝未来”中,书写属于我们的精彩篇章,为国家的繁荣富强和人类的可持续发展贡献我们的智慧与力量。

著作者

2024 年 9 月